## 临风听暮

相机型号：NIKON D700
曝光时间：1/2000秒
光圈值：f/2.8

魔法指数：★★★☆☆
视频路径：视频\Part 1\01\美丽定格.swf

魔法指数：★★★★★
视频路径：视频\Part 1\01\低调复古.swf

## 青葱岁月

相机型号：Canon EOS 5D
曝光时间：1/320秒
光圈值：f/4

魔法指数：★★★★☆
视频路径：视频\Part 1\03\阳光灿烂的季节.swf

魔法指数：★★★★☆
视频路径：视频\Part 1\03\非主流色调.swf

## 芳心自持

相机型号：Canon EOS 5D
曝光时间：1/400秒
光圈值：f/4

魔法指数：★★★☆☆
视频路径：视频\Part 1\04\甜美阿宝色.swf

魔法指数：★★★★★
视频路径：视频\Part 1\04\绚美灿烂风.swf

## 佳人幽梦

相机型号：NIKON D300
曝光时间：1/1000秒
光圈值：f/2.8

魔法指数：★★★☆☆
视频路径：视频\Part 1\05\复古风.swf

魔法指数：★★★★☆
视频路径：视频\Part 1\05\柔滑肤质.swf

## 稚子花中笑

相机型号：NIKON D700
曝光时间：1/160秒
光圈值：f/11

魔法指数：★★★★☆
视频路径：视频\Part 1\06\清新怀旧风.swf

魔法指数：★★★☆☆
视频路径：视频\Part 1\06\可爱涂鸦.swf

## 牧童望村

相机型号: EX-S10
曝光时间: 1/125秒
光圈值: f/7.9

魔法指数: ★★◼☆☆
视频路径: 视频\Part 1\02\完美场景.swf

魔法指数: ★★★★★
视频路径: 视频\Part 1\02\奇幻场景.swf

## 灼灼芳华

相机型号: NIKON D700
曝光时间: 1/800秒
光圈值: f/2.8

魔法指数: ★★★◼☆
视频路径: 视频\Part 1\07\波西色调.swf

魔法指数: ★★★◼☆
视频路径: 视频\Part 1\07\LOMO色调.swf

魔法指数: ★★★◼☆
视频路径: 视频\Part 1\07\时尚浮华色调.swf

魔法指数: ★★★★☆
视频路径: 视频\Part 1\07\双色调.swf

魔法指数: ★★★◼☆
视频路径: 视频\Part 1\07\极致黑白色调.swf

## 白如雪

相机型号：NIKON D70
曝光时间：1/200秒
光圈值：f/10

魔法指数：★★★★☆
视频路径：视频\Part 1\08\雪白风.swf

魔法指数：★★★★☆
视频路径：视频\Part 1\08\忧伤怀旧风.swf

## 小小天使

相机型号：Canon EOS 5D
曝光时间：1/400秒
光圈值：f/4

魔法指数：★★★☆☆
视频路径：视频\Part 1\09\粉嫩可爱风.swf

魔法指数：★★★★☆
视频路径：视频\Part 1\09\明媚怀旧风.swf

## 蓝色妖姬

相机型号：Canon EOS 5D
曝光时间：1/125秒
光圈值：f/6.3

魔法指数：★★★☆☆
视频路径：视频\Part 1\10\魔幻影调质感.swf

魔法指数：★★★☆☆
视频路径：视频\Part 1\10\炫彩妆容.swf

## 罗衣侧影

相机型号：Canon EOS 5D
曝光时间：1/400秒
光圈值：f/4

魔法指数：★★★☆☆
视频路径：视频\Part 1\12\绿色精灵.swf

魔法指数：★★★★☆
视频路径：视频\Part 1\12\魔力幻影.swf

## 海风中的日子

相机型号：Canon EOS 5D
曝光时间：1/800秒
光圈值：f/4

魔法指数：★★★☆☆
视频路径：视频\Part 1\13\风中残片.swf

魔法指数：★★★☆☆
视频路径：视频\Part 1\13\极酷质感.swf

魅影

相机型号：Canon EOS 5D
曝光时间：1/400秒　　光圈值：f/4

魔法指数：★★★★☆
视频路径：视频\Part 1\11\冷漠色调.swf

魔法指数：★★★★☆
视频路径：视频\Part 1\11\个性高调.swf

吉普赛女王

相机型号：Canon EOS 5D
曝光时间：1/800秒　　光圈值：f/4

魔法指数：★★★★☆
视频路径：视频\Part 1\14\神秘风.swf

魔法指数：★★★★☆
视频路径：视频\Part 1\14\油画质感.swf

持子之手

相机型号：NIKON D700
曝光时间：1/800秒　　光圈值：f/2.8

魔法指数：★★★★☆
视频路径：视频\Part 1\15\明媚的日子.swf

魔法指数：★★★★★

### 花样年华

相机型号：Canon EOS 5D
曝光时间：1/125秒　光圈值：f/4.0

魔法指数：★★★★☆
视频路径：视频\Part 1\16\清丽风.swf

魔法指数：★★★★★
视频路径：视频\Part 1\16\怀旧风.swf

### 桃李容华

相机型号：Canon EOS 5D Mark II
曝光时间：1/125秒　光圈值：f/7.5

魔法指数：★★★☆☆
视频路径：视频\Part 1\17\恬静唯美.swf

魔法指数：★★★★☆
视频路径：视频\Part 1\17\忧伤情怀.swf

### 轻倚修竹

相机型号：Canon EOS 5D Mark II
曝光时间：1/250秒　光圈值：f/3.5

魔法指数：★★★☆☆
视频路径：视频\Part 1\18\冷艳隔绝.swf

魔法指数：★★★★★
视频路径：视频\Part 1\18\游戏海报.swf

## 林中独坐

相机型号：Canon EOS 5D
Mark II
曝光时间：1/60秒　光圈值：f/3.2

魔法指数：★★★★☆
视频路径：视频\Part 1\19\淡雅轻盈.swf

魔法指数：★★★★★
视频路径：视频\Part 1\19\迷幻仙境.swf

## 棒棒糖

相机型号：Canon EOS 5D
曝光时间：1/160秒
光圈值：f/5.6

魔法指数：★★★★☆
视频路径：视频\Part 1\20\爱幻想.swf

魔法指数：★★★★★
视频路径：视频\Part 1\20\复古插画.swf

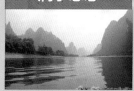

## 漓水悠悠

相机型号：NIKON D80
曝光时间：1/200 秒
光圈值：f/10

魔法指数：★★★★★
视频路径：视频\Part 2\01\清幽一梦.swf

魔法指数：★★★★☆
视频路径：视频\Part 2\01\江上雾霭.swf

## 梦里水乡

相机型号：CYBERSHOT
曝光时间：1/200秒
光圈值：f/2.8

魔法指数：★★★☆☆
视频路径：视频\Part 2\02\完美定格.swf

魔法指数：★★★☆☆
视频路径：视频\Part 2\02\清幽水乡.swf

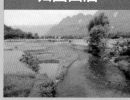

## 归园田居

相机型号：CYBERSHOT
曝光时间：1/200秒
光圈值：f/2.8

魔法指数：★★★☆☆
视频路径：视频\Part 2\03\清新农家.swf

魔法指数：★★★☆☆
视频路径：视频\Part 2\03\朝霞出岫.swf

## 渔舟唱晚

相机型号：CYBERSHOT
曝光时间：1/200秒
光圈值：f/2.8

魔法指数：★★★☆☆
视频路径：视频\Part 2\04\雾气朦胧.swf

魔法指数：★★★★☆
视频路径：视频\Part 2\04\浓郁黄昏.swf

## 江面渔家

相机型号：NIKON D80
曝光时间：1/250秒
光圈值：f/8

魔法指数：★★★★☆
视频路径：视频\Part 2\05\渔家风采.swf

魔法指数：★★★★☆
视频路径：视频\Part 2\05\清秀山水民风.swf

## 梦幻沙滩

相机型号：NIKON D300
曝光时间：1/400秒
光圈值：f/9

魔法指数：★★★☆☆
视频路径：视频\Part 2\06\清爽海滩.swf

魔法指数：★★★★☆
视频路径：视频\Part 2\06\浪漫温馨.swf

## 原野

相机型号：Canon EOS 5D
曝光时间：1/1250秒
光圈值：f/4

魔法指数：★★★★☆
视频路径：视频\Part 2\07\天地融合.swf

魔法指数：★★★★★
视频路径：视频\Part 2\07\神话光影.swf

## 寂寞公路

相机型号：Canon EOS 5D
曝光时间：1/125秒
光圈值：f/5.6

魔法指数：★★★★☆
视频路径：视频\Part 2\08\阴郁天空.swf

魔法指数：★★★★☆
视频路径：视频\Part 2\08\清新文艺.swf

### 快乐公路

相机型号：Canon EOS 5D
曝光时间：1/80秒
光圈值：f/4

魔法指数：★★★★★
视频路径：视频\Part 2\09\小树林.swf

魔法指数：★★★★★
视频路径：视频\Part 2\09\林间透进的阳光.swf

### 婉约词

相机型号：NIKON D300
曝光时间：1/100秒
光圈值：f/5

魔法指数：★★★★★
视频路径：视频\Part 2\10\柔美婉约.swf

魔法指数：★★★★★
视频路径：视频\Part 2\10\恬静清莹.swf

### 我的单车

相机型号：Canon EOS 5D
曝光时间：1/400秒
光圈值：f/4

魔法指数：★★★★★
视频路径：视频\Part 2\11\清新花园一角.swf

魔法指数：★★★★★
视频路径：视频\Part 2\11\唯美浪漫风.swf

### 碧水清影

相机型号：NIKON D300
曝光时间：1/320秒
光圈值：f/10

魔法指数：★★★★★
视频路径：视频\Part 2\12\镜水清莹.swf

魔法指数：★★★★★
视频路径：视频\Part 2\12\恬静淡雅风.swf

### 清明时节

相机型号：NIKON D300
曝光时间：1/3100秒
光圈值：f/4.5

魔法指数：★★★★★
视频路径：视频\Part 2\13\花间明媚.swf

魔法指数：★★★★★
视频路径：视频\Part 2\13\阴郁无.swf

### 港湾

相机型号：Canon EOS 5D
曝光时间：1/1250秒
光圈值：f/4

魔法指数：★★★★☆
视频路径：视频\Part 2\14\动人黄昏.swf

魔法指数：★★★★★
视频路径：视频\Part 2\14\夜之灯塔.swf

### 黛峰云涧

相机型号：D-LUX 5
曝光时间：1/640秒
光圈值：f/4

魔法指数：★★★★☆
视频路径：视频\Part 2\15\仙人居.swf

魔法指数：★★★★☆
视频路径：视频\Part 2\15\佛光普照.swf

### 爱上普罗旺斯

相机型号：NIKON D2Xs
曝光时间：1/60秒
光圈值：f/8.0

魔法指数：★★★★☆
视频路径：视频\Part 2\16\烂漫天空下.swf

魔法指数：★★★★☆
视频路径：视频\Part 2\16\清新光晕.swf

### 红墙内外

相机型号：Canon EOS 5D
曝光时间：1/1250秒
光圈值：f/4

魔法指数：★★★★☆
视频路径：视频\Part 2\17\朗朗色调.swf

魔法指数：★★★★☆
视频路径：视频\Part 2\17\明月星稀.swf

## 秋风红叶

相机型号：NIKON D200
曝光时间：1/80秒
光圈值：f/14

魔法指数：★★★☆☆
视频路径：视频\Part 2\18\清爽风. swf

魔法指数：★★★★★
视频路径：视频\Part 2\18\梦幻风. swf

## 破旧古堡

相机型号：NIKON D300
曝光时间：1/4000秒
光圈值：f/4

魔法指数：★★★☆☆
视频路径：视频\Part 2\19\完美古堡. swf

魔法指数：★★★★★
视频路径：视频\Part 2\19\烈火世界. swf

## 街巷小店

相机型号：NIKON D80
曝光时间：1/60秒
光圈值：f/8.0

魔法指数：★★★★☆
视频路径：视频\Part 2\20\清新小店. swf

魔法指数：★★★☆☆
视频路径：视频\Part 2\20\怀旧小店. swf

## 童话城堡

相机型号：CYBERSHOT
曝光时间：1/200秒
光圈值：f/2.8

魔法指数：★★★☆☆
视频路径：视频\Part 2\21\唯美童话城堡. swf

魔法指数：★★★★★
视频路径：视频\Part 2\21\转换寒冬雪夜. swf

## 船儿弯弯

目机型号：Canon EOS 5D Mark II
暴光时间：1.6秒
光圈值：f/13

魔法指数：★★★☆☆
视频路径：视频\Part 2\22\沧桑情怀. swf

魔法指数：★★★☆☆
视频路径：视频\Part 2\22\暗夜天空. swf

## 衰草连天

目机型号：NIKON D70
暴光时间：1/30秒
光圈值：f/22

魔法指数：★★★☆☆
视频路径：视频\Part 2\23\魔幻光影. swf

魔法指数：★★★☆☆
视频路径：视频\Part 2\23\阴郁氛围. swf

## 浪漫铁道

目机型号：anon Power Shot A610
暴光时间：1/250秒
光圈值：f/4

魔法指数：★★★☆☆
视频路径：视频\Part 2\24\淡而忧伤. swf

魔法指数：★★★☆☆
视频路径：视频\Part 2\24\怀旧梦幻. swf

## 异国梦

目机型号：NIKON D300
暴光时间：1/2500秒
光圈值：f/5.6

魔法指数：★★★☆☆
视频路径：视频\Part 2\25\大风车. swf

魔法指数：★★★☆☆
视频路径：视频\Part 2\25\忧伤怀旧风. swf

越夜越美丽

相机型号: NIKON D80
曝光时间: 1/400 秒
光圈值: f/4.5

魔法指数: ★★★★☆
视频路径: 视频\Part 2\26\魅力夜色. swf

魔法指数: ★★★★★
视频路径: 视频\Part 2\26\绚丽霓虹. swf

湖畔独步

相机型号: NIKON D300
曝光时间: 1/320秒
光圈值: f/8

魔法指数: ★★★☆☆
视频路径: 视频\Part 2\27\冬日湖畔. swf

魔法指数: ★★★☆☆
视频路径: 视频\Part 2\27\纯净. swf

小树

相机型号: Canon EOS 5D
曝光时间: 1/400秒
光圈值: f/4

魔法指数: ★★★☆☆
视频路径: 视频\Part 2\28\蓝天下. swf

魔法指数: ★★★★☆
视频路径: 视频\Part 2\28\风雪夜. swf

迷雾森林

相机型号: Canon EOS 5D
曝光时间: 1/400秒
光圈值: f/4

魔法指数: ★★★★☆
视频路径: 视频\Part 2\29\迷失. swf

魔法指数: ★★★★☆
视频路径: 视频\Part 2\29\神的旨意. swf

案例 赏析
Photoshop

# Photoshop
# 数码照片创意魔法大揭秘

锐艺视觉 编著

人民邮电出版社
北 京

**图书在版编目（ＣＩＰ）数据**

Photoshop数码照片创意魔法大揭秘 / 锐艺视觉编著
. -- 北京 ：人民邮电出版社，2014.1
ISBN 978 7-115-33687-3

Ⅰ．①P… Ⅱ．①锐… Ⅲ．①图象处理软件 Ⅳ.
①TP391.41

中国版本图书馆CIP数据核字(2013)第283377号

## 内 容 提 要

本书是用 Photoshop 软件对数码照片进行创意处理的经典之作，书中选取了 176 个经典实例，由一张照片转换为多种色调从而表现不同的风格。全书分为两部分，第 1 部分为人物篇，该篇包含 20 章，对 20 个系列的人物进行不同风格的色调处理，在这些实例中分别以大人、儿童、普通生活照和艺术照等进行风格转换，从而表现画面中人物的不同气质；第 2 部分为风景篇，该篇包含了 29 章，将风景中的各种静物进行风格转换，从而表现神秘、魔幻等不同的视觉效果。

随书光盘中包括了全书所有案例的素材文件和最终效果文件，方便读者边学习边操作。本书适合 Photoshop 初学者、数码照片处理爱好者学习使用，同时，对于摄影后期制作人员、平面设计人员也有一定的参考意义。

◆ 编　　著　锐艺视觉
　　责任编辑　张丹阳
　　责任印制　方　航

◆ 人民邮电出版社出版发行　　北京市丰台区成寿寺路 11 号
　　邮编　100164　电子邮件　315@ptpress.com.cn
　　网址　http://www.ptpress.com.cn
　　北京画中画印刷有限公司印刷

◆ 开本：787×1092　1/16
　　印张：22.75　　　　　　　彩插：6
　　字数：817 千字　　　　　　2014 年 1 月第 1 版
　　印数：1－4 000 册　　　　 2014 年 1 月北京第 1 次印刷

定价：79.80 元（附光盘）

读者服务热线：**(010) 81055410**　印装质量热线：**(010) 81055316**
反盗版热线：**(010) 81055315**
广告经营许可证：京崇工商广字第 0021 号

软件介绍

　　Photoshop 是由美国Adobe公司推出的一款图形图像处理软件，集合了数码照片后期处理、修复、色调、合成、绘制等各个设计领域应用，深受广大摄影爱好者与设计爱好者的喜爱。而色调的表现是Photoshop照片处理中非常重要的一个组成部分，不仅是在照片处理中，在平面设计或特效设计中都有着广泛的应用。色彩影调的表现，可将普通数码照片处理为具有神奇、魔幻、清新等不同风格的照片，从而表现不同的视觉效果。

创作目的

　　绚丽生动的照片效果往往更能吸引大家的目光，一张好的照片能够给人讲述一段优美的故事，通过同一张照片的多种风格及色调调整，使照片产生不一样的意境。Adobe公司推出的Photoshop图像处理软件，能够充分结合照片效果，进行后期色调风格创意，表现摄影师不一样的照片构图意境。本书以丰富的案例制作为目的，以技法讲解的方式，对软件进行深入解析。使数码原片通过Photoshop图像处理软件产生魔法性的转变。

本书特色

　　本书通过实例操作演示，将风景篇和人物篇中的照片进行色彩影调间的转换，展现不同的影调效果，从而给人一种不同的气息特质。本书共49章，其中对章节所应用到的知识点进行技术拓展延伸，使读者应用不同的处理方式和方法得到相同的色调效果。还对每个实例的摄影技巧进行了分析，对不同的数码照片，通过后期润色联想到不同的色调风格，使读者不只是对一张照片进行色调处理，同时学习了色调风格。

　　本书在书稿的编写和实例的操作过程中力求严谨，但由于时间关系与作者水平的限制，书中难免出现疏漏与不妥之处，敬请广大读者批评指正。

编者
2014年1月

# 目录

Photoshop **数码照片创意魔法大揭秘**

## Part 1　人物篇

01 临风听暮 .................................... 14

　美丽定格 .................................... 15

　朦胧柔美 .................................... 16

　明媚阳光 .................................... 19

　低调复古 .................................... 21

02 牧童望村 .................................... 23

　完美场景 .................................... 24

　青青草原 .................................... 25

　清新光影 .................................... 26

　奇幻场景 .................................... 28

03 青葱岁月 .................................... 30

　阳光灿烂的季节 ............................. 31

　清新TOFU .................................. 33

　非主流色调 ................................. 34

04 芳心自持 .................................... 36

　甜美糖水片 ................................. 37

　明媚婉约色 ................................. 37

　朦胧柔美感 ................................. 39

　绚美灿烂风 ................................. 40

05 佳人幽梦 .................................... 42

　复古风 ...................................... 43

　柔滑肤质 ................................... 44

　温暖阳光 ................................... 46

　忧伤色调 ................................... 48

06 稚子花中笑 ................................. 50

　美丽花园 ................................... 51

　清新怀旧风 ................................. 52

　清新日系风 ................................. 54

　可爱涂鸦 ................................... 57

07 灼灼芳华 .................................... 58

波西色调 ..................................................... 59

LOMO色调 ................................................... 60

时尚浮华色调 ............................................. 62

双色调 ......................................................... 63

极致黑白色调 ............................................. 64

08 白如雪 ..................................................... 66

雪白风 ......................................................... 67

日系温暖风 ................................................. 68

清新冷色系 ................................................. 70

忧伤怀旧风 ................................................. 72

唯美插画风 ................................................. 73

09 小小天使 ................................................. 74

粉嫩可爱风 ................................................. 75

淡雅纯真高调 ............................................. 77

明媚怀旧风 ................................................. 78

清新插画风 ................................................. 79

10 蓝色妖姬 ................................................. 81

魔幻影调质感 ............................................. 82

炫彩妆容 ..................................................... 83

时尚海报 ..................................................... 84

素描写真 ..................................................... 87

11 魅影 ......................................................... 88

个性高调 ..................................................... 89

冷漠色调 ..................................................... 90

玄幻电影海报 ............................................. 92

12 罗衣侧影 ................................................. 95

绿色精灵 ..................................................... 96

冰清玉洁 ..................................................... 97

魔力幻影 ..................................................... 99

唯美插画 ................................................... 101

13 海风中的日子 ....................................... 103

怀旧宝丽来 ............................................... 104

风中残片 ................................................... 105

极酷质感 ................................................... 106

14 吉普赛女王 ........................................... 107

神秘风 ....................................................... 108

复古风 ....................................................... 110

油画质感 ................................................... 112

15 持子之手 ............................................... 113

明媚的日子 ............................................... 114

个性签名 ................................................... 116

微电影海报 ............................................... 118

16 花样年华 ............................................... 121

怀旧风 ....................................................... 122

清丽风 ....................................................... 123

甜美风 ....................................................... 125

婉约风 ....................................................... 127

17　桃李容华 ........................... 130
　　恬静唯美 ........................... 131
　　复古情怀 ........................... 133
　　忧伤情怀 ........................... 134
　　CG画 ............................... 137

18　轻倚修竹 ........................... 140
　　复古情怀 ........................... 141
　　精灵神话 ........................... 143
　　冷艳隔绝 ........................... 145
　　游戏海报 ........................... 146

19　林中独坐 ........................... 150
　　林中仙子 ........................... 151
　　暖意融融 ........................... 153
　　淡雅轻盈 ........................... 155
　　迷幻仙境 ........................... 156

20　棒棒糖 ............................. 158
　　爱幻想 ............................. 159
　　复古插画 ........................... 162
　　快乐心情 ........................... 164

# Part 2　风景篇 166

01　漓水悠悠 ........................... 167
　　清幽一梦 ........................... 168
　　和煦春风 ........................... 171
　　江上雾霭 ........................... 172

02　梦里水乡 ........................... 174
　　完美定格 ........................... 175
　　清幽水乡 ........................... 177
　　淡彩水墨 ........................... 179

03　归园田居 ........................... 182
　　清新农家 ........................... 183
　　明媚田园 ........................... 185
　　绚丽水彩 ........................... 187

04　渔舟唱晚 ........................... 190
　　雾气朦胧 ........................... 191
　　浓郁黄昏 ........................... 192
　　阴郁天空 ........................... 193
　　艺术海报 ........................... 194

05　江面渔家 ........................... 196
　　渔家风采 ........................... 197
　　清秀山水民风 ....................... 199
　　劳作速写 ........................... 201

06　梦幻沙滩 ........................... 203
　　清爽海滩 ........................... 204
　　浪漫温馨 ........................... 206

忧伤色调 ............................................ 207
古老电影海报 .................................... 209

07 原野 ................................................ 211

　　天地融合 ...................................... 212
　　神话光影 ...................................... 213
　　魔幻原野 ...................................... 215

08 寂寞公路 ........................................ 218

　　阴郁天空 ...................................... 219
　　清新文艺 ...................................... 220
　　灰色心情 ...................................... 222

09 快乐公交 ........................................ 223

　　小树林 .......................................... 224
　　林间透进的阳光 .......................... 225
　　蹉跎岁月 ...................................... 227
　　金色季节 ...................................... 229

10 婉约词 ............................................ 230

　　柔美婉约 ...................................... 231
　　恬静清莹 ...................................... 232
　　暖意怀旧 ...................................... 234
　　复古写意 ...................................... 235

11 我的单车 ........................................ 237

　　清新花园一角 .............................. 238
　　唯美浪漫风 .................................. 239
　　忧伤怀旧情怀 .............................. 241

12 碧水清影 ........................................ 245

　　镜水清莹 ...................................... 246

恬静淡雅风 ........................................ 247
缤纷花树 ............................................ 249

13 清明时节 ........................................ 250

　　花间明媚 ...................................... 251
　　阴郁天 .......................................... 253
　　雨纷纷 .......................................... 254

14 港湾 ................................................ 256

　　动人黄昏 ...................................... 257
　　魔幻海港 ...................................... 258
　　夜之灯塔 ...................................... 260

15 黛峰云涧 ........................................ 262

　　仙人居 .......................................... 263
　　佛光普照 ...................................... 265
　　写意仙境 ...................................... 268

16 爱上普罗旺斯 ................................ 270

　　烂漫天空下 .................................. 271
　　清新光晕 ...................................... 272
　　暗黑主义 ...................................... 275

17 红墙内外 ........................................ 277

　　朗朗色调 ...................................... 278
　　月明星稀 ...................................... 279
　　地产招贴 ...................................... 280

18 秋风红叶 ........................................ 282

　　清爽风 .......................................... 283
　　梦幻风 .......................................... 284
　　写意风 .......................................... 286

蜡笔画 .................................................. 287

19 破旧古堡 ............................................ 289

完美古堡 .............................................. 290
完美光影 .............................................. 291
玄幻特效 .............................................. 293
烈火世界 .............................................. 296

20 街巷小店 ............................................ 298

清新小店 .............................................. 299
忧伤小店 .............................................. 300
怀旧小店 .............................................. 302
暗夜风格 .............................................. 303

21 童话城堡 ............................................ 305

唯美童话城堡 ......................................... 306
清新斑斓色调 ......................................... 307
转换金秋季节 ......................................... 309
转换寒冬雪夜 ......................................... 310

22 船儿弯弯 ............................................ 312

沧桑情怀 .............................................. 313
忧郁情怀 .............................................. 314
暗夜天空 .............................................. 315
浪漫沙滩 .............................................. 316

23 衰草连天 ............................................ 319

魔幻光影 .............................................. 320
阴郁氛围 .............................................. 321
雪地质感 .............................................. 322
个性壁画 .............................................. 324

24 浪漫铁道 ............................................ 325

淡而忧伤 .............................................. 326
反转负冲 .............................................. 327
怀旧梦幻 .............................................. 328
温馨唯美 .............................................. 330

25 异国梦 .............................................. 332

大风车 ................................................ 333
清新明媚风 ........................................... 334
忧伤怀旧风 ........................................... 335
美景如画 .............................................. 337

26 越夜越美丽 ......................................... 339

魅力夜色 .............................................. 340
魔力幻影 .............................................. 341
高动态HDR夜景 ...................................... 342
绚丽霓虹 .............................................. 344

27 湖畔独步 ............................................ 346

冬日湖畔 .............................................. 347
梦幻唯美风 ........................................... 347
纯净 .................................................. 349

28 小树 ................................................ 351

蓝天下 ................................................ 352
魔幻星空 .............................................. 353
风雪夜 ................................................ 355

29 迷雾森林 ............................................ 357

雾气弥漫 .............................................. 358
迷失 .................................................. 359
神的旨意 .............................................. 360
希望之光 .............................................. 362

# 02 风格定向

虽然数码照片后期调整风格多种多样，但不是每一种风格都能适合每一张照片的后期调整。怎样选择合适的效果彰显数码照片完美的一面呢？数码照片的风格决定了后期设计表现的画面力度和深度，影响着画面整体色调的表现和氛围渲染。针对不同类型、构图和色彩的数码照片采用不同的色调风格进行调整，同一张照片可以通过多种色调进行表现，渲染出照片的不同风格。

在选择照片风格时，需要根据原始照片的构图与画面效果来确定。根据照片画面的感觉加强该照片所表达的氛围，而不要采用与照片意境相违背的效果。

## 1. 错误的风格定向

清新淡雅的绿色植物加上白色的花朵，整个照片给人清新自然的感觉，在风格的选择上如果采用一些较为暗淡的色彩为主色调，则会影响整个画面的和谐。如复古怀旧色调与该照片的主题意境就会相违背，不仅不能美化照片，还会起到相反的作用。

▲原图

▲怀旧褐色调

▲复古怀旧色调

复古效果更适合一些照片本身就具有一定文化气息或者古典建筑的照片，这样就能更好地表现照片风格。

▲复古怀旧色调

▲复古邮差色调

▲复古日落黄色调

## 2. 正确的风格定向

清新风格的照片多以唯美动物、年轻女性、儿童或者田园山水风景为主。该种风格的照片色调通常以冷色调为主，画面整体色调淡雅、别致，笼罩在淡淡的蓝色或绿色之中，给人以自然、清丽、脱俗的画面感受。

▲原图

▲恬静淡雅风格

▲柔美黄色调

# 03 | 设计表现

　　定位好数码照片的风格后, 就需要一定的设计表现了。在进行设计表现时, 要对照片整体有一个宏观的认识, 从画面整体的构图、色彩和拍摄视角等进行构思。可以对画面局部的光影、色调、主体物等进行强化, 也可以通过添加适当的元素来丰富整体画面的效果, 或者从绘画的角度, 制作不同的绘画质感效果, 呈现出不同创意风格的艺术设计。

## 1. 强化照片光影效果

　　在自然环境中拍摄照片时, 照片受光线影响呈现出一定的光照效果。在后期进行设计表现时, 可以对照片的光影进行强化处理, 以突出画面的光影质感效果。

▲ 原照片

▲ 朦胧光影

▲ 绚丽光影

## 2. 添加细节图像增强照片层次感

　　在拍摄照片时, 如果原照片整体色调或构图较为单一, 可以在后期的设计表现中通过调色、添加少量素材图像等进行加工处理, 使其呈现丰富的色彩和质感层次变化。

▲ 原照片

▲ 丰富的层次和色彩效果

## 3. 制作照片绘画效果

　　不同拍摄方法的风景或人物照片能够呈现不同的风格, 站在绘画的角度对照片进行分析, 可使其呈现速写、素描、水彩、水墨、油画或雕刻等艺术绘画效果。

▲ 原照片

▲ 速写效果

Part 1

# 人物篇

人像主题摄影是众多专业摄影人士及摄影爱好者所钟爱的一种摄影主题，尤其以女性为主题，以体现美好时光的居多。本篇针对人像主题摄影照片进行后期处理，通过对一张照片的多种处理风格的操作演示，表现照片的不同风格魅力并体现照片处理方法的多样化和实用性。

# 01 | 临风听暮

ⓘ 相机型号: NIKON D700　　曝光时间: 1/2000秒　　光圈值: f/2.8

▌ **摄影技巧**: 该照片主要以远镜头拍摄,以表现花海的辽阔美丽。照片上部主要以天空为主,下部为花丛,整个画面分配的比较平衡,不会给人拥挤的感觉。而照片主要突出人物,将人物置于照片的正中央,加强突出感。

▌ **后期润色**: 本案例开头的美丽定格先将图像裁剪出完美区域,然后再通过调色的方式调整图片的明媚阳光、朦胧柔美和低调复古色调。分别体现出画面的不同风格效果。

▌ **光盘路径**: 素材\Part 1\Media\01\临风听暮.jpg

---

美丽定格

| 魔法指数 | ★★★☆☆ |
| --- | --- |
| 风格解析 | 拍摄照片时取景不一定很好,我们可以对其进行裁剪,让它以最完美的状态呈现。 |
| 光盘路径 | 素材\Part 1\Complete\01\美丽定格.psd |

明媚阳光

| 魔法指数 | ★★★★☆ |
| --- | --- |
| 风格解析 | 明媚阳光色调属于暖色调,给人温暖舒服的感觉,呈现出温馨和睦的氛围。 |
| 光盘路径 | 素材\Part 1\Complete\01\明媚阳光.psd |

朦胧柔美

| 魔法指数 | ★★★☆☆ |
| --- | --- |
| 风格解析 | 调整画面亮度,使整体偏蓝色调,增加一些模糊感,添加梦幻效果,用于情侣照更加增加了爱情甜蜜之感。 |
| 光盘路径 | 素材\Part 1\Complete\01\朦胧柔美.psd |

低调复古

| 魔法指数 | ★★★★★ |
| --- | --- |
| 风格解析 | 复古是暗淡偏黄偏紫的色调,画面颜色单调模糊,给人复古的感觉。 |
| 光盘路径 | 素材\Part 1\Complete\01\低调复古.psd |

» 美丽定格

01 执行"文件>打开"命令，打开"素材\Part 1\Media\01\临风听暮.jpg"照片文件。单击"裁剪工具" ，在图像中拖动裁剪框至最合适的位置。然后按Enter键确定裁剪。

02 单击"图层"面板下方的"创建新的填充或调整图层"按钮 ，在弹出的菜单中选择"可选颜色"命令，创建出"选取颜色1"图层。然后在属性面板的"颜色"下拉菜单中分别选择"中性色"和"黄色"选项，分别对其设置参数，以调整图像的色调。

03 采用相同的方法，单击"创建新的填充或调整图层"按钮 ，应用"可选颜色"和"曲线"命令。然后在属性面板中设置增强饱和度参数，以提高图像的饱和度。接着使用画笔工具 在图层蒙版中进行涂抹以隐藏多余图像。

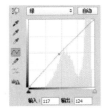

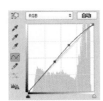

04 继续单击"创建新的填充或调整图层"按钮 ，在弹出的菜单中选择"自然饱和度"和"色阶"命令，创建出"色阶1"和"自然饱和度"调整图层。在属性面板中拖动滑块以调整参数，进而调整图像的饱和度及明亮对比度。至此，本实例制作完成。

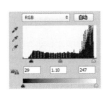

## » 朦胧柔美

**01** 执行"文件>打开"命令，打开"素材\Part 1\ Media\01\临风听暮.jpg"照片文件。单击"裁剪工具" ，在图像中拖动裁剪框至最合适的位置。然后按Enter键确定裁剪。

**02** 单击"创建新的填充或调整图层"按钮 ，在弹出的菜单中选择"曲线"命令，创建出"曲线 1"调整图层。然后在属性面板中单击添加锚点并拖动锚点以调整参数，从而调整图像的色调。

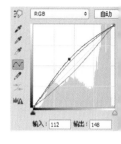

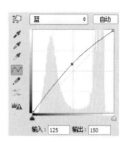

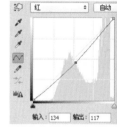

**03** 完成后，使用画笔工具 ，在其选项栏中设置画笔样式为圆角画笔，然后设置前景色为黑色，接着在"曲线 1"调整图层的图层蒙版上进行涂抹。恢复人物区域的颜色。

**04** 单击"创建新的填充或调整图层"按钮 ，应用"色彩平衡"命令。接着采用相同方法在属性面板上拖动滑块以调整参数。完成后同样使用画笔工具 在图层蒙版中进行涂抹,恢复人物脸部色调。

**05** 继续采用相同的方法创建出"色阶"调整图层。同样在属性面板中分别选择"RGB"通道和"红"通道并分别设置其参数，调整图像的明暗对比度。

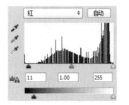

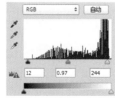

**06** 按快捷键Shift+Ctrl+Alt+E盖印图层生成"图层1"。接着执行"滤镜>模糊>高斯模糊"命令，在弹出的对话框中设置参数，完成后单击"确定"按钮。接着设置该图层的混合模式为"柔光"，"不透明度"为2%。

**07** 单击"创建新的填充或调整图层"按钮 ⚫，应用"可选颜色"命令。在属性面板的"颜色"下拉菜单中分别选择不同的选项，接着在其下侧拖动滑块来调整参数。完成后同样使用画笔工具 ✎ 在图层蒙版上进行涂抹以隐藏部分色调效果。

## 技术拓展　使用模糊工具模糊图像

若要做出模糊的效果图像，除了执行"滤镜>模糊>高斯模糊"命令，在弹出的菜单中设置参数来达到，也可以使用工具栏中的模糊工具 ⚪，在其选项栏中，适当设置画笔的大小、样式及其他的选项。设置好后，在需要模糊的地方进行涂抹，即可得到模糊的图像。

▶ 盖印图层得到"图层1"，单击模糊工具 ⚪，在属性面板中设置好后在图像上涂抹。

▲ 涂抹好后同样对图层进行设置。　▲ 设置好后可以得到相同的模糊效果图像。

**08** 继续盖印图层，生成"图层 2"。分别执行"滤镜>模糊>高斯模糊"命令和"滤镜>模糊>动感模糊"命令。在弹出的对话框中分别设置参数，完成后同样为其添加图层蒙版并使用画笔工具 ✎ 进行涂抹。最后设置混合模式及不透明度，使图像有动感模糊的效果。

**09** 按照相同的方法，按快捷键Shift+Ctrl+Alt+E盖印图层，生成"图层3"。接着执行"滤镜>模糊>动感模糊"命令，在弹出的对话框中设置参数，完成后单击"确定"按钮。继续为其添加图层蒙版，同样使用画笔工具 ✎ 在人物脸部进行涂抹以去除脸部的模糊。接着设置其混合模式及不透明度，使图像的模糊更加柔和迷离。

**10** 继续采用相同的方法创建出"自然饱和度"调整图层。接着在属性面板中设置参数，使图像的自然饱和度升高，饱和度适当降低。使整体的图像颜色不那么鲜艳。

**11** 单击"图层"面板下方的"创建新图层"按钮，创建出"图层4"。设置前景色为蓝色，接着单击"渐变"工具，在属性面板中打开"渐变编辑器"对话框。在对话框中选择前景色到透明色的渐变样式，接着在图像上拖动鼠标绘制渐变颜色。调整图层的混合模式为"线性加深"，不透明度为"62%"。

**12** 单击"图层"面板下方的"创建新的填充或调整图层"按钮 ◑.，应用"色相/饱和度"命令。在属性面板中拖动滑块调整参数。完成后按快捷键Shift+Alt在调整图层与"图层4"之间单击以创建剪贴蒙版。

## 》 明媚阳光

**01** 执行"文件>打开"命令，打开"素材\Part 1\
Media\01\临风听暮.jpg"照片文件，采用相同的
方法裁剪图像。完成后单击"图层"面板下方的"创建新
的填充或调整图层"按钮 ◎.，在弹出的菜单中选择"色
阶"命令，创建"色阶1"调整图层，接着在属性面板中适
当设置参数，降低图片的灰度。

**02** 采用相同的方法，单击"创建新的填充或调整图
层"按钮 ◎.，在弹出的菜单中选择"通道混合
器"命令。完成后在其属性面板中选择不同的"输入通
道"，分别拖动滑块以调整参数，设置图像为偏黄色调。

**03** 继续采用相同的方法，单击"创建新的填充或调
整图层"按钮 ◎.，在弹出的菜单中选择"色相/
饱和度"命令。然后同样在属性面板中拖动"饱和度"滑
块，降低图像的整体饱和度。

**04** 继续创建"可选颜色"调整图层。在属性面板的
"颜色"下拉菜单中，分别选择"黑色"、"中
性色"、"红色"和"黄色"，分别适当设置其参数。调
整图像中花丛为偏黄色调，同时调整整体图片的灰度感。

**05** 继续采用相同的方法，单击"创建新的填充或调整图层"按钮 ◐，应用"色彩平衡"命令，创建出"色彩平衡 1"调整图层，并继续在属性面板中设置参数以调整图像颜色。

**06** 新建图层，填充图层颜色为黑色。接着执行"滤镜>渲染>镜头光晕"命令，在弹出的对话框中适当设置参数并单击"确定"按钮完成设置。完成后，设置"图层1"的混合模式为"滤色"，隐藏黑色背景使镜头光晕应用在图像上。

**TIPS 调整光晕**

这样制作出的光晕只针对光晕进行调整，填充的黑色背景不会影响到图像。

**07** 单击"图层"面板下方的"创建新的填充或调整图层"按钮 ◐，在弹出的菜单中选择"可选颜色"命令，创建出"选取颜色"调整图层，同样在属性面板中选不同的颜色选项。接着分别设置参数，使图像的整体亮度提高并且更加清新。

**08** 完成后，继续采用相同的方法，创建出"曲线"调整图层，在属性面板中单击"添加锚点"并拖动锚点调整曲线，使图像的整体颜色处于偏黄偏亮。完成后使用画笔工具在图层上适当的涂抹，削弱在花丛及人物图像上的曲线调整效果。至此，本实例制作完成。

# 低调复古

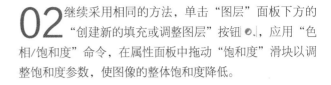

**01** 执行"文件>打开"命令，打开"素材\Part 1\Media\ 01\临风听暮.jpg"照片文件，采用相同的方法裁剪图像。完成后单击"图层"面板下方的"创建新的填充或调整图层"按钮，在弹出的菜单中选择"色阶"命令，创建出"色阶1"调整图层，接着在属性面板中适当设置参数，以降低图片的灰度。

**02** 继续采用相同的方法，单击"图层"面板下方的"创建新的填充或调整图层"按钮，应用"色相/饱和度"命令，在属性面板中拖动"饱和度"滑块以调整饱和度参数，使图像的整体饱和度降低。

**03** 继续单击"创建新的填充或调整图层"按钮，应用"可选颜色"命令。在属性面板中分别选择"黄色"、"白色"、"中性色"和"黑色"颜色选项，接着分别设置其参数，将图像调整为偏古黄色色调。

**04** 继续单击"创建新的填充或调整图层"按钮，在弹出的菜单中选择"可选颜色"命令。在属性面板中选择"黄色"颜色选项，拖动其下侧滑块以调整参数，使图像的古黄色色调更加明显。

05 继续单击"创建新的填充或调整图层"按钮 ◑.，在弹出的菜单中选择"可选颜色"命令，在属性面板中选择"黄色"和"红色"颜色选项。拖动其下侧滑块以调整参数。接着使用画笔工具 ✐ 在图层蒙版上进行涂抹，隐藏人物脸部以外的色调效果，调整人物皮肤颜色，使其更加柔和，降低其偏黄色调。

06 采用相同的方法，单击"图层"面板下方的"创建新的填充或调整图层"按钮 ◑.，在弹出的菜单中选择"色阶"命令，创建出"色阶 2"调整图层，在属性面板中适当设置参数以调整图像的明暗对比度。

07 继续单击"创建新的填充或调整图层"按钮 ◑.，在弹出的菜单中选择"可选颜色"命令，在属性面板中选择"黄色"颜色选项。拖动其下侧滑块以调整参数，使图像的古黄色色调更加明显。

08 按快捷键Shift+Ctrl+Alt+E盖印图层，生成"图层1"。接着执行"图像>调整>阴影/高光"命令，在弹出的对话框中设置参数，完成后单击"确定"按钮。调整图像的阴影和高光效果，使图像的阴影与高光的对比度增强。至此，本实例制作完成。

# 02 | 牧童望村

相机型号：EX-S10　曝光时间：1/125秒　光圈值：f/7.9

■ **摄影技巧**：以仰视的角度进行照片构图，这样透视感会增强，突出草原的辽阔。

■ **后期润色**：本案例先将图像中的瑕疵去除，然后再调整画面色调。

■ **光盘路径**：素材\Part 1\Media\02\牧童望村.jpg

青青草原

| 魔法指数 | ★★★☆◇ |
|---|---|
| 风格解析 | 降低天空的饱和度，调整草原颜色以绿色呈现，体现青青草原氛围。 |
| 光盘路径 | 素材\Part 1\Complete\02\青青草原.psd |

清新光影

| 魔法指数 | ★★★☆◇ |
|---|---|
| 风格解析 | 增加画面的亮度，增加光影，为图像增加一点模糊，体现光照下的朦胧。 |
| 光盘路径 | 素材\Part 1\Complete\02\清新光影.psd |

完美场景

| 魔法指数 | ★★☆◇◇ |
|---|---|
| 风格解析 | 画面的左侧有一小块黑色图像，给整个画面不协调的感觉。我们可以将其去除，使画面协调。 |
| 光盘路径 | 素材\Part 1\Complete 02\完美场景.psd |

奇幻场景

| 魔法指数 | ★★★★★ |
|---|---|
| 风格解析 | 以橙红色为主，体现背景的神奇色彩。添加迷雾以增加奇幻色彩。添加模糊以增加奇幻效果。 |
| 光盘路径 | 素材\Part 1\Complete\02\奇幻场景.psd |

## » 完美场景

**01** 执行"文件>打开"命令，打开"素材\Part 1\Media\02\牧童望村.jpg"照片文件。将"背景"图层拖动到"图层"面板下方的"创建新图层"按钮上，然后释放鼠标，即可复制出"背景 副本"图层。使用修补工具 ▣ 在左侧的瑕疵处创建出选区。

**02** 拖动选区至其他完整的区域并释放鼠标，即可自动修复选区内的瑕疵图像。继续使用修补工具 ▣ 在瑕疵处创建选区，继续拖动至其他位置进行修复。这样多修复几次，直到瑕疵完全没有为止。

**03** 单击"创建新的填充或调整图层"按钮 ◐，在弹出的菜单中选择"色阶"命令，创建出"色阶1"调整图层。然后在属性面板中拖动滑块以调整色阶参数，提亮图像。

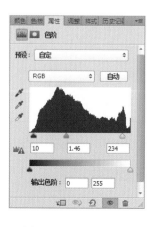

**04** 采用相同的方法，创建出"选取颜色1"调整图层，然后在属性面板中分别选择"黄色"和"蓝色"，然后设置相应的参数。至此，本实例制作完成。

# » 青青草原

**01** 执行"文件>打开"命令，打开"素材\Part 1\Media\02\牧童望村.jpg"照片文件。接着打开之前所制作的"完美场景.psd"图像文件，使用移动工具，将该图像文件中的"背景 副本"图层，移动到当前图像文件中，然后按快捷键Ctrl+Alt+Shift+E盖印图层，生成"图层 1"。

## 技术拓展 盖印图层

在完美场景中，为了看起简洁，我们可以在"图层"面板中，单击鼠标右键，在弹出的菜单中选择"合并可见图层"命令，即可将所有图层合并成一个图层，然后使用移动工具将其移动到当前图像文件中。这样便是一个图层。

▲打开"完美场景.psd"图像文件

▲无瑕疵的图像

▲合并成了一个图层，效果不变

**02** 单击"创建新的填充或调整图层"按钮，在弹出的菜单中选择"可选颜色"命令，创建出"选取颜色1"调整图层。然后在属性面板中选择"红色"颜色选项，拖动其下方滑块来设置参数，以调整图像的颜色。结合使用画笔工具在图像的适当区域进行涂抹，恢复其颜色。

TIPS 用图层蒙版恢复局部色调

　　若要使用图层蒙版来恢复局部色调与周围不同的一个区域，可以先使用快速选取工具创建出选区，然后填充选区颜色为黑色即可。

**03** 采用相同的方法，单击"创建新的填充或调整图层"按钮，在弹出的菜单中选择"亮度/对比度"命令。然后同样在其属性面板中设置参数，以调整图像的亮度。

**04** 接着创建出"曲线 1"调整图层，在属性面板中添加锚点并拖动锚点以调整曲线。针对"RGB"通道、"绿"通道和"蓝"通道继续设置。调整好后，设置"曲线1"调整图层的混合模式为"颜色"。结合使用画笔工具 ✐ 在图像的适当区域进行涂抹，恢复其颜色。

**05** 涂抹好后，继续单击"创建新的填充或调整图层"按钮 ◉，应用"亮度/对比度"命令，并在属性面板中设置参数，以调整画面颜色。同样使用画笔工具 ✐ 在图层蒙版上进行涂抹。

**06** 单击"创建新的填充或调整图层"按钮 ◉，应用"可选颜色"命令并分别设置各颜色参数，以调整画面的颜色。至此，本实例制作完成。

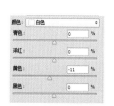

## » 清新光影

**01** 执行"文件>打开"命令，打开"素材\Part 1\Media\02\牧童望村.jpg"照片文件。将"背景"图层拖动到"图层"面板下方的"创建新图层"按钮上，释放鼠标，即可复制出"背景 副本"图层。

**02** 单击"创建新的填充或调整图层"按钮，在弹出的菜单中选择"色阶"命令，创建出"色阶"调整图层。然后在属性面板中分别选择"RGB"通道和"蓝"通道，设置其参数，以调整图像的色调。

**03** 按快捷键Ctrl+Shift+Alt+E盖印图层，执行"滤镜>渲染>镜头光晕"命令，弹出"镜头光晕"对话框，然后在对话框中设置参数及选项，并在预览框中调整光晕位置，完成后单击"确定"按钮。然后设置"图层1"的不透明度为"84%"。

**04** 继续按快捷键Ctrl+Shift+Alt+E盖印图层，生成"图层 2"，执行"滤镜>模糊>高斯模糊"命令并在对话框中设置"半径"参数值为3像素，完成后，单击"确定"按钮，以模糊图像。

**05** 单击"创建新的填充或调整图层"按钮，在弹出的菜单中选择"自然饱和度"命令，创建出"自然饱和度1"调整图层。然后在属性面板中设置"自然饱和度"的参数为"-29"，"饱和度"的参数为"+10"，以调整图像的自然饱和度。降低图像的自然饱和度，增强图像的饱和度。

**06** 继续采用相同的方法，创建出"色彩平衡1"调整图层。然后在属性面板中选择"中间调"色调，设置其参数，勾选"保留明度"复选项。完成后设置"色彩平衡1"调整图层的混合模式为"柔光"，不透明度为"59%"。

**07** 继续单击"创建新的填充或调整图层"按钮 ◎.|，在弹出的菜单中选择"曲线"命令。然后在属性面板中单击添加锚点，并拖动锚点调整曲线。完成后，设置"曲线1"调整图层的混合模式为"柔光"，不透明度为"51%"。至此，本实例制作完成。

## 》奇幻场景

**01** 执行"文件>打开"命令，打开"素材\Part 1\Media\02\牧童望村.jpg"照片文件。将"背景"图层拖动到"图层"面板下方的"创建新图层"按钮 ▣ 上，释放鼠标，即可复制出"背景 副本"图层。

**02** 单击"创建新的填充或调整图层"按钮 ◎.|，应用"色阶"命令，并在属性面板中设置参数，调整图像的色调。然后结合使用画笔工具 ✐.在图像的适当区域进行涂抹，恢复其颜色。

**03** 新建"图层 1"，设置前景色为"蓝色"，按快捷键Alt+Delete填充图层颜色。然后为"图层1"添加图层蒙版，使用画笔工具 ✐.在图像的适当区域进行涂抹，恢复其颜色。然后设置混合模式为"色相"。

**04** 继续新建图层，填充前景色为（R0，G219，B149）。然后单击"图层"面板下方的"添加图层蒙版"按钮 ▣.，为"图层2"添加图层蒙版。使用画笔工具 ✐.在图像的适当区域进行涂抹，恢复其颜色。完成后设置"图层2"的混合模式为"色相"。

**05** 继续创建出"曲线1"和"渐变映射1"调整图层。然后分别对其进行参数设置。

**06** 采用相同的方法，创建出"色彩平衡1"调整图层，然后在属性面板中设置其参数。

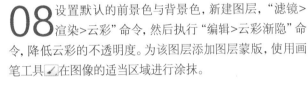

**07** 按快捷键Ctrl+Shift+Alt+E盖印图层，生成图层并重命名。执行"滤镜>模糊>高斯模糊"命令，在弹出的对话框中设置其"半径"为5像素，完成后单击"确定"按钮。然后设置该图层的混合模式为"浅色"。

**08** 设置默认的前景色与背景色，新建图层，"滤镜>渲染>云彩"命令，然后执行"编辑>云彩渐隐"命令，降低云彩的不透明度。为该图层添加图层蒙版，使用画笔工具 ✎ 在图像的适当区域进行涂抹。

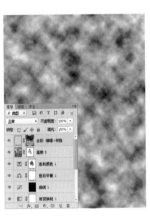

**09** 按快捷键Ctrl+Shift+Alt+E盖印图层，生成"图层5"，执行"滤镜>模糊>动感模糊"命令，在弹出的对话框中设置参数。完成后，设置"图层5"的混合模式为"滤色"，不透明度为"60%"。至此，本实例制作完成。

# 03　青葱岁月

**■ 摄影技巧：** 该照片主要对焦点在人物手臂处。虚化左上角的环境，突出人物，虚化环境也是为了消弱左侧落叶的杂乱之感。因阳光方向为左上侧，拍摄方向则相对偏左，这样高光阴影区分相对平衡。

**■ 后期润色：** 本案例通过调色的方式调整出图片的阳光灿烂的季节 、清新TOFU和非主流色调。分别体现出画面的温暖、清新以及现在年轻女子所喜欢的非主流风格效果。

**■ 光盘路径：** 素材\Part 1\Media\03\青葱岁月.jpg

| 相机型号：Canon EOS 5D　曝光时间：1/320秒　光圈值：f/4 |

阳光灿烂的季节

| 魔法指数 | ★★★★☆ |
|---|---|
| 风格解析 | 调整画面的色调，使其以橙色、淡紫色色调呈现。调整出画面的暖色调效果，体现阳光灿烂的氛围。 |
| 光盘路径 | 素材\Part 1\Complete\03\阳光灿烂的季节.psd |

清新TOFU

| 魔法指数 | ★★★★☆ |
|---|---|
| 风格解析 | 清新淡雅的色调属于冷色调，给人青春的感觉，呈现出青春洋溢的氛围画面。 |
| 光盘路径 | 素材\Part 1\Complete\03\清新TOFU.psd |

非主流色调

| 魔法指数 | ★★★★☆ |
|---|---|
| 风格解析 | 主要调整画面为高饱和为主，调整色调偏紫色、蓝色，色调深浅相对分明。 |
| 光盘路径 | 素材\Part 1\Complete\03\非主流色调.psd |

» 阳光灿烂的季节

01 执行"文件>打开"命令，打开"素材\Part 1\ Media\03\青葱岁月.jpg"照片文件。将"背景"图层拖动到"图层"面板下方的"创建新图层"按钮上，释放鼠标，即可复制出"背景 副本"图层。

02 单击"创建新的填充或调整图层"按钮，在弹出的菜单中选择"色阶"命令，创建出"色阶1"调整图层。然后在属性面板中拖动滑块设置参数，以调整图像的色调。

03 继续单击"创建新的填充或调整图层"按钮，在弹出的菜单中选择"照片滤镜"命令，创建出"照片滤镜1"调整图层。然后在属性面板中设置参数，以调整图像的色调。

▶技术拓展 照片滤镜颜色

打开照片滤镜属性面板，我们可以选择"颜色"单选项，然后可以设置颜色参数，同样可以达到相同的效果。

▲选择"颜色"单选项，然后单击右侧颜色块。　▲设置颜色

▲达到相同的效果。

**04** 新建"图层1",设置前景色为(R222,G207,B126),按快捷键Alt+Delete填充图层颜色为前景色。然后为"图层1"添加图层蒙版,使用画笔工具 ✐ 在图像的适当区域进行涂抹,恢复其颜色。然后设置"图层1"的混合模式为"滤色",不透明度为"80%"。

**05** 按快捷键Ctrl+Alt+Shift+2创建出高光选区,然后设置前景色为(R100,G40,B48);按快捷键Alt+Delete填充图层颜色为前景色。按快捷键Ctrl+D取消选区。

**06** 完成后,设置"图层2"的混合模式为"滤色",不透明度为"64%",即可看出图像的高光区域呈现了橙黄色的效果,这样看起来才像是在阳光下照射的效果。

**07** 按快捷键Ctrl+Shift+ Alt+E盖印图层,执行"滤镜 >渲染>镜头光晕"命令,设置选项。完成后再执行"图像>调整>变化"命令,在弹出的对话框中单击"加深黄色"图像。

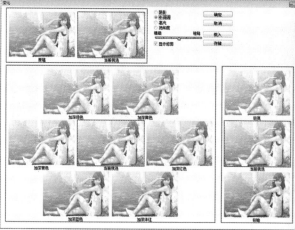

**08** 继续盖印图层生成"图层4"。执行"滤镜>模糊>高斯模糊"命令并设置参数,然后设置"图层4"的混合模式为"柔光",不透明度为"57%"。至此,本实例制作完成。

## 清新TOFU

**01** 执行"文件">"打开"命令，打开"素材\Part 1\Media\03青葱岁月.jpg"照片文件。单击"创建新的填充或调整图层"按钮，在弹出的菜单中选择"色相/饱和度"命令，创建出"色相/饱和度1"调整图层。然后在属性面板中设置参数，并为其添加图层蒙版，并使用画笔工具进行涂抹。

**02** 采用相同的方法创建出"色阶1"、"曲线1"和"色阶2"调整图层，然后分别设置其参数。同样为其添加图层蒙版，使用画笔工具进行涂抹，恢复部分区域颜色。

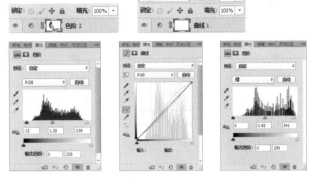

**03** 单击"创建新的填充或调整图层"按钮，应用"色彩平衡"命令并分别设置各色调范围的参数，以调整画面颜色。

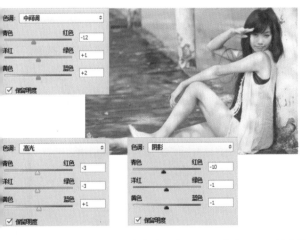

**04** 盖印图层，生成"图层1"，执行"图像>调整>去色"命令，设置图层的混合模式为"柔光"，不透明度为"44%"。单击"创建新的填充或调整图层"按钮，并应用"照片滤镜"命令，颜色为蓝色（R103，G201，B251）在属性面板中设置浓度为26%。

**TIPS**

使用变化命令时，最好先按住Alt键再单击"恢复"按钮。

**05** 单击"创建新的填充或调整图层"按钮，并应用"曲线"命令，在属性面板中设置参数，增加照片亮度,本案例制作完成。

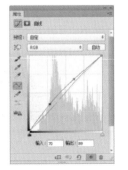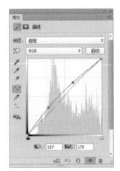

## » 非主流色调

**01** 执行"文件" > "打开"命令，打开"素材\Part 1\ Media\03\青葱岁月.jpg"照片文件。单击"图层"面板下方的"创建新的填充或调整图层" |○. 按钮，在弹出的菜单中选择"色阶"命令，然后在属性面板中拖动滑块调整参数，以进一步调整色调。

**02** 采用相同的方法，创建出"自然饱和度1"调整图层，然后在其属性面板中设置参数，设置"自然饱和度"参数为-16，设置"饱和度"参数为+8，以降低自然饱和度，增加饱和度。

**03** 按快捷键Ctrl+Shift+Alt+E盖印图层，然后执行"图像>应用图像"命令，在弹出的"应用图像"对话框中选择"绿"通道，然后设置其混合模式为"变亮"。单击"确定"按钮，调整图像的颜色。

**04** 单击"图层"面板下方的"创建新的填充或调整图层" |○. 按钮，在弹出的菜单中选择"曲线"命令，然后在属性面板中单击添加锚点，拖动锚点调整曲线，并分别选择不同通道来进行调整。

**05** 继续盖印图层，生成"图层 1"，执行"滤镜>模糊>高斯模糊"命令，在弹出的对话框中设置其"半径"为3像素，完成后单击"确定"按钮。然后设置图层混合模式为"叠加"，不透明度为"52%"。

**06** 新建图层，设置前景色为（R6，G7，B63），然后按快捷键Alt+Delete填充图层颜色，设置图层的混合模式和不透明度。然后为图层添加图层蒙版，使用画笔工具 在图像的适当区域进行涂抹，恢复其颜色。完成后，继续复制该图层，然后更改混合模式为排除，不透明度为64%。

**07** 盖印图层。执行"滤镜>模糊>动感模糊"命令，在弹出的对话框中进行设置，接着设置"图层3"的混合模式为"叠加"，不透明度为"26%"。至此，本实例制作完成。

**技术拓展** 复制图层

复制图层有多种方式，选中"图层2"后按快捷键Ctrl+J，可以直接复制出副本图层。也可以将"图层2"拖动到"图层"面板下方的"创建新图层"按钮上，释放鼠标同样可以复制出"图层2副本"图层。

▲选择"图层2"，将其拖动到"图层"面板下方的"创键新图层"按钮上。

▲复制图层，调整图层混合模式及不透明度。

▲得到相同的效果。

# 04 | 芳心自持

相机型号：Canon EOS 5D　曝光时间：1/400秒　光圈值：f/4

**摄影技巧：** 选择光线较为明亮的场景作为画面背景，这样可以避免给照片造成沉重的印象。需要注意的是绿树的色彩过于浓郁，所以在拍摄的时候需要适当虚化背景，这样才不会影响前面的主体人物。

**后期润色：** 照片中的女子肤色白皙，明眸中透着一股清莹透彻的气质，映衬舒适柔和的背景，散发出温柔婉约的魅力。面对如此靓丽可人的角色，不由联想到甜美、明媚、朦胧柔美和绚美灿烂等风格。分别体现不同光影色调氛围以及照片中女子的丰富特质。

**光盘路径：** 素材\Part 1\Media\04\芳心自持.jpg

| 魔法指数 | ★★★◗☆ |
| --- | --- |
| 风格解析 | 糖水片阿宝色以蓝色和橙色为主，画面颜色单纯简洁，而人物的皮肤质感也应表现得柔滑富有光泽，以突出糖水片的通透感。 |
| 光盘路径 | 素材\Part 1\Complete\04\甜美糖水片.psd |

| 魔法指数 | ★★★★◗ |
| --- | --- |
| 风格解析 | 明媚的阳光是重要的表现方式，同时添加顶部光影，增添阳光的照射感，除此之外就是画面的清新颜色富有婉约柔和的气质。 |
| 光盘路径 | 素材\Part 1\Complete\04\明媚婉约色.psd |

| 魔法指数 | ★★★☆ |
| --- | --- |
| 风格解析 | 对画面影调进行模糊处理，再对细节进行锐化，添加朦胧光晕质感；朦胧的质感并非整个图像都很模糊，而是在光影梦幻的基础上突出细节质感。 |
| 光盘路径 | 素材\Part 1\Complete\04\朦胧柔美感.psd |

| 魔法指数 | ★★★★ |
| --- | --- |
| 风格解析 | 以橙红色、黄色作为主色调，并添加明媚的阳光效果，表现画面的灿烂效果。温暖的颜色和阳光结合，体现画面灿烂明媚的光影影调，从而渲染绚美的氛围。 |
| 光盘路径 | 素材\Part 1\Complete\04\绚美灿烂风.psd |

## 甜美糖水片

**01** 执行"文件>打开"命令，打开"素材\Part 1\ Media\04\芳心自持.jpg"照片文件。复制"背景"图层生成"背景 副本"图层。单击污点修复画笔工具，设置合适的画笔大小并去除人物面部雀斑瑕疵。

**02** 单击模糊工具，设置其参数后在人物面部皮肤上进行涂抹，稍微模糊其皮肤，以使其更光滑。然后单击锐化工具，在人物的眼睛和鼻翼、嘴唇区域稍做涂抹，以使其细节更清晰。

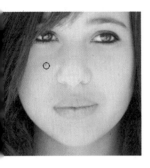 

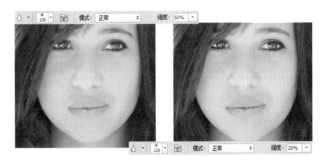

**03** 执行"图像>模式>Lab颜色"命令，在弹出的对话框中单击"不拼合"按钮，以转换颜色模式。复制图层并在"通道"面板中选择a通道，分别按快捷键Ctrl+A和Ctrl+C，再选择b通道并按快捷键Ctrl+V粘贴通道图像。完成后选择Lab通道查看效果。

**04** 单击"创建新的填充或调整图层"按钮，应用"黑白"命令并设置其混合模式为"明度"，再设置其调整参数以调亮皮肤光泽。结合使用画笔工具涂抹除皮肤以外的区域，恢复其颜色。

## 明媚婉约色

**01** 执行"文件>打开"命令，打开"素材\Part 1\ Media\04\芳心自持.jpg"照片文件，执行"图像>模式>Lab颜色"命令，以转换照片的颜色模式。然后复制"背景"图层，生成"背景 副本"图层。

**02** 在"通道"面板中选择a通道并分别按快捷键Ctrl+A和Ctrl+C,以全选并复制通道图像,再选择"明度"通道并按快捷键Ctrl+V粘贴通道图像,以调整图像的颜色。然后在"图层"面板中设置图层的混合模式为"滤色"、"不透明度"为30%,稍做调整画面颜色。

**03** 按快捷键Ctrl+Shift+Alt+E盖印图层,生成"图层1"。继续在"通道"面板中选择b通道并分别按快捷键Ctrl+A和Ctrl+C,全选并复制通道图像,再选择"明度"通道并按快捷键Ctrl+V粘贴通道图像,以调整图像的颜色。然后设置图层的混合属性以调整照片颜色,添加图层蒙版并结合使用画笔工具 涂抹皮肤部分以恢复其颜色。

**04** 继续盖印图层,生成"图层 2",按照同样的方法复制"明度"通道图像并粘贴至b通道,设置其混合模式为"柔光"并结合图层蒙版恢复人物颜色,以调整背景及头发边缘颜色。然后再次盖印图层,生成"图层 3"。

**05** 执行"图像>模式>RGB颜色"命令,以转换照片的颜色模式。单击"创建新的填充或调整图层"按钮 ,应用"色彩平衡"命令并分别设置各色调范围的参数,以调整画面颜色。

**06** 单击"创建新的填充或调整图层"按钮 ,应用"曲线"命令并分别设置各通道曲线,以调整画面的颜色。

**TIPS 显示和隐藏通道曲线**

在"曲线"调整面板中设置各通道曲线后可查看叠加的通道曲线状态。通过其扩展菜单中的"曲线显示选项"设置可取消通道叠加查看状态。

07 单击"创建新的填充或调整图层"按钮 ◎.,应用"渐变"命令并设置其属性,完成后设置图层混合模式为"滤色"、"不透明度"为60%,以调亮画面。然后结合使用从黑色到透明的径向渐变工具 ■ 调整蒙版,以添加画面顶端的较淡光晕效果。

08 按快捷键Ctrl+Shift+Alt+E盖印图层,生成"图层4",设置其混合模式为"柔光"、"不透明度"为70%,以增强画面明媚婉约的颜色层次。

## » 朦胧柔美感

01 打开"素材\Part 1\Media\04\芳心自持.jpg"照片文件。在"通道"面板中选择"红"通道,并分别按快捷键Ctrl+A和Ctrl+C,以全选并复制该通道图像。

03 按快捷键Ctrl+Shift+Alt+E盖印图层,设置背景色为白色,执行"滤镜>滤镜库"命令,应用"扩散亮光"滤镜。然后设置图层混合属性并添加图层蒙版,使用画笔工具 ✔ 涂抹以恢复暗部头发细节。

02 切换至"图层"面板并按快捷键Ctrl+V粘贴为"图层1",再执行"滤镜>模糊>高斯模糊"命令,在弹出的对话框中设置其"半径"为30像素,完成后单击"确定"按钮。然后设置图层混合模式为"柔光"、"不透明度"为60%,主要调亮人物肤色等区域。

04 按快捷键Ctrl+Shift+Alt+E盖印图层,生成"图层3",执行"滤镜>模糊>高斯模糊"命令并应用相应的参数值,以模糊图像。然后设置图层混合属性并添加图层蒙版,结合使用画笔工具 ✔ 涂抹以稍微恢复五官细节,添加画面的朦胧感。

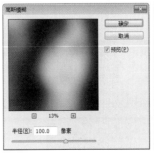

## 05
继续盖印图层，生成"图层4"，执行"滤镜>锐化>USM锐化"命令，应用相应的参数值后设置图层的混合模式为"饱和度"，以增强皮肤的光泽感。

## 06
继续盖印图层，生成"图层5"，执行"滤镜>锐化>USM锐化"命令，在弹出的对话框中设置相应的参数值，完成后单击"确定"按钮，锐化图像细节。然后按住Alt键单击"添加图层蒙版"按钮，并使用画笔工具在面部五官轮廓细节处稍做涂抹，仅锐化该区域的细节。

## 07
继续盖印图层，生成"图层6"，执行"滤镜>锐化>智能锐化"命令，在弹出的对话框中设置其参数，完成后单击"确定"按钮，继续锐化图像细节。

## 08
单击"创建新的填充或调整图层"按钮，分别添加"曲线"和"亮度/对比度"调整图层，并设置各项属性和参数，以调整画面颜色和层次。

## » 绚美灿烂风

## 01
打开"素材\Part 1\Media\04\芳心自持.jpg"照片文件，单击"创建新的填充或调整图层"按钮，在弹出的菜单中选择"通道混合器"命令，并在"属性"面板中分别设置各通道的参数，稍微调整画面的颜色。

## 02
单击"创建新的填充或调整图层"按钮，应用"渐变"命令并设置相应的渐变样式和其他各项属性。然后设置图层混合属性以调整画面颜色，结合使用较透明的画笔工具调整蒙版边角，稍微恢复其颜色。

03 按照同样的方法添加"渐变填充 2"图层，并在其对话框中设置各项属性，完成后单击"确定"按钮。然后设置图层混合模式为"滤色"、"不透明度"为80%，以继续调整画面颜色，再结合使用较透明的画笔工具调整蒙版以恢复面部颜色。

04 单击"创建新的填充或调整图层"按钮，应用"曲线"命令并分别设置各通道曲线，再结合使用画笔工具稍微恢复面部等区域的颜色。

05 单击"创建新的填充或调整图层"按钮，应用"渐变映射"命令，并设置其相应的渐变样式，完成后设置其混合模式为"明度"，"不透明度"为40%，以调整画面颜色。然后结合使用画笔工具稍微涂抹面部以恢复其颜色。

06 按快捷键Ctrl+Shift+Alt+E盖印图层，生成"图层1"，再单击"渐变映射 1"调整图层的"指示图层可见性"按钮，将其隐藏。然后设置"图层 1"的混合模式为"柔光"，以增强画面的颜色效果。

07 按快捷键Ctrl+Shift+Alt+E盖印图层，生成"图层2"。设置背景色为白色并执行"滤镜>滤镜库"命令，在弹出的对话框中选择"扭曲"滤镜组中的"扩散亮光"滤镜，设置其参数并单击"确定"按钮。然后设置图层"不透明度"为60%，添加图层蒙版并稍微恢复背景颜色。

08 继续盖印图层，生成"图层 3"，执行"滤镜>锐化>智能锐化"命令，在弹出的对话框中设置其参数并单击"确定"按钮，以锐化图像细节。

# 05 佳人幽梦

**相机型号：** NIKON D300　**曝光时间：** 1/1000秒　**光圈值：** f/2.8

▌**摄影技巧：** 该照片主要以虚化四周来突出人物进行拍摄，拍摄角度则是与人物一样靠着墙壁，体现透视感。整体画面的亮度不高，符合了背景天空四周的亮度，人物的皮肤比较黝黑，不应使用闪光拍摄。

▌**后期润色：** 本案例开始主要调整女子皮肤的白皙程度。接着通过调色的方式调整出画面的柔滑肤质 、温暖阳光和忧伤色调。分别体现出画面女子的肤质、画面的温暖、忧伤风格效果。

▌**光盘路径：** 素材\Part 1\Media\05\佳人幽梦.jpg

| 魔法指数 | ★★★☆☆ |
|---|---|
| 风格解析 | 先调整画面人物皮肤的柔滑度，调整色调为淡青蓝色，体现出暗淡的复古效果。 |
| 光盘路径 | 素材\Part 1\Complete\05\复古风.psd |

| 魔法指数 | ★★★★☆ |
|---|---|
| 风格解析 | 先调整画面人物皮肤的亮度，然后再为皮肤添加一些血色，滋润皮肤色调。 |
| 光盘路径 | 素材\Part 1\Complete\05\柔滑肤质.psd |

| 魔法指数 | ★★★☆☆ |
|---|---|
| 风格解析 | 在雪白肤色调整后的画面下，画面以橙色为主，提高画面整体亮度，调整画面为暖色调。 |
| 光盘路径 | 素材\Part 1\Complete\05\温暖阳光.psd |

| 魔法指数 | ★★★★☆ |
|---|---|
| 风格解析 | 调整画面为冷色调，以低饱和度为主。色调应该偏蓝、稍灰暗。增加一些提高氛围的修饰图像。 |
| 光盘路径 | 素材\Part 1\Complete\05\忧伤色调.psd |

# » 复古风

**01** 执行"文件>打开"命令，打开"素材\Part 1\
Media\05\佳人幽梦.jpg"照片文件。单击"创建新
的填充或调整图层"按　钮，在弹出的菜单中选择"色
阶"命令，创建出"色阶1"调整图层。然后在属性面板中
设置参数，以调整图像的色调。

**02** 采用相同的方法创建出"选取颜色1"调整图层，
然后在属性面板中设置参数。使用画笔工具　在
图像的适当区域进行涂抹，恢复其颜色。

**03** 继续创建出"自然饱和度1"调整图层，然后在
属性面板中拖动滑块以调整参数。完成后，复制
"选取颜色1"调整图层的图层蒙版，然后设置该调整图层
的混合模式为"柔光"，不透明度为"83%"。

**04** 创建出"色彩平衡1"和 "色相/饱和度"调整图
层，同样复制之前调整图层的图层蒙版，然后适
当设置调整图层的混合模式及不透明度。

**05** 创建"颜色填充"填充图层进行调整，并设置其
混合模式及不透明度。接着盖印图层，为其调整
阴影/高光效果。完成后继续创建出两个调整图层，并在属
性面板中设置合适的参数。至此，本实例制作完成。

## » 柔滑肤质

**01** 执行"文件>打开"命令,打开"素材\Part 1\
Media\05\佳人幽梦.jpg"照片文件。单击"创建
新的填充或调整图层"按钮 ◉.|,在弹出的菜单中选择"色
阶"命令,创建出"色阶1"调整图层。然后在属性面板中
拖动滑块以调整参数。

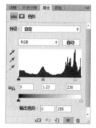

**02** 采用相同的方法创建出"选取颜色1"调整图层,然
后在属性面板中选择"白色"、"黄色"和"中性色"
颜色,分别设置其参数以调整图像颜色。然后使用画笔工具
✎在图像的适当区域进行涂抹,恢复其颜色。

**03** 涂抹好后,继续创建出"自然饱和度1"调整图
层,然后对其设置参数。完成后按住Alt键拖动
"选取颜色1"的图层蒙版至"自然饱和度1"调整图层
上,复制其图层蒙版。然后设置其混合模式为"柔光",
不透明度为"83%"。

**04** 单击"创建新的填充或调整图层"按钮 ◉.|,应用
"纯色"命令创建出"颜色填充1"填充图层,然
后设置填充颜色为浅粉色。设置其混合模式为"柔光",
填充为"53%",然后结合使用画笔工具 ✎在图像的适当
区域进行涂抹,恢复其颜色。

05 继续单击"创建新的填充或调整图层"按钮 ⬭.，在弹出的菜单中选择"曲线"命令，然后在属性面板中选择"红"通道，接着在其下方单击添加锚点，并拖动锚点调整曲线。

06 采用相同的方法，创建出"选取颜色2"调整图层。然后在属性面板中，分别选择"白色"、"红色"和"黄色"来设置其参数以调整图像的颜色。接着结合使用画笔工具 ✏️ 在图层蒙版上进行适当的涂抹，以恢复其颜色。

07 按快捷键Ctrl+Shift+Alt+E盖印图层，生成"图层1"，执行"滤镜>Imagenomic> Portraiture"命令，弹出磨皮滤镜对话框，然后在对话框中适当设置参数。完成后，单击"确定"按钮。接着同样使用画笔工具 ✏️ 适当地在图层蒙版上进行涂抹，以恢复部分区域图像的颜色。

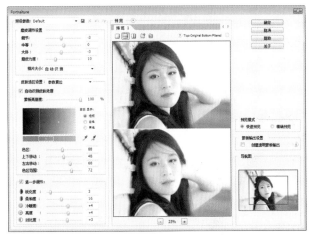

08 采用相同的方法，单击"创建新的填充或调整图层"按钮 ⬭.，在弹出的菜单中选择"色相/饱和度"命令，然后在其属性面板中设置参数，以调整图像的颜色。至此，本实例制作完成。

## » 温暖阳光

**01** 执行 "文件>打开" 命令，打开 "素材\Part 1\Media\05\佳人幽梦.jpg" 照片文件。单击 "创建新的填充或调整图层" 按钮 ◻.，在弹出的菜单中选择 "色阶" 命令，创建出 "色阶1" 调整图层。然后在属性面板中设置参数，以调整图像的色调。

**02** 单击 "创建新的填充或调整图层" 按钮 ◻.，在弹出的菜单中选择 "可选颜色" 命令，创建出 "选取颜色1" 调整图层。然后在属性面板中，分别选择 "白色" 和 "黄色"，设置其参数以调整图像的颜色。

**03** 继续采用相同的方法，创建出 "色阶2" 调整图层和 "渐变填充 1" 填充图层。然后在属性面板中设置色阶的参数，接着单击填充图层，在弹出的 "渐变填充" 对话框中设置渐变选项。完成后设置填充图层的混合模式为 "柔光"，使渐变色柔和在图像上。

**04** 按快捷Ctrl+Shift+Alt+E盖印图层，生成 "图层1"。设置前景色为淡粉色，使用画笔工具 ◢ 在人物脸部进行涂抹，接着设置图层的混合模式为 "正片叠底"，并添加图层蒙版，使用画笔工具 ◢ 在图层蒙版上进行涂抹隐藏多余图像。

**05** 继续采用相同的方法，创建出"曲线 1"调整图层，在属性面板中单击添加锚点并拖动锚点调整曲线。完成后新建图层，设置前景色为淡蓝色，接着使用画笔工具在天空处进行涂抹。完成后适当调整图层的混合模式，使颜色相对柔和。

R: 75
G: 188
B: 211

**06** 新建图层，填充图层颜色为黑色，接着执行"滤镜>渲染>镜头光晕"命令，在弹出的对话框中进行调整。完成后设置图层的混合模式为"滤色"。使光晕效果显示在背景图像上。

**07** 单击"创建新的填充或调整图层"按钮，应用"渐变填充"命令。接着双击该填充图层，在弹出的"渐变填充"对话框中设置参数并单击"确定"按钮。完成后设置其混合模式为"柔光"，不透明度"30%"。以调整整个画面的炫彩色调。至此，本实例制作完成。

**技术拓展　添加镜头光晕**

添加光晕图像，其实可以不用新建图层，填充图层颜色为黑色。然后再执行镜头光晕命令来实现，我们可以直接按快捷键 Ctrl+Shift+Alt+E盖印图层，然后直接执行镜头光晕命令。

▲ 盖印图层。

▲ 镜头光晕对话框。

▲ 无需更改混合模式。

▲ 得到同样的效果。

## » 忧伤色调

**01** 执行"文件>打开"命令,打开"素材\Part 1\ Media\05\佳人幽梦.jpg"照片文件。创建出"选取颜色1"调整图层。然后在属性面板中设置其参数以调整图像的颜色。接着结合使用画笔工具 在图层蒙版上进行适当的涂抹,以恢复其颜色。

**02** 执行"图像>模式>Lab颜色"命令,在弹出的对话框中单击"拼合"按钮,以转换颜色模式,即可看出"图层"面板中转换后只剩下了"背景"图层,不过之前所调整的颜色应用在了"背景"图层上。

**03** 单击"图层"面板下方的"创建新的填充或调整图层"按钮 ,在弹出的菜单中选择"曲线"命令,创建出"曲线1"调整图层。在属性面板中分别选择"a通道"和"b通道",在其下方单击添加锚点,并拖动锚点调整曲线。

**04** 完成后,选择"曲线1"调整图层,然后按快捷键Ctrl+J,复制出"曲线1 副本"调整图层。增加图像的调整效果。然后选择"曲线1 副本"调整图层的图层蒙版,设置前景色为黑色。使用画笔工具 在图像的适当区域进行涂抹,恢复其颜色。

**05** 完成后，执行"图像>模式>RGB颜色"命令，在弹出的对话框中单击"拼合"按钮，以转换颜色模式，即可看出"图层"面板中转换后只剩下了"背景"图层，不过之前所调整的颜色应用在了"背景"图层上。

**06** 复制"背景"图层，得到"背景副本"图层。执行"滤镜>渲染>纤维"命令，弹出纤维对话框，然后在对话框中拖动下方的滑块以适当调整参数。完成后，单击右上角的"确定"按钮完成后将"背景副本"图层修改为"图层1"。

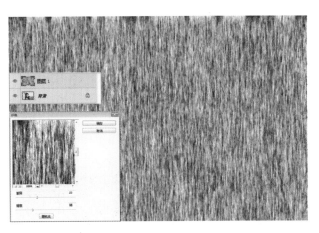

**07** 仍然在"图层"面板中选择"图层1"，然后执行"滤镜>模糊>动感模糊"命令，在弹出的"动感模糊"对话框中设置适当的参数。完成后单击右上角的"确定"按钮。完成后可以看出图像斜角动感模糊。

**08** 设置"图层1"的混合模式为"叠加"，不透明度"65%"。然后为"图层1"添加图层蒙版，使用画笔工具 ✐ 在蒙版上进行涂抹。至此，本实例制作完成。

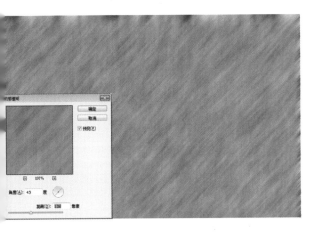

# 06 | 稚子花中笑

**摄影技巧：** 因太阳光太强，若要在该阳光下拍摄，则照片采用人物侧对太阳光来拍摄。这样高光区域与阴影区域就有了一个明显的区分，既不会出现曝光效果也不会出现昏暗效果。能很清楚地看清两个女孩幸福可爱的表情。

**后期润色：** 本案例开头例子主要模糊画面四周，更加突出两个小女孩。接着调整出画面的清新怀旧风、清新日系风和可爱涂鸦效果。分别体现出不同风格的画面效果。

**光盘路径：** 素材\Part 1\Media\06\稚子花中笑.jpg

相机型号：NIKON D700 | 曝光时间：1/160秒 | 光圈值：f/11

---

美丽花园

| 魔法指数 | ★★★☆☆ |
|---|---|
| 风格解析 | 主要模糊人物四周背景画面，以突出人物图像，并适当调亮画面。 |
| 光盘路径 | 素材\Part 1\Complete\06\美丽花园.psd |

清新怀旧风

| 魔法指数 | ★★★★☆ |
|---|---|
| 风格解析 | 以黄色为主，稍带灰暗。适当降低画面的饱和度，从而调整出怀旧的氛围。 |
| 光盘路径 | 素材\Part 1\Complete\06\清新怀旧风.psd |

清新日系风

| 魔法指数 | ★★★★★ |
|---|---|
| 风格解析 | 以淡雅的蓝色、绿色为主，调整出干净清新的色调。适当降低图像饱和度。 |
| 光盘路径 | 素材\Part 1\Complete\06\清新日系风.psd |

可爱涂鸦

| 魔法指数 | ★★★☆☆ |
|---|---|
| 风格解析 | 涂鸦主要以绘制出图像为主，在画面中的适当位置绘制出可爱图像，增加整个画面的可爱程度。 |
| 光盘路径 | 素材\Part 1\Complete\06\可爱涂鸦.psd |

## » 美丽花园

**01** 执行"文件>打开"命令，打开"素材\Part 1\Media\06\稚子花中笑.jpg"照片文件。单击"创建新的填充或调整图层"按钮 ❷|，在弹出的菜单中选择"色相/饱和度"和"色阶"命令，在属性面板中适当设置其参数，使图像看起来更光亮、更淡雅。

**02** 按快捷键Ctrl+Shift+Alt+E盖印图层，生成"图层1"。然后执行"滤镜>模糊>高斯模糊"命令，在弹出的对话框中设置其"半径"为4像素，完成后单击"确定"按钮。接着单击"图层"面板下方的"添加图层蒙版"按钮 ⬚|，为其添加图层蒙版。使用画笔工具 ✐|在图像的适当区域进行涂抹，去掉其模糊。

**03** 继续单击"创建新的填充或调整图层"按钮 ❷|，在弹出的菜单中选择"可选颜色"命令，创建出"选取颜色1"调整图层。然后在属性面板中选择"白色"和"黄色"颜色，分别设置其参数以调整图像的颜色。

**04** 继续采用相同的方法，创建出"选取颜色2"和"色阶2"调整图层，接着同样在属性面板中进行设置。适当调整人物脸部色调，使其脸部更加干净且柔滑。至此，本实例制作完成。

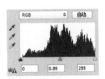 

## » 清新怀旧风

**01** 执行"文件>打开"命令，打开"素材\Part 1\
Media\06\稚子花中笑.jpg"照片文件。单击"创建
新的填充或调整图层"按钮 ● ，在弹出的菜单中选择"可选
颜色"命令，创建出"选取颜色1"调整图层。然后在属性面
板中选择"黄色"来设置参数，以调整图像的色调。

**02** 继续单击"创建新的填充或调整图层"按钮 ●
，应用"渐变填充"命令，创建出"渐变填充
1"填充图层。然后双击该填充图层，弹出"渐变填充"
对话框，在对话框中设置渐变样式及其他的选项参数。完
成后设置该填充图层的混合模式为"强光"，不透明度为
"20%"。

**03** 按照相同的方法，创建出"渐变映射1"调整图
层，然后在属性面板中单击渐变条，弹出"渐变
编辑器"对话框，在对话框中选择"黑、白渐变"渐变样
式，然后单击"确定"按钮。接着设置该调整图层的混合
模式为"柔光"，不透明度为"30%"。

**04** 按快捷键Ctrl+Shift+Alt+E盖印图层，生成"图层
1"，然后设置前景色为（R13，G29，B97），按快捷
键Alt+Delete填充图层颜色为前景色颜色。然后设置"图层
1"的混合模式为"颜色减淡"，不透明度为"59%"。

**05** 继续采用相同的方法，盖印图层，生成"图层2"。然后执行"滤镜>模糊>高斯模糊"命令，在弹出的对话框中设置其"半径"为4像素，完成后单击"确定"按钮。然后设置"图层2"的混合模式为"柔光"，不透明度为"40%"。

**06** 新建"图层3"按快捷键Ctrl+Alt+2创建出高光区域选区。然后调整前景色颜色为淡粉色，按快捷键Alt+Delete填充图层颜色为前景色，然后按快捷键Ctrl+D取消选区。设置其混合模式为"滤色"，不透明度为"80%"。按照相同的方法，继续绘制出淡黄色图层。

**07** 继续新建图层，生成"图层5"，然后设置前景色颜色为深蓝色，填充图层颜色为前景色。调整图层的混合模式及不透明度。接着创建出"色彩平衡"调整图层并设置其参数。

**08** 采用相同的方法盖印出"图层6"。执行"滤镜>模糊>高斯模糊"命令，在弹出的对话框中设置参数，完成后适当调整图层。接着继续盖印图层，执行"图像>调整>阴影/高光"命令，在弹出的对话框中进行设置。

**09** 继续盖印图层，生成"图层8"，采用相同的方法调整其阴影及高光效果。完成后新建图层，设置前景色颜色，使用画笔工具在人物脸部进行涂抹，完成后设置其混合模糊。至此，本实例制作完成。

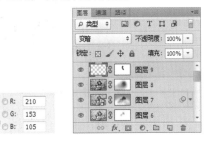

## » 清新日系风

**01** 执行"文件>打开"命令，打开"素材\Part 1\Media\06\稚子花中笑.jpg"照片文件。新建"图层1"，然后设置前景色颜色为深蓝色，按快捷键Alt+Delete填充图层颜色为前景色，接着设置图层的混合模式及不透明度。并为其添加图层蒙版，在图层蒙版上进行适当的涂抹。

**02** 单击"创建新的填充或调整图层"按钮 ◐.，在弹出的菜单中选择"渐变填充"命令，创建出"渐变填充1"填充图层。然后在属性面板中设置渐变样式及其他选项。完成后设置该填充图层的混合模式为"柔光"，不透明度为"50%"。

**03** 按照相同的方法创建出"选取颜色1"调整图层。然后在属性面板中，分别选择"中性色"、"红色"、"绿色"和"黄色"，设置其参数。完成后使用画笔工具 ✐ 在图层蒙版上进行涂抹。

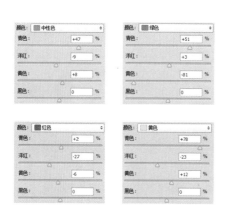

**04** 继续采用相同的方法，创建出"自然饱和度"调整图层，然后在属性面板中拖动滑块以调整参数。整体调整画面的饱和度效果。

**05** 继续单击"创建新的填充或调整图层"按钮 ⊘.，应用"曲线"命令。在属性面板中分别选择"RGB"通道和"绿"通道，在其下方单击添加锚点，并拖动锚点调整曲线。然后选择其图层蒙版，使用画笔工具 ✔ 在图像的适当区域进行涂抹，恢复其颜色。

**06** 按照相同的方法，创建出"渐变映射1"调整图层，在属性面板中单击渐变条，弹出"渐变编辑器"对话框，在对话框中选择"绿、白渐变"渐变样式，然后单击"确定"按钮。接着设置该调整图层的混合模式为"划分"。

**07** 继续采用相同的方法，单击"创建新的填充或调整图层"按钮 ⊘.，应用"色相/饱和度"命令。然后同样在属性面板中设置参数，以提高图像的饱和度。接着使用画笔工具 ✔ 在图层蒙版上进行涂抹，恢复其颜色。

**08** 按快捷键Ctrl+Shift+Alt+E盖印图层，生成"图层 2"，然后执行"滤镜>模糊>高斯模糊"命令，在弹出的对话框中设置其"半径"为4像素，完成后单击"确定"按钮。接着设置"图层2"的混合模式为"柔光"，不透明度为"58%"。

**09** 继续单击"创建新的填充或调整图层"按钮 ⊘.，在弹出的菜单中选择"色相/饱和度"命令，创建出"色相/饱和度1"调整图层。然后在属性面板中拖动滑块以设置参数，调整图像的色调。

**10** 继续盖印图层，执行"图像>调整>变化"命令，在弹出的对话框中设置降低饱和度。完成后设置"图层3"的不透明度为"81%"。接着使用画笔工具 ✐ 在图像的适当区域进行涂抹，恢复其颜色。

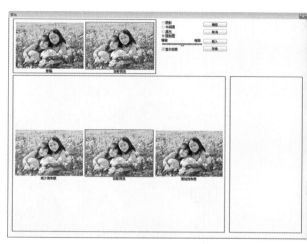

### 技术拓展　降低饱和度

使用变化命令来降低图像的饱和度，是不能设置需要降低饱和度的参数。有时需要精确调整时，我们可以创建出"自然饱和度"调整图层，然后在属性面板中设置需要调整的饱和度参数。

▲ 在属性面板中设置参数

▲ 更改不透明度及图层蒙版

▲ 得到相同的效果

**11** 继续单击"创建新的填充或调整图层"按钮 ◑，在弹出的菜单中选择"亮度/对比度"命令，创建出"亮度/对比度1"调整图层，然后同样在属性面板中设置参数，以提高图像亮度及对比度。至此，本实例制作完成。

## » 可爱涂鸦

**01** 执行"文件>打开"命令，打开"素材\Part 1\Media\06\稚子花中笑.jpg"照片文件。新建"图层1"，然后设置前景色颜色为黑色，按快捷键Alt+Delete填充图层颜色为前景色。接着执行"滤镜>渲染>镜头光晕"命令，在对话框中设置参数选项。在预览框中拖动光晕以调整光晕位置。完成后单击"确定"按钮。

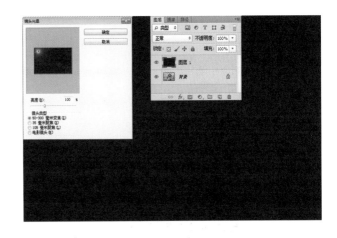

**02** 接着设置"图层1"的混合模式为"线性减淡（添加）"，不透明度为"90%"。我们可以看出图像上添加了光晕类似太阳光的效果。

**03** 设置前景色为黑色，单击画笔工具，在画笔工具的选项栏中打开"画笔预设选取器"，在选取器中设置画笔的样式为圆角画笔，然后设置画笔的大小为20，不透明度为"100%"。完成后，在图像的左上角进行绘制，绘制出小太阳的涂鸦图像。

**04** 继续采用相同的方法，涂抹出各种不同的涂鸦图像。在涂抹时，要适当地调整前景色颜色及画笔的大小等，这样即可绘制出各种各样的可爱涂鸦图像。至此，本实例制作完成。

# 07 灼灼芳华

相机型号: NIKON D700
曝光时间: 1/800秒　光圈值: f/2.8

▌摄影技巧:

特写人物局部时, 采用较短的曝光时间能够有效地避免拍摄时造成的画面模糊。

▌光盘路径:

素材\Part 1\Media\07\灼灼芳华.jpg

▌后期润色:

画面中的女子气质高雅, 可以通过一些比较冷艳的色调对照片效果进行渲染, 加强照片人物内在气质。

波西色调

| 魔法指数 | ★★★☆☆ |
| --- | --- |
| 风格解析 | 主要以暗黄色为主, 体现复古时尚效果。 |
| 光盘路径 | 素材\Part 1\Complete\07\波西色调.psd |

LOMO色调

| 魔法指数 | ★★★★☆ |
| --- | --- |
| 风格解析 | 画面以迷离的色调让照片在低调中不失高调的元素。 |
| 光盘路径 | 素材\Part 1\Complete\07\LOMO色调.psd |

时尚浮华色调

| 魔法指数 | ★★★★☆ |
| --- | --- |
| 风格解析 | 主要以炫彩调为基础, 让照片的色彩显得更丰富。 |
| 光盘路径 | 素材\Part 1\Complete\07\时尚浮华色调.psd |

双色调

| 魔法指数 | ★★★★☆ |
| --- | --- |
| 风格解析 | 以冷艳蓝色调让照片更具个性色彩。 |
| 光盘路径 | 素材\Part 1\Complete\07\双色调.psd |

极致黑白色调

| 魔法指数 | ★★★☆☆ |
| --- | --- |
| 风格解析 | 黑与白的世界, 没有复古, 表现出美艳色彩的高调。 |
| 光盘路径 | 素材\Part 1\Complete\07\极致黑白色调.psd |

## 波西色调

**01** 执行"文件>打开"命令，打开"素材\Part 1\Media\07\灼灼芳华.jpg"照片文件。在"图层"面板中，单击"创建新的填充或调整图层"按钮 ●.，执行调整"黑白"命令，在弹出的调整面板中勾选"色调"复选框，并设置其各项参数值，完成后设置调整图层的不透明度为"68%"。

**02** 在"图层"面板中，单击"创建新的填充或调整图层"按钮 ●.，执行调整"可选颜色"命令，设置"颜色"为"黄色"并修改各项参数值，降低照片黄色调效果。

**03** 在"图层"面板中，单击"创建新图层"按钮 ◻.，创建"图层1"。结合渐变工具从中心向外为图像填充透明色到黑色的径向渐变，调整"图层1"的图层混合模式为"叠加"，设置不透明度为"35%"。让图像边缘显得更暗炎，突出人物特质。

**04** 按快捷键Ctrl+Shift+Alt+E盖印图层，得到"图层2"并调整"图层2"的混合模式为"柔光"，不透明度为"68%"，增强照片明暗对比效果。然后结合图层蒙版与画笔工具适当隐藏人物肩膀部分图像。

**05** 单击"创建新的填充或调整图层"按钮 ●.，执行调整"可选颜色"命令，设定颜色为白色及黑色，修改各项参数值。选择该图层蒙版，在工具箱中单击画笔工具 ✎.，设置前景色为黑色，使用柔角笔刷对图像上人物部分进行涂抹。

**06** 在"图层"面板中，单击"创建新的填充或调整图层"按钮 ⊙.，执行调整"色相/饱和度"命令，在弹出的调整面板中设置其参数值，使图像颜色饱和度降低。

**07** 继续单击"创建新的填充或调整图层"按钮 ⊙.，执行调整"渐变填充"命令，在弹出的"渐变填充"对话框中设置渐变颜色为透明色到黑色，并设置其他各项参数，设置完成后单击"确定"按钮，为照片添加径向渐变，并设置不透明度为"44%"。至此，本实例制作完成。

### ▶技术拓展 渐变叠加图层

渐变叠加图层与"渐变填充"命令的区别在于，渐变叠加命令是专指对某个图层的渐变叠加，而"渐变填充"是指对下一图层的叠加，并会同时建立图层蒙版。而渐变叠加不会产生蒙版图层。

▲ 在"图层"面板中按快捷键Ctrl+Shift+Alt+E盖印图层。单击"添加图层样式"按钮 fx.。

## » LOMO色调

**01** 执行"文件>打开"命令，打开"素材\Part 1\Media\ 07\灼灼芳华.jpg"照片文件。在"图层"面板中，单击"创建新的填充或调整图层"按钮 ⊙.，执行"曲线"命令，并拖动锚点的位置，增强照片明暗对比。

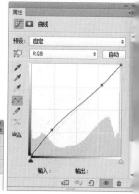

**TIPS** 可选颜色调整图层

通过选取颜色调整图像上某种色调的参数值，需要加强或减弱某种颜色就选择该颜色选项，调整参数值。"+100"为颜色浓度最强，"−100"则为黑白效果。

02 在"图层"面板中，单击"创建新的填充或调整图层"按钮 ，执行调整"可选颜色"命令，调整颜色分别为红色、黄色、白色、中间色和黑色，并调整各个颜色的参数值，使图像表现为暗黄色调。

04 用相同的方法继续为图像执行调整"色相/饱和度"命令，并设置其相应的参数值，设置"饱和度"参数值为"+13"，使图像颜色饱和度增加。

06 在"图层"面板中，选择图层"渐变填充1"，单击鼠标右键，在弹出的快捷菜单中选择"复制"命令，得到"渐变填充1副本"。选择图层"渐变填充1副本"，设置不透明度为"24%"。

03 继续单击"创建新的填充或调整图层"按钮 ，为图像执行"色阶"调整图层命令，在弹出的调整图层面板中设置各项参数值，增强照片明暗对比效果。

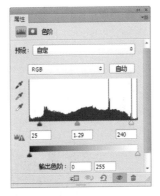

05 用相同的方法继续为图像执行调整"渐变填充"命令，在弹出的"渐变填充"对话框中设置渐变颜色为透明色到黑色，并设置其他各项参数，设置完成后单击"确定"按钮，为照片添加径向渐变，并设置图层不透明度为"71%"。

07 在"图层"面板中，单击"创建新图层"按钮 ，创建"图层1"。结合画笔工具，选择5像素的柔角笔刷，在人物皮肤处涂抹白色，然后调整"图层1"的图层混合模式为"叠加"，设置不透明度为"71%"。叠加至图像，使人物皮肤凸显亮丽，与其他部分衬托出明暗关系。至此，本实例制作完成。

## » 时尚浮华色调

**01** 执行"文件>打开"命令，打开"素材\Part 1\ Media\ 07\灼灼芳华.jpg"照片文件。在"图层"面板中单击"创建新的填充或调整图层"按钮 ◎，执行调整"渐变映射"命令，并设置其相应的渐变颜色，渐变颜色从左到右依次为蓝色（R127，G204，B241）、紫色（R143，G130，B186）、粉红色（R237，G158，B190）、橘黄色（R240，G156，B118）、蛋黄色（R255，G145，B155）、绿色（R137，G199，B151）。

**02** 在"图层"面板中，选择调整图层"渐变映射1"，调整图层混合模式为"柔光"，设置不透明度为"70%"。使"渐变映射"效果与图层柔和化，不透明度则起淡化效果。

**03** 在"图层"面板中，单击"创建新的填充或调整图层"按钮 ◎，执行调整"自然饱和度"命令，并设置其相应的参数值，使图像表现得更加自然。

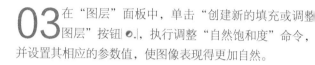

**04** 采用相同的方法继续为图像执行调整"可选颜色"调整图层命令，选择"颜色"为"红色"并设置其相应的参数值，选择该图层蒙版，在工具箱中单击画笔工具 ✎，设置前景为黑色，对图像上人物帽子部分进行涂抹，隐藏该处的颜色效果。

05 用相同的方法继续为图像执行调整"黑白"调整图层命令，并设置其相应的参数值，再选中图层"黑白1"，调整图层混合模式为"明度"。

06 继续为图像执行调整"色相/饱和度"调整图层命令，并设置其相应的参数值，预设为自定，在颜色范围中修改各项颜色的饱和度参数值为：红色+6、黄色+5、绿色+42、青色+12、蓝色+14、洋红−5。

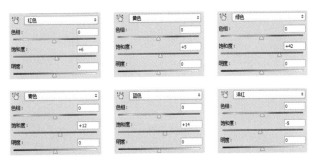

07 调整完成后在"图层"面板中自动生成"色相/饱和度1"调整图层。采用相同的方法继续为图像执行调整"渐变映射"调整图层命令，并在渐变编辑器对话框的预设内选择"蓝、红、黄渐变"。在该图层中调整混合模式为"色相"，不透明度为"61%"。

08 采用相同的方法继续为图像执行调整"渐变填充"调整图层命令，并设置渐变类型为"色谱"，样式为"线性"，角度为"150.94"，缩放为"100"。至此，本实例制作完成。

## » 双色调

01 执行"文件>打开"命令，打开"素材\Part 1\Media\ 07\灼灼芳华.jpg"照片文件。在菜单栏中执行"图像>模式>灰度"命令，使图片去除颜色，继续执行"图像>模式>双色调"命令，对照片的色调上色，蓝色（R151，G233，B253），黑色（R0，G0，B0），使照片表现为以蓝色为主色的图像。

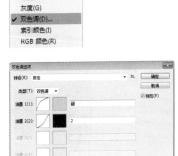

**02** 执行"图像>模式>RGB颜色"命令，在"图层"面板中，单击"创建新的填充或调整图层"按钮 ◎.，执行调整"可选颜色"命令，并设置相应的参数值：预设设置为自选，在颜色范围中选择黑色，并修改各项颜色参数。

**03** 用相同的方法继续为图像执行调整"色相/饱和度"命令，并设置其相应的参数值，使图像亮色不会那么突出。

**04** 按快捷键Ctrl+Shift+Alt+E盖印图层，创建出"图层1"并重命名为"双色调"。设置不透明度为"75%"。至此，本实例制作完成。

## » 极致黑白色调

**01** 执行"文件>打开"命令，打开"素材\Part 1\ Media\ 07\灼灼芳华.jpg"照片文件，在"图层"面板中用鼠标右键单击"背景"图层，在子菜单中选择复制图层，得到"背景 副本"图层。

**02** 在"图层"面板中，单击"创建新的填充或调整图层"按钮 ◎.，执行调整"黑白"命令，并设置相应的参数值，使照片黑白化。

**03** 在"图层"面板中，单击"创建新的填充或调整图层"按钮，执行调整"色阶"命令，并设置相应的参数值，选择蒙版图层，在工具箱中单击涂抹工具，在图像颜色最深处涂抹画笔，作为遮罩，让其不会影响"色阶"。

**04** 用相同的方法继续为图像执行调整"色阶"命令，按住鼠标左键并拖动，调整曲线至相应位置。选择蒙版图层，在工具箱中单击涂抹工具，在图像颜色最深处涂抹画笔，作为遮罩，让其不影响"曲线"。

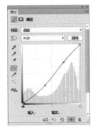

**05** 用相同的方法继续为图像执行调整"色阶"命令，并设置其相应的参数值，使图像黑、白、灰颜色层次表现得更明显。完成后结合图层蒙版与画笔工具对人物图像部分区域进行涂抹。

**06** 按快捷键Ctrl+Shift+Alt+E盖印图层，生成"图层1"，单击减淡工具，在选项栏上设置各项参数后，在人物图像上进行涂抹，加强图像的明暗对比效果。

**07** 在"图层"面板中，单击"创建新的填充或调整图层"按钮，执行调整"色阶"命令，并设置其相应的参数值，在工具箱中单击画笔工具，选择蒙版图层，设置前景色为黑色，在图像上进行涂抹，只针对人物脸部肤色进行调整。

**08** 按快捷键Ctrl+Shift+Alt+E盖印图层，生成"图层2"。在菜单栏中执行"滤镜>锐化>智能锐化"命令，在弹出的对话框中设置各项参数值，设置完成后单击"确定"按钮，增强照片清晰度。至此，本实例制作完成。

# 08 白如雪

■ 摄影技巧：选择光线较为暗淡的人物图像进行色调处理，这样在处理过程中可以避免影响图像中的细节。需要注意的是画面中的白色区域较多，在处理过程中应适当调整，并保留其细节。

■ 后期润色：照片中的人物皮肤细腻，明眸中气质柔美，散发着优雅的气息。面对如此靓丽的可人，不由联想到雪白风、日系温暖风、日清新冷色系、忧伤怀旧风和唯美插画等风格。分别体现不同光影色调氛围以及人物气质。

■ 光盘路径：素材\Part 1\Media\08\白如雪.jpg

i 相机型号：NIKON D70　曝光时间：1/200秒　光圈值：f/10

| 魔法指数 | ★★★★☆ |
|---|---|
| 风格解析 | 雪白风是为了表现在白色的世界中，并不缺乏生机。从而表现出人物的特质美感。 |
| 光盘路径 | 素材\Part 1\Complete\08\雪白风.psd |

| 魔法指数 | ★★★★★ |
|---|---|
| 风格解析 | 以淡色的暖色系为主，将人物和背景融合的完美无瑕，从而表现温暖世界的幸福感觉。 |
| 光盘路径 | 素材\Part 1\Complete\08\日系温暖风.psd |

| 魔法指数 | ★★★★☆ |
|---|---|
| 风格解析 | 清新清爽的画面，使图像显得简单、大方，同时也表现了人物皮肤细腻的美感。 |
| 光盘路径 | 素材\Part 1\Complete\08\清新冷色系.psd |

| 魔法指数 | ★★★★☆ |
|---|---|
| 风格解析 | 该图像以冷色系为主，表现了一种忧郁的美感。蓝色调偏暗淡的画面，给人一种厚重的感觉，从而表现其忧伤效果。 |
| 光盘路径 | 素材\Part 1\Complete\08\忧伤怀旧风.psd |

| 魔法指数 | ★★★★★ |
|---|---|
| 风格解析 | 该色调是为了凸显带有绘画表现感的画面，表现人物的绘画效果，从而以另外一种个性的美感表现其特质。 |
| 光盘路径 | 素材\Part 1\Complete\08\唯美插画风.psd |

## » 雪白风

01 执行"文件>打开"命令，打开"素材\Part 1\
Media\ 08\白如雪.jpg"照片文件。在"图层"面
板中，单击"创建新的填充或调整图层"按钮 ◎.，选择
"色阶"命令，并设置其参数值，使图像中的黑、白、灰
阶色调表现更为突出。

02 继续单击"创建新的填充或调整图层"按钮 ◎.，
选择"曲线"命令。在"属性"面板中，拖动直
方图中的曲线至相应的位置，以调整图像的色调亮度。

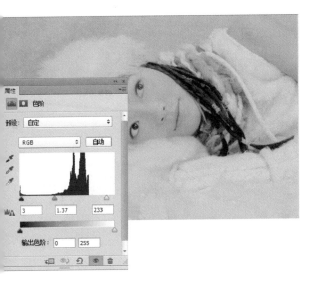

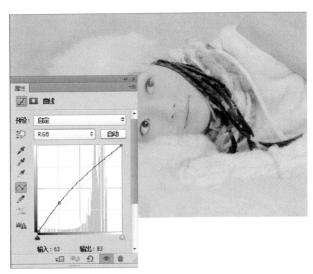

03 继续执行"色相/饱和度"命令，在弹出的"属
性"面板中设置其参数值，使图像在降低明度的
同时不失色相饱和度。

04 继续在"图层"面板中，单击"创建新的填充或
调整图层"按钮 ◎.，执行"曝光度"命令，并
设置其参数值，使图像增加曝光度，并让图像显得更加靓
丽。至此，本实例制作完成。

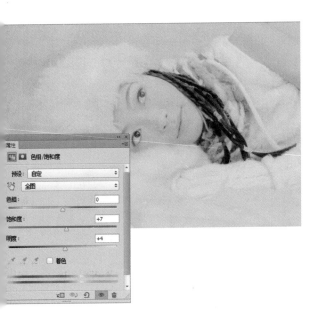

## » 日系温暖风

**01** 打开"白如雪.jpg"照片文件，单击图层面板下的"创建新的填充或调整图层"按钮 ◑，在弹出的菜单中选择"可选颜色"命令，在属性面板中设置其参数，适当调整图像的色调。

**02** 继续单击"创建新的填充或调整图层"按钮 ◑，在弹出的快捷菜单中选择"可选颜色"选项，分别在"红色"和"白色"主色选项中设置其参数值，以调整指定颜色区域色调，使全图表现为偏红色调。

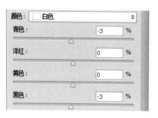

**03** 在"图层"面板中，单击"创建新的填充或调整图层"按钮 ◑，继续调整"色相/饱和度"，并设置其参数值，降低图像的红色饱和度。

**04** 单击"创建新图层"按钮 ▣ 得到"图层1"，在工具栏中选择油漆桶工具 ◈，对该图层填充淡黄色（R254，G241，B208）。再单击"添加图层蒙版"按钮 ▣，对图像添加蒙版。选择"图层1"的蒙版图层，在工具栏中选择"画笔"工具，对图层上人物的皮肤部分进行涂抹，并在"图层"面板中调整图层混合模式为"正片叠底"，"不透明度"为37%，"填充"为81%。让图像从红色调逐渐转为黄红色调。

**05** 在"图层"面板中，单击"创建新的填充或调整图层"按钮，执行调整"色彩平衡"命令，在"色调"中选择"高光"，并设置其参数值，降低图像黄红色调的高光亮度。

**06** 继续单击图层面板下侧的"创建新的填充或调整图层"按钮，应用"可选颜色"命令，并在属性面板中分别选择"黄色"和"红色"设置其参数，调整图像中人物皮肤色调。接着使用画笔工具在图层蒙版中进行涂抹，去除对非皮肤部分的影响。

**07** 继续采用相同的方法单击"创建新的填充或调整图层"按钮，创建出"色相/饱和度2"调整图层，在属性面板中拖动"饱和度"下方的滑块以增加图像的整体饱和度。

**08** 按快捷键Shift+Ctrl+Alt+E盖印图层，生成"图层2"。接着执行"图像>调整>阴影/高光"命令，在弹出的对话框中设置相应的参数，完成后单击"确定"按钮。使图像整体的阴影/高光对比度增强。至此，本实例制作完成。

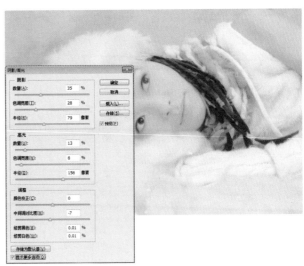

## » 清新冷色系

**01** 打开"素材\Part 1\ Media\ 08\白如雪.jpg"照片文件，单击"创建新的填充或调整图层"按钮|●.|，继续执行调整"亮度与对比度"命令，并设置其参数值，将图像的明度提高。

**02** 按快捷键Ctrl+Shift+Alt+E盖印图层，生成"图层1"，并在"通道"面板中，选中"绿"通道后按快捷键Ctrl+A全选通道图像，按快捷键Ctrl+C复制该通道后选择"蓝"通道并按快捷键Ctrl+V粘贴，这样即可改变人物皮肤颜色。

**03** 在"图层"面板中，单击"创建新的填充或调整图层"按钮|●.|，继续执行"曲线"命令，分别调整图像在"绿"、"蓝"通道模式下的曲线值，让图像的色彩表现得更加丰富。

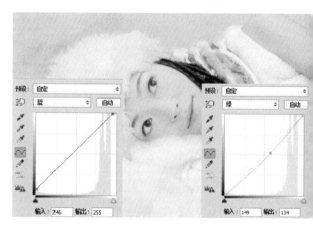

**04** 在"图层"面板中，单击"创建新的填充或调整图层"按钮|●.|，继续执行"选取颜色"命令，分别设置颜色区域内的青色、红色、白色的相应参数值。在"图层"面板中在"选取颜色1"图层单击鼠标右键，在子菜单中选择"复制图层"，得到"选取颜色1副本"图层。调整该图层"不透明度"为30%，使图像看着更为简洁、明亮。

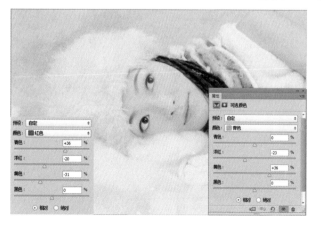

**05** 在"图层"面板中，单击"创建新的填充或调整图层"按钮 ●｜，继续执行"色相/饱和度"命令，在"选取颜色范围"内选择"洋红"，并设置其相应的参数值，使图像色调不至于过冷。

**06** 在"图层"面板中，单击"创建新的填充或调整图层"按钮 ●｜，继续执行"色彩平衡"命令，在色调中分别选择中间调、高光，并设置相应的参数值，让图像冷中带暖。

**07** 选择"图层1"，在"通道"面板中选择"红"通道，并在按住Ctrl键的同时载入其选区。切换至"图层"面板，在最上方新建"图层2"，并填充为淡绿色（R223，G255，B243），然后设置该图层的"不透明度"为20%。

**08** 在"图层"面板中，复制"图层1"，生成"图层1副本"，添加蒙版并填充为黑色，按快捷键Ctrl+}调整图层至最上方。然后在"图层"面板中，选择"图层1副本"的蒙版缩览图，使用画笔工具 ✎ 对该图层上人物的皮肤部分进行涂抹，以恢复人物面部肤色。至此，本实例制作完成。

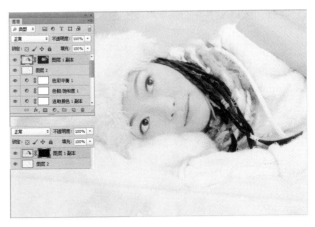

**▶技术拓展** **橡皮擦工具**

在蒙版中，可以切换前景色，运用橡皮擦工具与画笔工具对蒙版图层进行擦除及涂抹，可遮罩图像上不需要被处理的区域。当然，我们也可以将不需要被处理的区域直接用橡皮擦工具擦除掉，留下需要操作的区域。

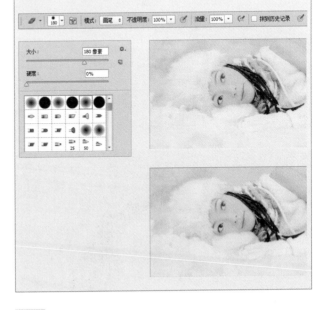

**TIPS**

不同颜色样式的擦除效果会有所不同。当设置前景色为灰色时，若在蒙版中涂抹，则会隐藏一部分图像。

Photoshop
数码照片　创意魔法大揭秘 ▶

## » 忧伤怀旧风

**01** 执行"文件>打开"命令，打开"素材\Part 1\ Media\ 08\白如雪.jpg"照片文件，单击"创建新的填充或调整图层"按钮 ⦿.，应用"可选颜色"命令，并在属性面板中设置其相应的参数值，使图像变得明亮。

**02** 继续单击"创建新的填充或调整图层"按钮 ⦿. 应用"曲线"命令，在属性面板中单击以添加锚点并拖动锚点调整曲线。创建出"亮度/对比度"调整图层并进行设置。

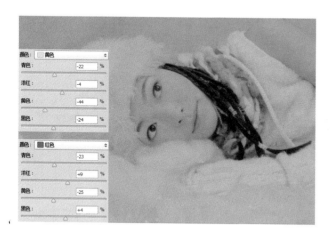

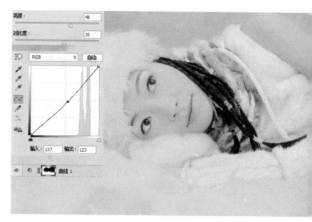

**03** 继续采用相同的方法，单击图层面板下方的"创建新的填充或调整图层"按钮 ⦿.。应用"色相/饱和度"和"可选颜色"命令，创建出"色相/饱和度"和"选取颜色"调整图层。分别在属性面板中设置其参数，使图像的整体色调偏暗偏蓝。

**04** 新建图层，设置前景色为淡黄色，填充图层颜色为淡黄色。接着创建出"色阶 1"和"色彩平衡 1"调整图层，在属性面板中设置其参数。使图像的整体色调偏亮，以增强颜色饱和度效果。至此，本实例制作完成。

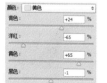  

 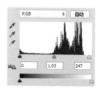 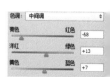

72

# » 唯美插画风

**01** 打开"素材\Part 1\ Media\ 08\白如雪.jpg"照片文件，创建"亮度/对比度"调整图层，设置参数值，并盖印可见图层，生成"图层1"，然后复制该图层，并应用"去色"命令，最后应用"查找边缘"滤镜。

**02** 创建"色阶1"调整图层，设置参数值，以增强图像的边缘层次。复制"图层1"，并调整至顶层，分别创建"色阶2"和"选取颜色1"调整图层，分别设置参数值，以增强画面的层次效果。

**03** 同时选择"图层1副本"和"色阶1"两个图层，复制两个图层并按快捷键Ctrl+E合并图层，为图层命名为"色阶1（合并）"并移至最顶层，设置该图层的混合模式为"柔光"。再次复制该图层，设置其"不透明度"为60%，以增强画面的色调层次。

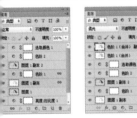

**04** 盖印图层，生成"图层2"，执行"滤镜>模糊>高斯模糊"命令，在弹出的对话框中设置参数。继续盖印图层，使用减淡工具 ⚫ 进行适当的涂抹。完成后继续盖印图层，使用涂抹工具 ⚫ 进行涂抹。

**05** 盖印图层，执行"滤镜>滤镜库"命令，选择"干画笔"滤镜并进行调整。完成后继续盖印图层，执行"滤镜>风格化>查找边缘"命令，并将图像进行去色。最后适当调整图层的混合模式等。至此，完成本实例的制作。

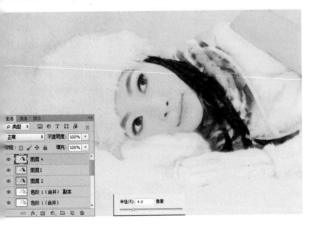

# 09 小小天使

**■ 摄影技巧**：选择光线明亮、阳光可爱的小女孩照片，可以带给人一种天真烂漫的童真气息，使人心情愉快。需要注意的是，在拍摄中，为了表现人物的自然效果，可使用抓拍、特写的拍摄方式，体现人物表情，渲染快乐气氛。

**■ 后期润色**：照片中的小女孩皮肤细腻，明眸中散发着可爱、天真的童年气息，使人心情愉悦。面对如此天真可人的角色，不由得联想到粉嫩可爱、纯真、明媚怀旧和插画等风格，以分别体现不同光影色调氛围及照片中小女孩的丰富特质。

**ℹ 相机型号**：Canon EOS 5D　**曝光时间**：1/400秒　**光圈值**：f/4

**■ 光盘路径**：素材\Part 1\Media\09\小小天使.jpg

---

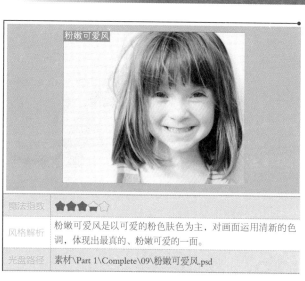

粉嫩可爱风

| 魔法指数 | ★★★☆☆ |
| --- | --- |
| 风格解析 | 粉嫩可爱风是以可爱的粉色肤色为主，对画面运用清新的色调，体现出最真的、粉嫩可爱的一面。 |
| 光盘路径 | 素材\Part 1\Complete\09\粉嫩可爱风.psd |

淡雅纯真高调

| 魔法指数 | ★★★★☆ |
| --- | --- |
| 风格解析 | 淡雅纯真高调在不失照片原有元素的同时，使其色调层次更加淡雅，从而体现出一种童年的纯真气质的风格。 |
| 光盘路径 | 素材\Part 1\Complete\09\淡雅纯真高调.psd |

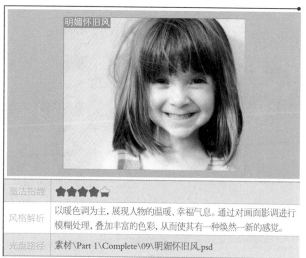

明媚怀旧风

| 魔法指数 | ★★★★☆ |
| --- | --- |
| 风格解析 | 以暖色调为主，展现人物的温暖、幸福气息。通过对画面影调进行模糊处理，叠加丰富的色彩，从而使其有一种焕然一新的感觉。 |
| 光盘路径 | 素材\Part 1\Complete\09\明媚怀旧风.psd |

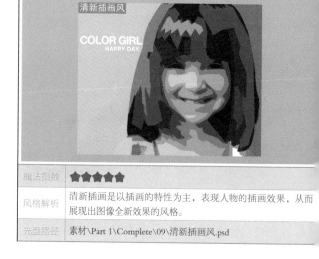

清新插画风

COLOR GIRL
HAPPY DAY

| 魔法指数 | ★★★★★ |
| --- | --- |
| 风格解析 | 清新插画是以插画的特性为主，表现人物的插画效果，从而展现出图像全新效果的风格。 |
| 光盘路径 | 素材\Part 1\Complete\09\清新插画风.psd |

# 粉嫩可爱风

**01** 执行"文件>打开"命令，打开"素材\Part 1\Media\09\小小天使.jpg"照片文件。在图层面板中，单击"创建新图层"按钮，创建"图层1"，并填充为白色。然后设置该图层的混合模式为"柔光"，以调整图像亮度层次。

**04** 按快捷键Ctrl+Shift+Alt+E盖印图层，生成"图层4"，并执行"滤镜>模糊>高斯模糊"命令，设置参数值，应用该效果。然后设置该图层的混合模式为"变暗"，以增强画面色影层次。

**02** 按快捷键Ctrl+Shift+Alt+E盖印可见图层，生成"图层2"，选定"图层2"，执行"图像>自动色调"命令，Photoshop将自动校正图像色调，使图像表现为更明亮。

**05** 在图层面板中选择"图层4"，单击"添加图层蒙版"按钮，以对该图层添加蒙版。单击画笔工具，在属性栏中设置画笔大小等属性，然后对图像上人物头发及面部涂抹，以恢复人物面部和发丝细节。

**03** 盖印可见图层，生成"图层3"，切换至"通道"面板中，选择"绿"通道，按快捷键Ctrl+A全选，按快捷键Ctrl+C复制选区。然后选择"蓝"通道，粘贴复制的选区至该通道中。最后切换至"图层"面板，设置"不透明度"为51%，以减淡其色调效果。

**06** 按快捷键Ctrl+Shift+Alt+E盖印图层，生成"图层5"。单击加深工具，在属性栏中设置属性，并在人物头部进行涂抹，以增强发丝层次。

**07** 在"图层"面板中，单击"创建新的填充或调整图层"按钮 ◎，在弹出的菜单中选择"色阶"命令，设置参数值，并使用黑色画笔工具 ✎ 在人物面部以外区域涂抹，以恢复图像背景色调。

**08** 在"图层"面板中，单击"创建新图层"按钮 ◻，生成"图层6"。单击画笔工具 ✎，在属性栏中设置画笔大小及属性，设置前景色为粉色（R255，G190，B218），并在人物脸颊区域涂抹，以制作人物可爱的腮红效果。然后设置该图层的混合模式为"正片叠底"，"不透明度"为36%，使添加的腮红效果更自然。

**09** 盖印可见图层，生成"图层7"，应用"USM锐化"命令，并为其添加图层蒙版，使用柔角画笔工具 ✎ 稍微在人物头发区域涂抹，使其效果更自然。至此，完成本实例制作。

### ▶技术拓展 设置画笔样式

在使用画笔工具时，不仅可设置画笔大小和硬度，还可以对画笔笔触样式进行设置。在画笔工具属性栏中单击"画笔预设"选取器，在弹出的面板中可选择多种笔触。使用不同的笔触样式，可以让图案效果更丰富。

▲ 新建"图层1"，在"画笔预设"选取器中选择"喷溅笔刷"，并在画面中使用，可丰富图像背景。

▲ 新建"图层1"，在"画笔预设"选取器中选择"杜鹃花串笔刷"，并在画面中使用，可丰富图像背景。

# 淡雅纯真高调

**01** 执行"文件>打开"命令,打开"素材\Part 1\Media\09\小小天使.jpg"照片文件。在"图层"面板中,单击"创建新的填充或调整图层"按钮 ●.,在弹出的快捷菜单中选择"色相/饱和度"选项,并在"属性"面板中设置"全图"选项中的"饱和度"值为-18,以降低图像整体饱和度。

**02** 继续在"属性"面板中设置"黄色"、"红色"和"绿色"选项的参数值,以降低指定颜色区域饱和度。

**03** 在"图层"面板中,单击"创建新的填充或调整图层"按钮 ●.,在弹出的菜单中选择"亮度/对比度"命令,设置参数值,以调整画面亮度层次。

**04** 在"图层"面板中,单击"创建新的填充或调整图层"按钮 ●.,在弹出的快捷菜单中选择"自然饱和度"选项,并在"属性"面板中设置参数值,以降低图像饱和度,并使用画笔工具在背景上涂抹,以恢复背景颜色。

**05** 单击"创建新的填充或调整图层"按钮 ●.,在弹出的快捷菜单中选择"曲线"选项,在"属性"面板中设置参数值,并在"图层"面板中,设置该图层的"不透明度"为69%,以减淡图像色调。

**06** 在"图层"面板中,选择"背景"图层,按快捷键Ctrl+J复制该图层,生成"背景 副本"图层,并按快捷键Ctrl+}将其移动到图层最顶层。然后单击"添加图层蒙版"按钮 □.,为该图层添加图层蒙版,以便后面进行编辑。

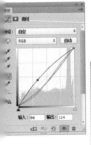

**07** 在"图层"面板中双击"背景 副本"图层的蒙版缩览图，在弹出的"属性"面板中单击"反相"按钮，即可反相蒙版为黑色。然后使用黑色柔角橡皮擦工具 ✐，在人物的嘴部进行擦除，以保留嘴唇色调。

**08** 单击"创建新的填充或调整图层"按钮 ◐，在弹出的快捷菜单中选择"自然饱和度"选项，在"属性"面板中设置参数值，并使用白色橡皮擦工具 ✐ 在人物背景图像中涂抹，以恢复该区域色调层次。

**09** 按快捷键Ctrl+Shift+Alt+E盖印图层，生成"图层1"，并执行"滤镜>锐化>USM锐化"命令，在弹出的对话框中设置各个选项参数值，完成后单击"确定"按钮，即可应用该滤镜效果，以增强画面细节层次。至此，本实例制作完成。

## » 明媚怀旧风

**01** 执行"文件>打开"命令，打开"素材\Part 1\Media\09\小小天使.jpg"照片文件。在"图层"面板中，单击"创建新图层"按钮 🖿 得到"图层1"，并填充为淡黄色（R231，G173，B49），然后在"图层"面板中设置该图层的混合模式为"色相"，"不透明度"为61%，以减淡图像色调。

**02** 在"图层"面板中，单击"创建新的填充或调整图层"按钮 ◐，在弹出的快捷菜单中分别选择"色阶"、"可选颜色"和"自然饱和度"选项，分别设置其相应的参数值，使图像呈现暖色调效果。

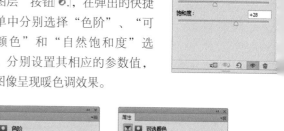
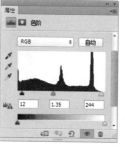

03 创建"渐变填充1"图层，设置选项参数值后单击"确定"按钮，并在"图层"面板中设置该图层的混合模式为"叠加"，"不透明度"为61%，然后使用角画笔工具在人物肤色区域涂抹，以恢复其色调。

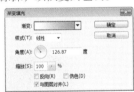

04 创建"颜色填充1"填充图层，在弹出的"拾色器"对话框中设置填充颜色为蓝色（R6、G117、211）。然后使用画笔工具，对图像上人物部分进行涂抹，并设置该图层的"混合模式"为"柔光"，"填充"为55%，以恢复其色调。

05 盖印可见图层，生成"图层2"，执行"滤镜＞模糊＞动感模糊"命令，并设置其参数值，调整该图层的混合模式为"柔光"，"不透明度"为40%，应用该效果。至此，本实例制作完成。

## » 清新插画风

01 执行"文件＞打开"命令，打开"素材\Part 1\Media\09\小小天使.jpg"照片文件。选择"背景"图层的同时按快捷键Ctrl+J复制图层，生成"背景 副本"图层，并将其转换为智能对象。执行"滤镜＞滤镜库＞木刻"，设置其参数值，完成后单击"确定"按钮，以制作图像木刻效果。然后使用画笔工具在智能滤镜蒙版中为人物眼睛区域涂抹，以恢复眼睛细节。

02 单击"创建新图层"按钮，生成"图层1"，单击吸管工具，在画面中人物肩部区域取样衣服颜色，且设置前景色为暗红色（R213，G95，B65），然后使用画笔工具，在图像中沿右侧头发区域涂抹，以隐藏多余的发丝。

**03** 使用相同的方法，在"图层"面板中新建"图层2"，并使用吸管工具 ✐ 在背景中取样，且设置前景色为绿色（R186，G227，B122），然后使用画笔工具 ✐，在图像中沿左侧头发区域涂抹，以隐藏多余的发丝效果。

**04** 在"图层"面板中，单击"创建新图层"按钮 ▣，生成"图层3"，并使用吸管工具 ✐ 在人物衣服上取样，以设置前景色为姜黄色（R156，G134，B196），然后使用硬角画笔工具 ✐ 在肩膀区域涂抹，使衣服上的色块更自然。最后使用相同的方法，新建"图层4"，制作右侧衣服上的色块，以丰富衣服效果。

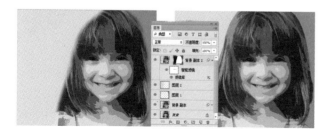

**05** 新建"组1"图层组，并新建"图层5"，单击钢笔工具 ✐ 沿着人物面部的色块绘制路径，完成后将其转换为选区，并填充为土黄色（R93，G73，B48），使色块效果更自然，并结合图层蒙版和画笔工具在眼睛区域涂抹，以恢复眼睛效果。然后使用相同方法继续在面部绘制色块。

**06** 继续单击"创建新图层"按钮 ▣，生成"图层7"，沿着人物面部轮廓绘制色块，并填充相应的颜色，以增强面部轮廓层次。然后继续使用相同方法，新建多个图层，绘制人物面部高光、嘴巴区域的色块，并设置不同的颜色，以突出轮廓层次效果。

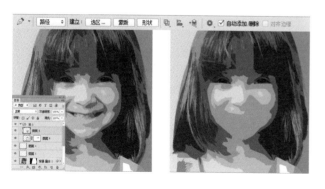

**07** 单击"创建新组"按钮 ▣，新建"组2"图层组，单击"创建新图层"按钮 ▣，生成"图层11"，沿着人物头发轮廓绘制色块，并填充相应的颜色，以增强面部轮廓层次。然后继续使用相同的方法，新建多个图层，绘制头发上的高光和阴影色块，并设置不同的颜色，以突出轮廓层次效果。

**08** 单击横排文字工具 T，在"字符"面板中设置字体样式、字体大小和字体颜色，单击图像左上角空白区域，添加相应文字Color girl和happy day，以完善清新的插画效果。至此，完成本实例制作。

# 10 蓝色妖姬

相机型号：Canon EOS 5D　曝光时间：1/125秒　光圈值：f/6.3

■ **摄影技巧**：选择明亮的户外进行拍摄，应使用短焦镜头拍摄近景人物，半按快门对焦人物面部，以尽量虚化背景，主闪光灯从侧面闪光，从闪光灯在人物背部闪光，以提亮背景光。

■ **后期润色**：照片中的女子姣好的面容、立体的五官，让人不由得联想到魔幻影调质感、炫彩妆容的风格设计，加上可以合成时尚海报和绘制素描效果，更能体现出画面的不同风格以及照片中女子的丰富特质。

■ **光盘路径**：素材\Part 1\Media\10\蓝色妖姬.jpg

| 魔法指数 | ★★★☆☆ |
|---|---|
| 风格解析 | 本实例以暗绿色和黄色为主，画面颜色较单纯简洁。因此人物的皮肤质感应表现得通透富有光泽，以突出魔幻影调的感觉。 |
| 光盘路径 | 素材\Part 1\Complete\10\魔幻影调质感.psd |

| 魔法指数 | ★★★☆☆ |
|---|---|
| 风格解析 | 高调的画面配上照片中女子精致的妆容，使整张图片变得富有张力，画面的清新色调使人流连忘返。 |
| 光盘路径 | 素材\Part 1\Complete\10\炫彩妆容.psd |

| 魔法指数 | ★★★★☆ |
|---|---|
| 风格解析 | 清新的淡绿色是主体色，体现照片中女子独有的气质，使合成的化妆品海报富有魅力。 |
| 光盘路径 | 素材\Part 1\Complete\10\时尚海报.psd |

| 魔法指数 | ★★★☆☆ |
|---|---|
| 风格解析 | 照片女子的头发卷曲而精致，深邃的眼神适合制作特别的素描艺术效果。 |
| 光盘路径 | 素材\Part 1\Complete\10\素描写真.psd |

## » 魔幻影调质感

**01** 执行"文件>打开"命令，打开"素材\Part 1\Media\10\蓝色妖姬.jpg"照片文件。单击磁性套索工具，勾选人物轮廓，以创建选区。单击"创建新的填充或调整图层"按钮，应用"色相/饱和度"命令，在弹出的对话框中调整面板参数，将背景调成暗蓝色调，并降低饱和度。使用较透明的柔角画笔，在人物的头发发丝部位和衣服的透明部位进行多次涂抹，还原其颜色。

**02** 新建"图层1"，填充深蓝色（R14，G60，B129），设置混合模式为"柔光"，为画面添加一层蓝色调。新建"图层2"，填充深黄色（R205，G133，B31），设置混合模式为"正片叠底"，并调整其图层参数。

**03** 单击"创建新的填充或调整图层"按钮，应用"渐变映射"命令，设置黑白渐变，设置混合模式为"叠加"，并调整"不透明度"和"填充"参数，将画面调暗。

**04** 单击磁性套索工具，勾选人物唇部轮廓，以创建选区，单击"创建新的填充或调整图层"按钮，应用"色相/饱和度"命令，在弹出的对话框中调整面板参数，将人物唇部调得偏红一点。

**05** 单击椭圆选框工具，勾选人物眼球轮廓，以创建选区，单击"创建新的填充或调整图层"按钮，应用"色相/饱和度"命令，在弹出的对话框中调整面板参数，改变人物眼球颜色。

 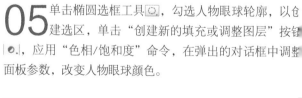 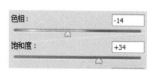  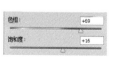  

**06** 单击"创建新的填充或调整图层"按钮 ⬤，应用"曲线"命令，分别设置各通道曲线以调整画面中不同通道的色调。

**07** 单击"创建新的填充或调整图层"按钮 ⬤，应用"自然饱和度"命令，在弹出的调整面板中调整参数，以柔和画面。并使用硬角画笔在蒙版中多次对人物皮肤进行涂抹。

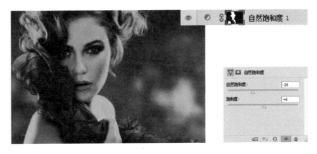

**08** 新建"图层3"，使用较透明的白色画笔在人物皮肤的高光部位进行涂抹，完成以后将其混合模式设置为"叠加"，"不透明度"设置为65%。

**09** 按快捷键Ctrl+Shift+Alt+E盖印可见图层，生成"图层4"，单击海绵工具 ⬛ 涂抹画面降低饱和度，并改变图层不透明度。至此，本实例制作完成。

## » 炫彩妆容

**01** 执行"文件>打开"命令，打开"素材\Part 1\Media\ 10\蓝色妖姬.jpg"照片文件。单击磁性套索工具 ⬛，勾选人物皮肤轮廓，以创建选区。单击"创建新的填充或调整图层"按钮 ⬤，应用"可选颜色"命令，在弹出的对话框中调整面板参数。

**02** 单击椭圆选框工具 ⬛，勾选人物眼球轮廓，单击"创建新的填充或调整图层"按钮 ⬤，应用"色相/饱和度"命令，调整参数以改变人物眼球颜色。新建"图层1"，使用肉粉色（R235, G211, B208）画笔在皮肤上涂抹，并设置其为"叠加"模式，还原人物红润肤色。

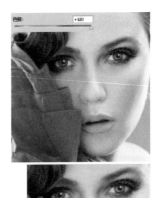

**03** 新建"图层2"，使用绿色（R76，G153，B80）柔角画笔绘制眼影，设置混合模式为"叠加"，"不透明度"为77%。新建"图层3"，使用较透明的蓝紫色（R76，G153，B80）画笔加深眼影颜色，设置混合模式为"叠加"。

**04** 新建"图层4"，使用红色（R244，G88，B83）柔角画笔添加唇色。新建"图层5"，使用较透明的粉红画笔（R231，G172，B177）绘制腮红，并分别调整其混合模式参数。

**05** 新建"图层6"，使用白色画笔添加面部高光。按快捷键Ctrl+Shift+Alt+E盖印可见图层，生成"图层7"，载入皮肤选择并添加蒙版，使用 Portraiture 滤镜，将人物皮肤进行磨皮处理。至此，本实例制作完成。

## ≫ 时尚海报

**01** 执行"文件>打开"命令，打开"素材\Part 1\Media\10\蓝色妖姬.jpg"照片文件。单击磁性套索工具，勾选人物皮肤轮廓，以创建选区。单击"创建新的填充或调整图层"按钮，应用"可选颜色"命令，在弹出的对话框中调整面板参数。

**02** 椭圆选框工具，勾选人物眼球轮廓，单击"创建新的填充或调整图层"按钮，应用"色相/饱和度"命令，调整参数以改变人物眼球颜色。

03 新建"图层1"，使用肉粉色（R235，G211，B208）画笔在皮肤上涂抹，并设置其为"叠加"模式，还原人物红润肤色。单击"添加图层蒙版"按钮 ，为其添加一个图层蒙版，选择其蒙版，使用黑色画笔，在蒙版中进行多次涂抹，以隐藏多余部分。

04 新建"图层2"，使用红色（R255，G0，B0）柔角画笔为人物添加唇色。

05 新建"图层3"，使用较透明的粉红画笔（R231，G172，B177）绘制腮红。

06 新建"图层4"，使用白色画笔添加面部高光。

07 单击"创建新的填充或调整图层"按钮 ，应用"可选颜色"命令，在弹出的颜色菜单中选择"蓝色"选项，拖动鼠标调整参数，使其呈现绿色。

08 继续单击"创建新的填充或调整图层"按钮 ，应用"色彩平衡"命令，在弹出的对话框选择"中间调"选项，调整参数以柔和整个画面色调。

09 打开"树叶.png"文件，将其拖进当前文件中，并移动到画面右上角。完成以后，设置其混合模式为"柔光"，"不透明度"为67%，丰富画面。

**10** 单击"创建新的填充或调整图层"按钮 ◢．，应用"色相/饱和度"命令，在弹出的对话框中调整参数以和谐整个画面色调。

**11** 单击"钢笔"工具 ❯，在属性栏设置"形状"选项，填充白色，在画面底部绘制一个波浪形状，生成"形状1"。完成以后复制一份，得到"形状1副本"，更改填充颜色为绿色（R66，G210，B144），移动到合适的位置。

**12** 打开"化妆品.png"文件，将其拖进当前文件中，并移动到右下角。应用"可选颜色"命令，调整参数将其调成绿色。将其整体复制得到"化妆品 副本"图层，并垂直翻转以作投影。单击"添加图层蒙版"按钮 ◙，选择"化妆品 副本"图层蒙版，用黑色渐变工具将其做成渐隐效果。

**13** 新建"图层6"，单击画笔工具 ✐，设置不透明度为60%，在画笔形状中选择"枫叶"形状，在化妆品周围中进行涂抹。接着新建"图层7"，在化妆品的上方位置绘制烟雾扩散曲线的形状。

**14** 单击横排文字工具 Ｔ 在画面中添加文字信息，完成画面。完成以后，将"图层 7"复制一份，得到"图层7副本"，以加强画面整体感觉。至此，本实例制作完成。

**TIPS 文字工具**

普通文本的用法：单击文字工具，然后在图片中单击即可输入文字，此时文字颜色默认是前景色，换行按回车键。

段落文本用法：选用文字工具后，在图片中用鼠标拖出一个文本框，此时可输入文字。

Photoshop CS 6.0增添了很多文字样式，可在其属性栏设置。

## » 素描写真

**01** 执行"文件>打开"命令,打开"素材\Part 1\Media\10\蓝色妖姬.jpg"照片文件。复制"背景"图层,得到"背景 副本"。按快捷键Shift+Ctrl+U进行去色处理。

**02** 复制"背景 副本"图层,得到"背景 副本2"图层。按快捷键Ctrl+I将图层反相,将混合模式设置为"颜色减淡",图层会亮到什么都看不见。

**03** 执行"滤镜>其它>最小值"命令,设置"半径"为2像素,得到基本的线条效果。

TIPS **最小值滤镜**

滤镜菜单中的最小值是一种类似于模糊的运用,即在处理图像的过程中进行扩大像素作用。

**04** 按快捷键Ctrl+Shift+Alt+E盖印可见图层,生成"图层1", 执行"滤镜>风格化>查找边缘"命令,完成以后设置其"不透明度"为25,单击"添加图层蒙版"按钮,选择其蒙版,使用黑色画笔在蒙版中进行多次涂抹,以还原其颜色。

**05** 继续按快捷键Ctrl+Shift+Alt+E盖印可见图层,生成"图层2",单击加深工具,设置笔触属性后,在画面中进行涂抹,以加深局部色调。至此,本实例制作完成。

# 11 | 魅影

▎**摄影技巧**：本实例中原照片构图及人物的造型神态都具有十足的现代时尚韵味。

▎**后期润色**：在处理时根据人物的造型神态来制作冷漠影调风格、淡雅个性的高调风格以及将照片制作为玄幻风格的电影海报，以体现照片的多样化魅力。

▎**光盘路径**：素材\Part 1\Media\11\魅影.jpg

**i** 相机型号：Canon EOS 5D　曝光时间：1/400秒　光圈值：f/4

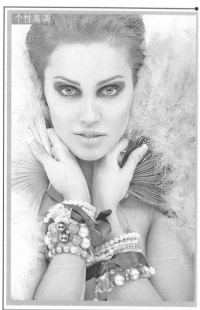

个性高调

| 魔法指数 | ★★★☆☆ |
|---|---|
| 风格解析 | 没有了浓重沉闷的颜色，画面呈现淡雅的高调色调，然而细节依然出彩。 |
| 光盘路径 | 素材\Part 1\Complete\11\个性高调.psd |

冷漠色调

| 魔法指数 | ★★★☆☆ |
|---|---|
| 风格解析 | 大部分是浓重的黑色，使画面呈现出冷漠的感觉。 |
| 光盘路径 | 素材\Part 1\Complete\11\冷漠色调.psd |

玄幻电影海报

| 魔法指数 | ★★★☆☆ |
|---|---|
| 风格解析 | 紫色和黑色的结合使画面呈现出玄幻诡异的效果，十分吸引眼球。 |
| 光盘路径 | 素材\Part 1\Complete\11\玄幻电影海报.psd |

## » 个性高调

01 执行"文件>打开"命令，打开"素材\Part 1\ Media\ 11\魅影.jpg"照片文件。单击"创建新的填充或调整图层"按钮 ◎.，在弹出的菜单中选择"黑白"命令并设置其参数，调整皮肤的亮度。然后设置图层"不透明度"为60%，稍微减淡调整的效果。

02 单击"创建新的填充或调整图层"按钮 ◎.，在弹出的菜单中选择"可选颜色"命令并在"属性"面板中分别设置"中性色"和"黑色"的参数，完成后设置图层混合模式为"滤色"，"不透明度"为50%，再使用较透明的画笔工具 ✎ 稍微涂抹鼻子轮廓，以恢复其细节。

03 按快捷键Ctrl+Shift+Alt+E盖印图层，生成"图层1"。执行"图像>调整>阴影/高光"命令，在弹出的对话框中设置各项参数，完成后单击"确定"按钮，稍微调亮画面，以呈现更清晰的暗部细节。

04 复制"图层 1"生成"图层 1 副本"，执行"图像>调整>阴影/高光"命令，在弹出的对话框中设置各项参数，完成后单击"确定"按钮，继续调亮画面，呈现更清晰的暗部细节。

**05** 单击"创建新的填充或调整图层"按钮 ◎.,在弹出的菜单中选择"可选颜色"命令,并在"属性"面板中分别设置"蓝色"、"洋红"和"中性色"的参数,以调整画面的颜色和亮度。

**06** 按快捷键Ctrl+Shift+Alt+E盖印图层,生成"图层2"。执行"滤镜>锐化>USM锐化"命令,在弹出的对话框中设置其参数,完成后单击"确定"按钮,以锐化图像细节。

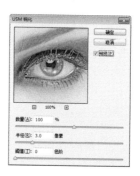

**07** 复制"图层 2"生成"图层 2 副本",执行"滤镜>锐化>智能锐化"命令,在弹出的对话框中设置各项参数和属性,完成后单击"确定"按钮,以进一步锐化图像的细节,增强其质感效果。至此,本实例制作完成。

**TIPS** 通过USM锐化调整影调

"USM锐化"滤镜可用于锐化图像的细节,也可用于调整图像的光影影调。设置较小的参数值时锐化细节,而设置较大的参数值时则对图像的边缘轮廓进行夸张的锐化处理,从而获得夸张的影调效果。

## 》 冷漠色调

**01** 执行"文件>打开"命令,打开"素材\Part 1\Media\11\魅影.jpg"照片文件。复制"背景"图层生成"背景 副本"图层。单击"创建新的填充或调整图层"按钮 ◎.,应用"可选颜色"命令,在弹出的原色对话框中分别选择"中性色"和"黑色",设置各项参数,然后选择其蒙版,并使用黑色画笔在画面中多次涂抹,以恢复局部色调。

**02** 继续单击"创建新的填充或调整图层"按钮 ◎.,应用"色相/饱和度"命令,在弹出的菜单中分别设置"全图"、"红色"、"黄色"、"洋红"的参数,将图像的饱和度降低。

**03** 按快捷键Ctrl+Shift+Alt+E盖印可见图层，生成"图层1"，单击"添加图层蒙版"按钮，为其添加一个图层蒙版，然后选择该蒙版，并使用黑色画笔在人物皮肤部分进行多次涂抹，以恢复局部色调。

**04** 按快捷键Ctrl+Shift+Alt+E盖印可见图层，生成"图层2"，执行"滤镜>模糊>高斯模糊"命令，设置模糊"半径"为5像素。将图层进行模糊处理。

**05** 执行"图像>调整>色阶"在弹出的对话框设置参数，完成以后设置混合模式为"柔光"。

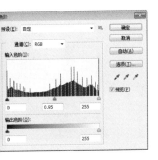

**06** 继续单击"创建新的填充或调整图层"按钮，应用"色相/饱和度"命令，在弹出的原色菜单中分别设置"全图"、"红色"的参数。并使用黑色画笔在人物皮肤部分进行多次涂抹，以恢复局部色调。

**07** 按快捷键Ctrl+Shift+Alt+E盖印可见图层，生成"图层3"，设置混合模式为"强光"。

**08** 应用"可选颜色"调整图层命令，在弹出的颜色菜单中设置"黑色"的参数，将画面整体色调调得偏绿一点。至此，本实例制作完成。

**TIPS 混合模式强光**

当图层比50%的灰要亮时，则底色变亮，这对增加图像的高光非常有帮助；当图层比50%的灰要暗时，则底色变暗，可增强图像的暗部。当图层是纯白色或黑色时得到的是纯白色或黑色。此效果与耀眼的聚光灯效果相似。

**TIPS 可选颜色调整**

在调整图层面板中，可选颜色命令可以对印刷模式的C、M、Y、K进行加减调整。黑色是所有颜色的总和，可在画面中偏黑的区域调整青色和黄色及红色以得到偏绿一点的效果。

## » 玄幻电影海报

**01** 执行"文件>打开"命令，打开"素材\Part 1\Media\11\魅影.jpg"照片文件。然后复制"背景"图层生成"背景 副本"图层。单击磁性套索工具，勾选人物的面部轮廓，以创建选区。按快捷键Ctrl+J复制选区内容，生成"图层1"。

**02** 按快捷键Ctrl+T将图层放大填充于整个画面，设置其混合模式为"柔光"。单击"添加图层蒙版"按钮，并使用黑色画笔在人物下半部分进行多次涂抹，以恢复局部色调。

### ▶ *技术拓展* 抠取局部图像

使用磁性套索工具可以对图像颜色对比较明显的图进行快速抠取，与自由钢笔工具的作用类似。区别在于磁性套索工具可以设置选区的羽化值，而自由钢笔工具创建的是路径，并且可以设置形状选项以快速填充颜色。本例中除了使用磁性套索工具外，同样可以使用自由钢笔工具，运用路径选项抠取人物面部轮廓。

▲ "路径"面板产生工作路径。

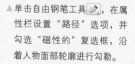

▲ 单击自由钢笔工具，在属性栏设置"路径"选项，并勾选"磁性的"复选框，沿着人物面部轮廓进行勾勒。

▲ 完成以后按快捷键Ctrl+Enter以快速建立选区。按快捷键Ctrl+J复制选区内容，生成"图层1"。

▲ 放大至整个画面，设置混合模式为"柔光"。单击"添加图层蒙版"按钮，使用黑色画笔，擦除多余部分。

03 单击"创建新的填充或调整图层"按钮 ● ，应用"自然饱和度"命令，在弹出的调整面板中分别将饱和度降低，以柔和后面作图添加的色调。

04 继续应用"渐变映射"命令，双击弹出的调整面板的渐变条，弹出渐变样式设置菜单，设置渐变样式为白色到蓝色（R24，G48，B153）到深蓝色（R10，G16，B41）。完成以后设置混合模式为"柔光"。

05 继续单击"创建新的填充或调整图层"按钮 ● ，应用"可选颜色"命令，在弹出的原色对话框中分别选择"红色"、"绿色"、"蓝色"，设置各项参数。

06 继续单击"创建新的填充或调整图层"按钮 ● ，应用"渐变映射"命令，双击弹出的调整面板的渐变条，弹出渐变样式设置菜单，设置渐变样式为黄色（R252，G236，B182）到粉红色（R238，G154，B153）到紫色（R136，G101，B161）的等距离渐变。完成以后设置混合模式为"颜色"，"不透明度"为49%。

07 打开"线条.jpg"素材文件，将其拖进当前文件中。设置混合模式为"划分"。新建"图层3"，单击渐变工具 ■ ，勾选"反相"，至内向外作黑色到透明的径向渐变，将其"不透明度"降低至69%。

# 08
按快捷键Ctrl+Shift+Alt+E盖印图层，生成"图层4"，执行"滤镜>模糊>动态模糊"命令，单击"添加图层蒙版"按钮 ▣ ，并使用黑色画笔在人物下半部分进行多次涂抹，以恢复其细节。最后将混合模式设置为"叠加"。

# 09
横排文字工具 T 在画面底部添加文字信息，双击图层弹出图层样式菜单，分别设置"内阴影"和"渐变叠加"参数，为文字添加效果。

 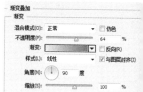

**TIPS** 混合模式划分

　　白色图层，不会减去颜色也不会提高明度；黑色图层，颜色都会被减去，只留着最纯的光的三原色及其混合色、黑色与白色。

# 10
完成以后单击"创建新的填充或调整图层"按钮 ◐ ，应用"亮度/对比度"命令，设置参数将文字提亮。

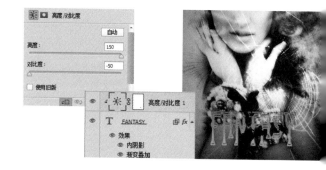

# 11
继续横排文字工具 T 在画面底部添加文字信息，以完成画面。至此，本实例制作完成。

## 12 罗衣侧影

> █ 摄影技巧：拍摄者应该选择那些能够渲染出单色照片风格气
> 氛的场所。比起白天的室外，在稍微昏暗的室内
> 拍摄，更能够体现出单色照片的独特气氛。
>
> █ 后期润色：照片中的女子躺在婚纱上，美丽的秀发散开在画
> 面中，眼神似乎带着淡淡的忧伤，白皙的皮肤衬托
> 出人物姣好的面容。不由联想到绿色精灵、冰清玉
> 洁、魔力幻影和唯美插画风格，分别体现出画面的
> 不同光影色调氛围及照片中女子的丰富特质。
>
> █ 光盘路径：素材\Part 1\Media\12\罗衣侧影.jpg

█ i 相机型号：Canon EOS 5D　曝光时间：1/400秒　光圈值：f/4

| 魔法指数 | ★★★★☆ |
|---|---|
| 风格解析 | 本案例以绿色和黄色为主色，画面颜色单纯简洁；而人物的皮肤质感也应表现得通透富有光泽，以突出精灵的感觉。 |
| 光盘路径 | 素材\Part 1\Complete\12\绿色精灵.psd |

| 魔法指数 | ★★★★☆ |
|---|---|
| 风格解析 | 较冷的灰蓝色是重要的表现方式，同时添加顶部渐变填充进行颜色过滤；除此之外就是画面的清新颜色，富有冰清玉洁的气质。 |
| 光盘路径 | 素材\Part 1\Complete\12\冰清玉洁.psd |

| 魔法指数 | ★★★★☆ |
|---|---|
| 风格解析 | 对画面影调进行模糊处理，添加填充图层并结合混合模式给照片上颜色；朦胧的质感并非整个图像都很模糊，而是在光影梦幻的基础上突出细节质感。 |
| 光盘路径 | 素材\Part 1\Complete\12\魔力幻影.psd |

| 魔法指数 | ★★★★★ |
|---|---|
| 风格解析 | 以橙红色为主色调，并添加水彩光影效果以表现插画效果。温暖的颜色和光影搭配，体现画面唯美的艺术效果。 |
| 光盘路径 | 素材\Part 1\Complete\12\唯美插画.psd |

## » 绿色精灵

**01** 执行"文件>打开"命令，打开"素材\Part 1\Media\ 12\罗衣侧影.jpg"照片文件。将其复制一份得到"背景 副本"图层。单击"创建新的填充或调整图层"按钮 ○.，应用"可选颜色"命令。在弹出的对话框中分别设置"红色"和"黄色"的面板参数。

**02** 打开"花纹.png"文件，单击移动工具 ▶ 将其拖进当前文件中，按快捷键Ctrl+T改变其方向，将其移动到人物头发位置，设置其混合模式为"划分"。单击"添加图层蒙版"按钮 □.，为其添加一个图层蒙版，然后选择其蒙版，并使用黑色画笔在人物皮肤部分进行多次涂抹，以擦除多余部分。

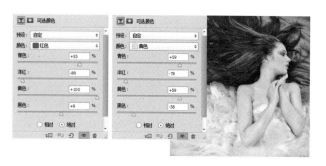

**03** 继续单击"创建新的填充或调整图层"按钮 ○.，应用"可选颜色"命令，在弹出的原色菜单中选择"中性色"选项，设置参数，将发梢处的白色花纹调成绿色，按快捷键Ctrl+Alt+G创建剪贴蒙版。

**04** 打开"花纹2.png"文件，单击移动工具 ▶ 将其拖进当前文件中，按快捷键Ctrl+T调整其方向，将其移动到人物身体位置，设置其混合模式为"变暗"。单击"添加图层蒙版"按钮 □.，为其添加一个图层蒙版，然后选择其蒙版，并使用黑色画笔在人物皮肤部分进行多次涂抹，以擦除多余部分。

**05** 继续单击"创建新的填充或调整图层"按钮 ○.，应用"色相/饱和度"命令，在弹出的菜单中设置色相参数，将发梢处的花纹调成绿色，按快捷键Ctrl+Alt+G创建剪贴蒙版。

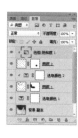

06 单击"创建新的填充或调整图层"按钮 ⊙.，应用"可选颜色"命令。在弹出的对话框中分别设置"黄色"和"白色"的面板参数，将画面整体调成淡绿色。

07 按快捷键Ctrl+Shift+Alt+E盖印可见图层，生成"图层3"，执行"滤镜>模糊>高斯模糊"命令，在弹出的对话框中设置参数，完成以后将其混合模式设置为"强光"，"不透明度"设置为54%。

08 按快捷键Ctrl+Shift+Alt+E盖印可见图层，生成"图层4"执行"滤镜>模糊>动感模糊"命令，在弹出的对话框中设置参数，完成以后将其混合模式设置为"浅色"，"不透明度"设置为59%。

09 新建"图层5"，单击渐变工具 ▣，在属性栏中勾选"反相"复选框，在画面中由内向外作黑色到透明的径向渐变，设置混合模式为"柔光"，"不透明度"降低至68%。至此，本实例制作完成。

## » 冰清玉洁

01 执行"文件>打开"命令，打开"素材\Part 1\Media\ 12\罗衣侧影.jpg"照片文件。将其复制一份得到"背景 副本"图层。单击"创建新的填充或调整图层"按钮 ⊙.，应用"色相/饱和度"命令。在弹出的对话框中分别设置"红色"和"黄色"的面板参数。

02 完成以后单击"添加图层蒙版"按钮 ▣，为其添加一个图层蒙版，然后选择其蒙版，并使用灰色画笔在人物皮肤部分进行多次涂抹，以恢复局部色调。

**03** 继续单击"创建新的填充或调整图层"按钮 ◑.，应用"照片滤镜"命令，在弹出的滤镜菜单中选择"水下"滤镜。继续执行"色相/饱和度"命令，选择"全图"菜单，设置参数，将其饱和度降低。

**04** 继续单击"创建新的填充或调整图层"按钮 ◑.，应用"渐变映射"命令，双击弹出的调整面板的渐变条，弹出渐变样式设置菜单，设置渐变样式为绿色（R98，G184，B82）到蓝色（R76，G193，B237）到黄色（R255，G244，B122）的等距离渐变。完成以后设置混合模式为"色相"，"不透明度"为68%。

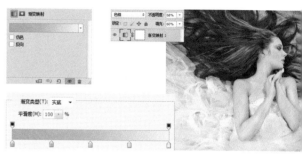

**05** 新建"图层2"，设置前景色为肉粉色（R220，G217，B207），结合柔角画笔，应用其较透明的属性，在人物的皮肤轮廓上稍稍涂抹，添加其高光部分。

**06** 按快捷键Ctrl+Shift+Alt+E盖印可见图层，生成"图层2"，将其"不透明度"设置为65%。执行"滤镜>Imagenomic>Portraiture"命令，在弹出的对话框中设置参数，将人物皮肤进行磨皮处理。

**07** 单击"创建新的填充或调整图层"按钮 ◑.，应用"渐变映射"命令并进行设置。完成后新建图层，设置前景色为亮蓝色，使用渐变工具绘制前景色到透明色的渐变颜色。接着设置其混合模式及不透明度，增加图像颜色。

**08** 单击"创建新的填充或调整图层"按钮 ◑.，应用"曲线"命令，分别设置各通道曲线，以调整画面颜色。在按住Alt键的同时选择"色相/饱和度1"的剪贴蒙版，拖曳至"曲线1"中以复制蒙版，按快捷键Ctrl+I将其反相，仅对皮肤作用。

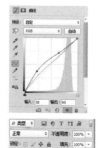

**09** 采用相同的 方法创建出"色阶1"和"照片滤镜2"调整图层，接着分别在属性面板中设置参数。完成后使用画笔工具在图层蒙版上进行涂抹，隐藏部分区域色调效果。

**10** 继续单击"创建新的填充或调整图层"按钮。应用"色相/饱和度"命令，并在属性面板中拖动滑块以调整参数，使图像的整体饱和度加强。至此，本实例制作完成。

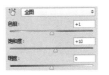

## » 魔力幻影

**01** 执行"文件>打开"命令，打开"素材\Part 1\Media\ 12\罗衣侧影.jpg"照片文件。新建"图层1"填充洋红色（R231，G3，B142），设置混合模式为"色相"，"不透明度"为88%。

**02** 新建"图层2"填充深蓝色（R4，G39，B122），设置混合模式为"柔光"，"不透明度"为74%。完成以后单击"添加图层蒙版"按钮，为其添加一个图层蒙版，然后选择其蒙版，并使用黑色画笔在右上角进行多次涂抹，以恢复局部色调。

**03** 按快捷键Ctrl+Shift+Alt+E盖印可见图层，生成"图层3"，执行"滤镜>模糊>高斯模糊"命令，在弹出的对话框中设置羽化半径，然后将其混合模式为"柔光"，"不透明度"为77%。

**04** 单击"创建新的填充或调整图层"按钮，应用"曲线"命令并分别设置各通道曲线，以调整画面的颜色。选择其剪贴蒙版，并使用黑色画笔在人物皮肤处进行多次涂抹，以恢复其颜色。

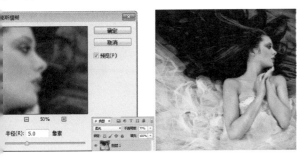

**05** 按快捷键Ctrl+Shift+Alt+E盖印可见图层，生成"图层4"，执行"滤镜>模糊>镜头模糊"命令，在弹出的菜单中设置参数，设置混合模式为"滤色"。

**06** 单击"创建新的填充或调整图层"按钮 ◉ ，应用"色相/饱和度"命令，选择"全图"选项将其饱和度降低；选择"红色"选项，增加其色相值。

**07** 继续单击"创建新的填充或调整图层"按钮 ◉ ，应用"曲线"命令，调整"红"通道曲线。

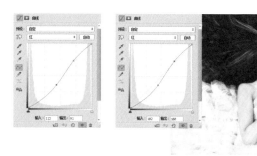

**08** 按快捷键Ctrl+Shift+Alt+E盖印可见图层，生成"图层5"，按快捷键Shift+Ctrl+U进行去色，设置混合模式为"变亮"，"不透明度"为70%。

**09** 复制"背景"图层，生成"背景 副本"图层，按快捷键Ctrl+Shift+]将其置顶，单击磁性套索工具 ，勾选人物的皮肤轮廓，以创建选区。单击"添加图层蒙版"按钮 ，为其添加一个图层蒙版，创建皮肤图层。

**10** 单击"创建新的填充或调整图层"按钮 ◉ ，应用"色相/饱和度"命令，拖动鼠标以调整面板参数，完成以后将"不透明度"设置为58%。

**11** 按住Ctrl键的同时选择"背景 副本"图层缩览图以载入选区，按快捷键Ctrl+J复制选区内容生成"图层6"，执行"滤镜>模糊>高斯模糊"命令，在弹出的对话框中设置参数。设置混合模式为"叠加"，"不透明度"为50%，还原人物细腻皮肤质感。

**技术拓展** 磨皮处理

将人物的皮肤部分抠取出来进行高斯模糊是对人物皮肤的处理，主要针对图层进行高斯模糊操作，再结合调整图层进行优化，与Portraiture 滤镜的效果差不多。使用高斯模糊与Portraiture滤镜有所不同，需要几步才能完成。本例中除使用高斯模糊滤镜调整图像外，同样可以采用Portraiture滤镜对图像进行编辑，达到同样的效果。

▲ 选择"图层6"，执行"滤镜>Imagenomic>Portraiture"命令，在弹出的对话框中设置参数，将人物皮肤进行磨皮处理

◀图层面板没有变化。

◀ 设置混合模式为"叠加"，"不透明度"为50%，还原人物细腻皮肤质感。

**12** 按快捷键Ctrl+Shift+Alt+E盖印可见图层，生成"图层7"，设置混合模式为"浅色"，"不透明度"为64%。至此，本实例制作完成。

## 》 唯美插画

**01** 执行"文件>打开"命令，打开"素材\Part 1\Media\ 12\罗衣侧影.jpg"照片文件。将其复制一分得到"背景 副本"。执行"滤镜>滤镜库>艺术效果>水彩"命令，设置参数。

**02** 新建"图层1"，设置前景色为肉粉色（R220，G217，B207），单击画笔工具，选择柔角画笔并应用其较透明的属性，在人物的皮肤轮廓上稍稍涂抹，添加其高光部分。

**03** 新建"组1"，在其中新建"图层2"，设置前景色为橘色（R252，G150，B63），结合画笔工具，应用柔角画笔在人物皮肤上涂抹。设置混合模式为"饱和度"，"不透明度"为66%。

**04** 新建"图层3"，单击画笔工具，在画面中绘制一些红色和黄色的线条，执行"滤镜>模糊>高斯模糊"命令，在弹出的对话框中设置羽化半径，然后设置其混合模式为"叠加"。

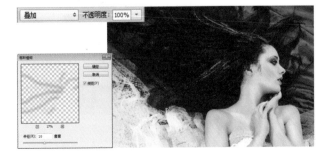

**05** 继续新建图层，设置前景色颜色，然后使用画笔工具 ✍ 继续在人物皮肤区域进行涂抹，完成后设置其混合模式及不透明度。完成后继续新建图层，同样调整人物皮肤颜色。

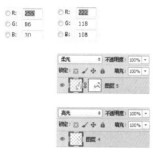

**06** 打开"涂鸦.jpg"文件，单击移动工具 ▸+ 将其拖进当前文件中，设置其混合模式为"点光"，"不透明度"为48%。单击"添加图层蒙版"按钮 ◻，为其添加一个图层蒙版，选择其剪贴蒙版，并使用黑色画笔在画面中多次涂抹，以恢复其颜色。

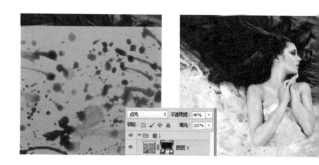

**07** 单击"创建新的填充或调整图层"按钮 ◑，应用"色相/饱和度"命令，拖曳鼠标以设置参数，完成以后按快捷键Ctrl +Alt+G创建剪贴蒙版。复制出"图层6副本"图层，并适当调整其位置。

**08** 新建"图层7"、"图层8"，单击画笔工具 ✍，应用柔角画笔在画面左下角涂抹红褐色（R73，G13，B0），在画面右上角涂抹红色（R199，G20，B7），分别设置混合模式为"叠加"、"颜色"；"不透明度"为62%和69%。

**09** 单击画笔工具 ✍，应用柔角画笔在画面中涂抹金色（R168，G114，B32）和深红色（R136，G5，B1）。完成以后设置混合模式为"叠加"。

**10** 使用横排文字工具 T 在画面中添加文字信息，颜色分别设置为朱红色（R222，G103，B107）、粉红色（R232，G178，B192），至此，本实例制作完成。

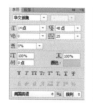

# 13 海风中的日子

相机型号：Canon EOS 5D　曝光时间：1/800秒　光圈值：f/4

▌ **摄影技巧**：主闪光灯从右侧照射，副闪光灯从被拍摄者身后发光，闪光灯在照亮被拍摄者的同时让照片具有了立体感。

▌ **后期润色**：在处理时根据光影来调整怀旧宝丽来、风中残片以及极酷质感风格，以体现照片的多样化魅力。

▌ **光盘路径**：素材\Part 1\Media\13\海风中的日子.jpg

怀旧宝丽来

| 魔法指数 | ★★★☆☆ |
|---|---|
| 风格解析 | 保留照片原有的色调，添加怀旧纹理质感，表现宝丽来效果。 |
| 光盘路径 | 素材\Part 1\Complete\13\怀旧宝丽来.psd |

风中残片

| 魔法指数 | ★★★☆☆ |
|---|---|
| 风格解析 | 单色调的处理加上怀旧线条的叠加，表现照片冷漠的忧伤感。 |
| 光盘路径 | 素材\Part 1\Complete\13\风中残片.psd |

极酷质感

| 魔法指数 | ★★★☆☆ |
|---|---|
| 风格解析 | 色调的调整加强人物立体质感，与背景对比，彰显照片魅力。 |
| 光盘路径 | 素材\Part 1\Complete\13\极酷质感.psd |

## » 怀旧宝丽来

**01** 执行"文件>打开"命令,打开"素材\Part 1\ Media\ 13\海风中的日子.jpg"照片文件。单击"创建新的填充或调整图层"按钮 ◯.|,应用"自然饱和度"和"曲线"命令,在弹出的对话框中设置各调整面板属性参数。

**02** 继续单击"创建新的填充或调整图层"按钮 ◯.|,应用"色阶"和"曝光度"命令,在弹出的对话框中设置各调整面板属性参数。

**03** 打开"牛皮纸.jpg"文件,将其拖进当前文件中,生成"图层1",设置混合模式为"叠加","不透明度"为44%。

**04** 继续单击"创建新的填充或调整图层"按钮 ◯.|,应用"通道混合器"命令,调整各通道面板参数。

**05** 继续单击"创建新的填充或调整图层"按钮 ◯.|,应用"色相/饱和度"命令,拖动鼠标增加其饱和度,并稍稍增加明度。至此,本实例制作完成。

## » 风中残片

**01** 执行"文件>打开"命令，打开"素材\Part 1\ Media\ 13\海风中的日子.jpg"照片文件。新建"图层1"，默认前景色为黑白，执行"滤镜>渲染>云彩"命令，得到黑白叠加的云彩效果。

**02** 继续执行"滤镜>杂色>添加杂色"命令，在弹出的对话框中设置参数，完成以后设置混合模式为"柔光"，"不透明度"为68%。

**03** 新建"图层2"，填充米灰色（R230，G225，B204），设置混合模式为"颜色"，将画面做成怀旧效果。

**04** 继续单击"创建新的填充或调整图层"按钮，应用"色阶"命令，在弹出的色阶菜单中输入数值，将画面整体调暗一点。

**05** 打开"线条.jpg"文件，将其拖进当前文件中，生成"图层3"，设置混合模式为"柔光"，"不透明度"为57%。

**06** 继续应用"色阶"调整图层命令，调整色阶面板的参数；应用"渐变填充"命令，在渐变样式菜单中设置"黑色到灰色（R210，G205，B205）"渐变，设置混合模式为"叠加"。至此，本实例制作完成。

## » 极酷质感

**01** 执行"文件>打开"命令，打开"素材\Part 1\Media\ 13\海风中的日子.jpg"照片文件。单击"创建新的填充或调整图层"按钮 ◑ ，应用"色相/饱和度"命令，拖曳鼠标调整面板参数。

**02** 继续单击"创建新的填充或调整图层"按钮 ◑ ，在弹出的菜单中选择"可选颜色"命令，并在"属性"面板中分别设置"红色"和"黄色"的参数。

**03** 继续单击"创建新的填充或调整图层"按钮 ◑ ，应用"色彩平衡"命令，分别设置"阴影"、"中间调"、"高光"的面板参数值，然后选择剪贴蒙版，并使用黑色画笔在人物皮肤部分进行多次涂抹，以恢复其颜色。

**04** 继续单击"创建新的填充或调整图层"按钮 ◑ ，应用"黑白"命令，在弹出的对话框中勾选"色调"选项，在弹出的拾色器菜单中设置颜色为灰黄色（R227，G206，B166），拖动鼠标并调整各颜色参数值，设置图层不透明度为30%。

**05** 继续单击"创建新的填充或调整图层"按钮 ◑ ，应用"色阶"命令，在弹出的色阶菜单中输入数值，将画面整体调暗一点。

**06** 继续单击"创建新的填充或调整图层"按钮 ◑ ，应用"亮度/对比度"命令，调整通道面板参数，降低亮度并提高画面对比度。至此，本实例制作完成。

# 14 吉普赛女王

i 相机型号：Canon EOS 5D　曝光时间：1/400秒　光圈值：f/6.3

▌**摄影技巧**：照片是以模糊灰暗四周来突出人物的方式拍摄。并且以淡化背景、彩化人物色彩的方式拍摄。

▌**后期润色**：模糊灰暗的四周会让人联想到用神秘、复古、油画的色彩方式来处理照片。

▌**光盘路径**：素材\Part 1\Media\14\吉普赛女王.jpg

神秘风

| 魔法指数 | ★★★★☆ |
| --- | --- |
| 风格解析 | 神秘的色彩都是比较不平凡的。该案例主要以偏蓝偏绿的冷色调为主。给人魔幻猜不透的感觉。 |
| 光盘路径 | 素材\Part 1\Complete\14\神秘风.psd |

复古风

| 魔法指数 | ★★★☆☆ |
| --- | --- |
| 风格解析 | 以灰暗的淡黄色为主，表现出保存许久及受以前拍摄器材限制所控制的效果。给人怀旧复古的氛围。 |
| 光盘路径 | 素材\Part 1\Complete\14\复古风.psd |

油画质感

| 魔法指数 | ★★★★☆ |
| --- | --- |
| 风格解析 | 主要绘制出油画的效果，给人真实的感觉。 |
| 光盘路径 | 素材\Part 1\Complete\14\油画质感.psd |

# 神秘风

**01** 执行“文件>打开”命令，打开“素材\Part 1\Media\ 14\吉普赛女王.jpg”照片文件。单击“创建新的填充或调整图层”按钮，在弹出的菜单中选择“亮度/对比度”命令，创建出“亮度/对比度1”调整图层。然后在属性面板中设置参数。

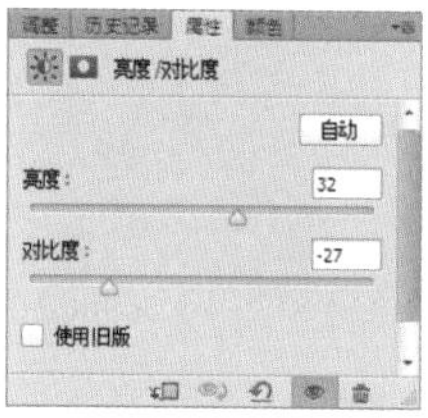

**02** 采用相同的方法，单击“创建新的填充或调整图层”按钮，创建出“选取颜色1”调整图层，然后在属性面板中分别选择“黑色”、“白色”和“中性色”，再分别在其下侧设置相应的参数。以调整图像的整体色调效果。完成后设置该调整图层的混合模式为“颜色”，不透明度为“80%”。

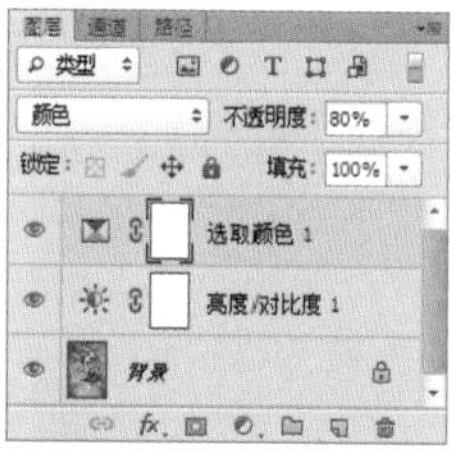


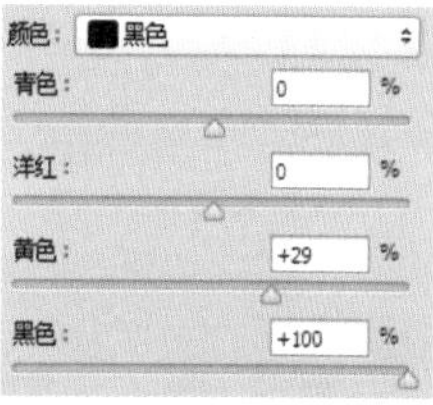

**03** 按照相同的方法，创建出“通道混合器1”调整图层，然后在属性面板中选择“红”输出通道，然后拖动其下面的滑块调整参数。完成后，设置不透明度为“53%”。然后使用画笔工具在图层蒙版上适当区域进行涂抹，恢复图像相应区域的颜色。

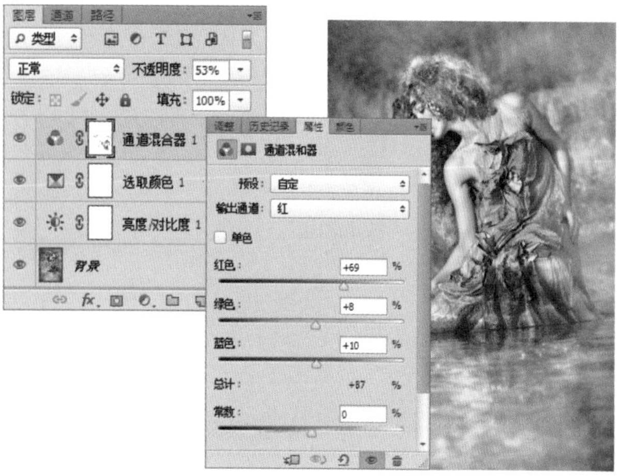


**04** 继续创建出“渐变填充1”调整图层。然后在属性面板中设置渐变样式及其他选项，完成后，设置该调整图层的混合模式为“变暗”，不透明度为72%，填充为77%。

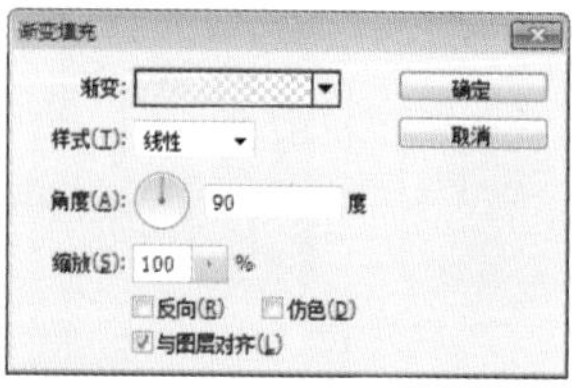


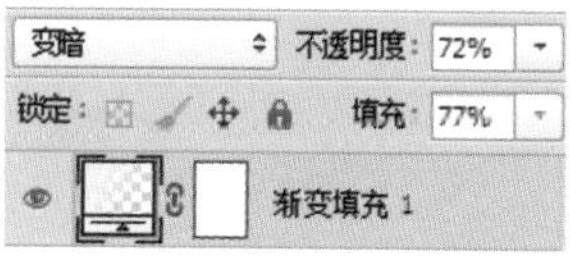

**05** 按快捷键Ctrl+Shift+Alt+E盖印图层，生成"图层1"，然后按快捷键Shift+I反相。设置"图层 1"的混合模式为"颜色"，不透明度为"40%"，填充为"34%"，接着为该图层添加图层蒙版，然后使用画笔工具 在图像的适当区域进行涂抹，恢复其颜色。

**06** 单击"创建新的填充或调整图层"按钮 ，在弹出的菜单中选择"色阶"命令，创建出"色阶1"调整图层。然后在属性面板中设置参数，以调整图像的色调。

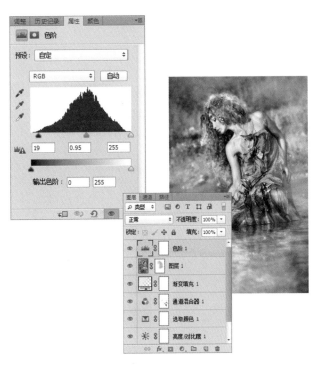

**07** 继续采用相同的方法，盖印图层，生成"图层 2"，然后执行"图像>调整>变化"命令，在弹出的对话框中单击"减少饱和度"预览图，接着单击右上角的"确定"按钮，可以看到整个图像画面的饱和度降低了。

**08** 继续创建出"渐变填充 2"填充图层。然后双击该填充图层，在弹出的对话框中设置渐变颜色及选项。完成后设置该图层的混合模式、不透明度及填充。至此，本实例制作完成。

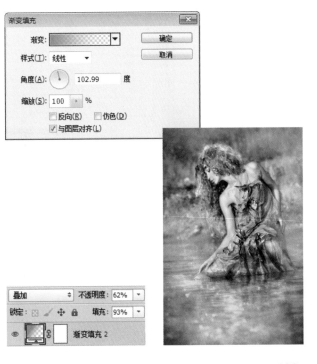

## » 复古风

**01** 执行"文件>打开"命令，打开"素材\Part 1\Media\ 14\吉普赛女王.jpg"照片文件。单击"创建新的填充或调整图层"按钮 ◑.｜，在弹出的菜单中选择"自然饱和度"命令，创建出"自然饱和度1"调整图层。然后在属性面板中设置其参数以调整图像的颜色。

**02** 继续采用相同的方法，单击"创建新的填充或调整图层"按钮 ◑.｜，应用"通道混合器"命令。在属性面板中分别选择"红"通道和"蓝"通道，然后分别拖动其下方的滑块设置参数，以调整整个画面的色调。

**03** 继续按照相同的方法，创建出"曲线1"调整图层，然后在其属性面板中分别选择"红"通道和"蓝"通道，分别在其下方单击添加锚点并拖动锚点以调整曲线。进一步调整整个画面的色调。

**04** 按快捷键Ctrl+Shift+Alt+E盖印图层，生成"图层1"，然后执行"图像>调整>变化"命令，在弹出的"变化"对话框中，分别单击"加深蓝色"预览图及"减少饱和度"预览图，完成后单击"确定"按钮。

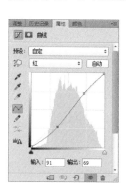

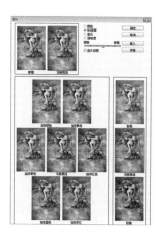

**05** 接着继续单击"创建新的填充或调整图层"按钮 ⊙，在弹出的菜单中选择"色相/饱和度"命令，创建出"色相/饱和度1"调整图层。然后在属性面板中拖动滑块设置参数，以调整图像的色调。接着设置该调整图层的不透明度为"75%"，并使用画笔工具 ✎ 在图像的适当区域进行涂抹，恢复其颜色。

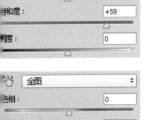

**06** 继续采用相同的方法，创建出"色相/饱和度 2"调整图层，然后在属性面板中设置参数。完成后，使用画笔工具 ✎ 在图像上的人物区域进行适当的涂抹，恢复其颜色。

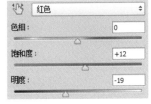
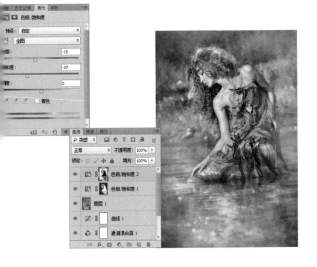

**07** 新建图层，生成"图层2"，设置前景色为（R223，G195，B84）。然后按快捷键Alt+Delete填充图层颜色为前景色。接着设置该图层的混合模式为"变暗"，不透明度为"50%"。至此，本实例制作完成。

> **技术拓展** 结合变化命令调整图像色调

使用新建图层填充颜色，然后更改混合模式来调整图像色调。淡黄色的色调，也可以使用变化的命令来调整出相同的色调，并且可以选择"阴影"、"高光"等选项来进行添加，而且可以添加几次效果。

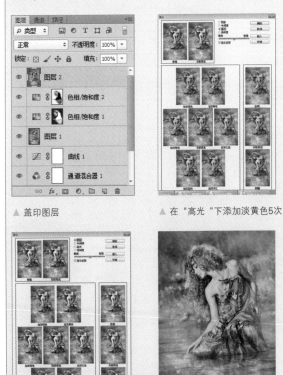

▲ 盖印图层　　　　　▲ 在"高光"下添加淡黄色5次

▲ 在"阴影"下添加深蓝色1次　　▲ 得到相同的效果

## 》 油画质感

**01** 执行"文件>打开"命令，打开"素材\Part 1\Media\ 14\吉普赛女王.jpg"照片文件。单击"创建新的填充或调整图层"按钮 ◎.，应用"渐变映射"命令，创建出"渐变映射1"调整图层。然后在属性面板中设置渐变样式。接着设置该调整图层的混合模式及不透明度。

**02** 按快捷键Ctrl+Shift+Alt+E盖印图层，生成"图层1"，然后执行"滤镜>油画"命令，在弹出的对话框右侧设置选项及参数，然后单击"确定"按钮，以调整出类似亲手绘制上去的油画效果。

**03** 继续采用相同的方法盖印图层，生成"图层2"，然后执行"滤镜>滤镜库"命令，在弹出的对话框中选择"干画笔"滤镜，然后在右侧设置相应的参数及选项。完成后单击对话框右上角的"确定"按钮。

**04** 继续盖印图层，生成"图层3"。然后继续执行"滤镜>油画"命令，在弹出的对话框中继续调整参数及选项，然后单击"确定"按钮。接着设置"图层3"。至此，本实例制作完成。

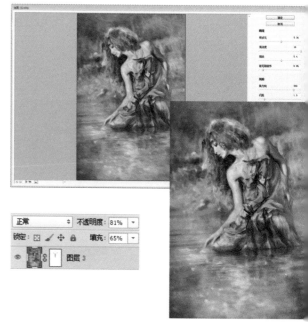

# 15 | 持子之手

相机型号：NIKON D700　曝光时间：1/800秒　光圈值：f/2.8

■ **摄影技巧**：本案例是远距离拍摄，焦距在人物上侧，虚化四周环境突出道路及人物，表现出人物奔跑的幸福时刻。

■ **后期润色**：本案例主要向着幸福的方向去调整画面的色调，主要都是处于暖色调，调整后给人爱情幸福的感受。

■ **光盘路径**：素材\Part 1\Media\15\持子之手.jpg

明媚的日子

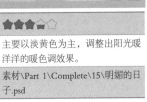

| 技法指数 | ★★★☆☆ |
| --- | --- |
| 风格解析 | 主要以淡黄色为主，调整出阳光暖洋洋的暖色调效果。 |
| 素材路径 | 素材\Part 1\Complete\15\明媚的日子.psd |

个性签名

| 技法指数 | ★★★★★ |
| --- | --- |
| 风格解析 | 画面为情侣奔跑，则以温馨暖色调为主，颜色偏紫偏黄，并添加模糊的迷幻效果。 |
| 素材路径 | 素材\Part 1\Complete\15\个性签名.psd |

微电影海报

| 技法指数 | ★★★★☆ |
| --- | --- |
| 风格解析 | 主要以粉色、蓝色为主，分别占据画面的一半，添加放大人物图像以增加幸福感。 |
| 素材路径 | 素材\Part 1\Complete\15\微电影海报.psd |

## ≫ 明媚的日子

01 执行"文件>打开"命令，打开"素材\Part 1\Media\15\持子之手.jpg"照片文件。单击"创建新的填充或调整图层"按钮 ◑，在弹出的菜单中选择"可选颜色"命令，创建出"选取颜色1"调整图层。然后在属性面板中，分别选择"白色"、"中性色"和"黄色"来设置其参数以调整图像的颜色。

TIPS

执行"图像>调整>可选颜色"命令同样可以设置参数以调整图像色调。

02 继续采用相同的方法，单击"创建新的填充或调整图层"按钮 ◑，应用"曲线"命令。在属性面板中分别对"RGB"通道、"红"通道和"蓝"通道的下方曲线处单击添加锚点，并拖动锚点调整曲线。完成后设置该调整图层的不透明度为"80%"。

03 继续按照相同的方法，创建出"通道混合器"调整图层，然后在其属性面板中分别选择"绿"通道、"红"通道和"蓝"通道，然后分别在其下方拖动滑块以调整参数。

04 继续单击"创建新的填充或调整图层"按钮 ◑，应用"色相/饱和度"命令。继续在属性面板中拖动饱和度的滑块，以增加图像的饱和度，使图像颜色更加鲜艳。

**05** 新建"图层1"，设置前景色为（R250，G219，B162），按快捷键Alt+Delete填充图层颜色为前景色。接着设置其混合模式为"滤色"。并为其添加图层蒙版，使用画笔工具 ✐ 进行涂抹。

### 技术拓展 | 添加填充图层

除了新建图层，设置前景色，接着填充图层颜色为前景色来达到颜色图层，我们可以直接创建出"颜色填充"填充图层，然后在该填充图层上直接设置前景色即可。

▲ 添加颜色图层之前。

▲ 新建"颜色填充1"填充图层，设置其填充颜色。

▲ 完成后，设置其混合模式及使用画笔工具涂抹图层蒙版。

▲ 得到相同的效果。

**06** 单击"创建新的填充或调整图层"按钮 ◑，创建出"选取颜色2"调整图层。然后在属性面板中，分别选择"中性色"和"黄色"，设置其参数以调整图像的颜色。

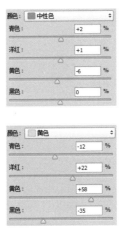

**07** 新建图层，然后设置前景色为黑色，然后执行"滤镜>选择>镜头光晕"命令，在弹出的对话框中进行调整。完成后，设置"图层2"的混合模式为"线性减淡（添加）"，并为其添加图层蒙版，使用画笔工具在图层蒙版上进行涂抹，恢复部分效果。至此，本实例制作完成。

## » 个性签名

**01** 执行"文件>打开"命令,打开"素材\Part 1\Media\15\
持子之手.jpg"照片文件。单击"创建新的填充或调
整图层"按钮 ●|,在弹出的菜单中选择"渐变映射"命令,
创建出"渐变映射1"调整图层。然后在属性面板中设置渐变
样式,并设置调整图层的混合模式及不透明度。

**02** 采用相同的方法,创建出"曲线1"调整图层和
"可选颜色1"填充图层,分别设置相应的参数,
以调整图像的整体色调效果。

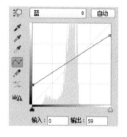

**03** 按快捷键Ctrl+Shift+Alt+E盖印图层,执行"滤
镜>模糊>动感模糊"命令,在对话框中设置参
数,完成后单击"确定"按钮。接着设置该图层的混合模
式为"滤色",不透明度为"87%",并添加图层蒙版,
使用画笔工具 ✓ 在图层蒙版上进行涂抹。

**04** 继续单击"创建新的填充或调整图层"按钮 ●|,
在弹出的菜单中选择"亮度/对比度"命令,创
出"亮度/对比度1"调整图层。然后在属性面板中拖动滑
块设置参数,调整图像的亮度及对比度。

**05** 单击"创建新的填充或调整图层"按钮 ，应用"自然饱和度"命令，接着在属性面板中设置"自然饱和度"参数为"+35"，"饱和度"为"-26"，调整画面颜色。

**06** 新建图层，接着设置前景色为（R249,G242,B222），执行"滤镜>渲染>纤维"命令进行调试，然后执行"滤镜>模糊>动感模糊"命令对其增加模糊感，接着设置该图层的混合模式、不透明度及填充参数。

**07** 使用画笔工具 ，在选项栏中适当设置画笔样式、大小及不透明度。然后分别在图像中绘制出红色虚线图像，以及图像上白色星形图像，增加图像整体的梦幻色彩。

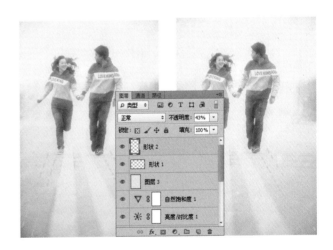

**TIPS 绘制星形图像**

读者可以直接去网上下载一些星形笔刷，然后在Photoshop中载入画笔笔刷即可在图像中绘制出星形图像。

**08** 接着单击横排文字工具 ，打开字符面板，在面板中适当设置画笔的样式、大小等选项。然后在画面中输入文字，双击主体文字图层，弹出"图层样式"对话框，在对话框中设置图层样式。至此，本实例制作完成。

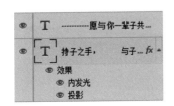

## » 微电影海报

**01** 执行"文件>打开"命令，打开"素材\Part 1\ Media\ 15\持子之手.jpg"照片文件。单击"创建新的填充或调整图层"按钮 ◐.，在弹出的菜单中选择"可选颜色"命令，创建出"选取颜色1"调整图层。然后在属性面板中设置参数以调整图像的颜色。

**02** 继续采用相同的方法，单击"创建新的填充或调整图层"按钮 ◐.，应用"色相/饱和度"命令，然后同样在属性面板中设置饱和度的参数，以降低图像的饱和度。

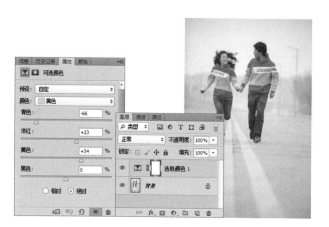

**03** 在图层面板中选择"背景"图层，然后使用快速选取工具 ☑ 在人物图像上进行涂抹，创建出人物选区，然后按快捷键Ctrl+J复制出人物图像的图层，然后按快捷键Ctrl+T调整图像的大小，完成后按下Enter键确定变换，接着设置该图层的不透明度为"26%"。

**04** 分别设置前景色为（R56，G102，B251），背景色为（R238，G50，B255），接着新建图层，然后使用画笔工具分别在图层的两侧涂抹前景色与背景色。涂抹好后，设置"图层1"的混合模式为"叠加"。

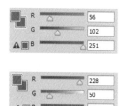

**05** 在图层面板中选择"背景"图层，然后将其拖动到图层面板下方的"创建新图层"按钮上，释放鼠标即可创建出"背景 副本2"图层，然后同样抠取出人物图像，将其移动到图层面板最上端。然后降低该图层的不透明度为"28%"。

**06** 按快捷键Ctrl+Shift+Alt+E盖印图层，生成"图层2"，执行"滤镜>选择>镜头光晕"命令，在弹出的对话框中设置参数及选项，并在预览框中拖动光晕调整其位置，然后单击"确定"按钮。设置"图层2"的不透明度为"80%"。

**07** 单击横排文字工具，在选项栏中单击"切换字符和段落面板"按钮，打开字符面板，在面板中设置文字的大小、字体等，然后在画面中输入文字。

**08** 使用套索工具在"爱"文字上创建出选区，然后使用移动工具调整这个文字的大小及位置。然后按快捷键Ctrl+Shfit+J将该文字自动生成一个新的图层。填充文字选区颜色为渐变颜色，渐变颜色为之前设置的粉色及蓝色。填充好后按快捷键Ctrl+D取消选区。

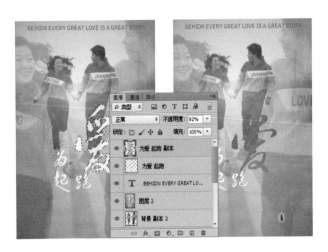

**09** 双击"为爱 起跑 副本"图层，打开"图层样式"对话框，然后在对话框的左侧选项栏中勾选"斜面与浮雕"复选框，然后在其右侧设置参数及选项等。完成后单击"确定"按钮，接着设置该图层的不透明度为"92%"。

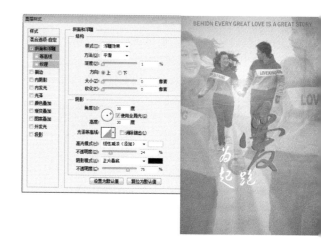

**10** 继续采用相同的方法，将"跑"字去除，然后单击横排文字工具 T，继续打开字符面板，在面板中更改文字字体、大小等。然后在图像中重新输入一个"跑"字。

**11** 在"跑"文字图层上单击鼠标右键，在弹出的快捷菜单中选择"栅格化文字"命令，然后执行"滤镜>风格化>风"命令，在弹出的"风"对话框中设置选项，然后单击"确定"按钮。我们可以看出在图像中"跑"字有了奔跑速度的感觉。

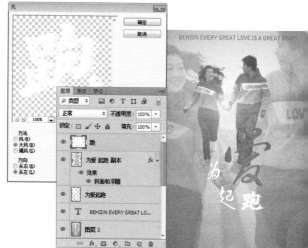

**12** 继续单击横排文字工具 T，然后在其选项栏中单击切换字符和段落面板" ▤ 按钮，打开字符面板，在面板中更改文字字体、大小等。然后在图像的下侧输入说明性文字。至此，本实例制作完成。

# 16 | 花样年华

相机型号：Canon EOS 5D　　曝光时间：1/125秒　　光圈值：f/4.0

**■ 摄影技巧：** 该照片以虚化人物之外区域，突出人物的姿势、表情。整体表现出人物的可爱。

**■ 后期润色：** 本案例主要是调出不同风格的色调，表现出不同感觉的魅力。

**■ 光盘路径：** 素材\Part 1\Media\16\花样年华.jpg

清丽风

| 魔法指数 | ★★★☆☆ |
|---|---|
| 风格解析 | 主要以亮丽蓝色为主，表现出清新的效果。亮度偏大，表现出明媚的效果，整体给人清新自然的感觉。 |
| 光盘路径 | 素材\Part 1\Com-plete\16\清丽风.psd |

甜美风

| 魔法指数 | ★★★☆☆ |
|---|---|
| 风格解析 | 主要以暖色调为主，整体画面的颜色是偏淡粉。这样既可表现出人物粉嫩柔和的效果，也可使整体画面给人淡雅可爱的感受。 |
| 光盘路径 | 素材\Part 1\Com-plete\16\甜美风.psd |

怀旧风

| 魔法指数 | ★★★★☆ |
|---|---|
| 风格解析 | 画面主要是以土黄色昏暗色调为主，添加一些破旧的修饰图像以增加怀旧老照片的氛围。 |
| 光盘路径 | 素材\Part 1\Com-plete\16\怀旧风.psd |

婉约风

| 魔法指数 | ★★★★☆ |
|---|---|
| 风格解析 | 主要以淡黄、淡蓝色为主，整体画面给人安静平和的感觉。 |
| 光盘路径 | 素材\Part 1\Com-plete\16\婉约风.psd |

## » 怀旧风

**01** 执行"文件>打开"命令，打开"素材\Part 1\Media\ 16\花样年华.jpg"照片文件。单击"创建新的填充或调整图层"按钮 ◎.，在弹出的菜单中选择"黑白"命令，创建"黑白1"调整图层。不用在属性面板中设置参数，图像以成黑白色调呈现。

**02** 在"黑白"的属性面板勾选"色调"复选框，然后单击其右侧的色块，弹出"颜色拾色器"对话框，在其中设置颜色为（R203，G192，B170）。然后可以看出图像以该颜色呈现。

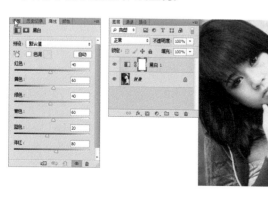

**技术拓展** **填充图层制作黑白调整图层色调**

可以引用黑白调整图层来制作单色调图像，也可以通过填充一个空白图层，然后设置其混合模式来达到相同的效果。

▲ 复制出"背景 副本"图层，然后按快捷键Shift+Ctrl+U去色。

▲ 去色后呈现黑白的色调。

▲ 新建图层，填充图层颜色。然后设置其混合模式为"颜色"。

▲ 得到相同的图像色调效果。

**03** 采用相同的方法，单击"创建新的填充或调整图层"按钮 ◎.，应用"色彩平衡"命令，创建出"色彩平衡1"调整图层，然后在属性面板中拖动滑块以调整参数。

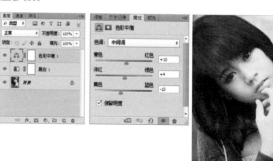

**04** 接着继续单击"创建新的填充或调整图层"按钮 ◎.，在弹出的菜单中选择"色阶"命令，创建出"色阶1"调整图层。然后在属性面板中拖动滑块以设置参数，以调整图像的色调。

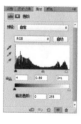

**05** 按快捷键Ctrl+Shift+Alt+E盖印图层，生成"图层1"，执行"滤镜>渲染>纤维"命令，在弹出的对话框中拖动滑块以调整参数。完成后单击"确定"按钮，可见图像以黑白线段占据整个图像。

**06** 接着执行"图像>调整>阈值"命令，在弹出的对话框中滑动滑块来调整参数。完成后单击"确定"按钮。接着设置"图层1"的混合模式为"颜色加深"，不透明度为"56%"。然后单击图层面板下侧的"添加图层蒙版"按钮，为其添加图层蒙版，然后使用画笔工具 在图像上涂抹，恢复其颜色。

**07** 继续盖印图层，生成"图层 2"设置前景色颜色为（R171，G97，B0），然后按快捷键Alt+Delete填充图层颜色为前景色。然后设置"图层2"的混合模式为"柔光"，不透明度为"50%"。至此，本实例制作完成。

TIPS

若要创建一个黑色的图层蒙版，可以按住Alt键再单击"添加图层蒙版"按钮，即可创建出黑色的图层蒙版。

TIPS

若需要填充不透明度为50%的图层颜色，可以直接使用油漆桶工具，在其选项栏中设置不透明度然后填充即可。

## » 清丽风

**01** 执行"文件>打开"命令，打开"素材\Part 1\Media\16\花样年华.jpg"照片文件。单击"创建新的填充或调整图层"按钮 ，在弹出的菜单中选择"可选颜色"命令，创建出"选取颜色1"调整图层。然后在属性面板中，分别选择"白色"、"红色"、"绿色"、"黑色"和"黄色"并设置其参数。

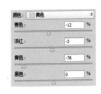

02 按照相同的方法，继续单击"创建新的填充或调整图层"按钮 ◎，在弹出的菜单中选择"可选颜色"命令，创建出"选取颜色2"调整图层。并同样设置其参数。

03 采用相同的方法，创建出"曲线1"调整图层，在其属性面板中分别选择"蓝通道"、"红通道"和"绿通道"，在其下方单击添加锚点，并拖动锚点调整曲线。完成后设置该调整图层的不透明度为"75%"。

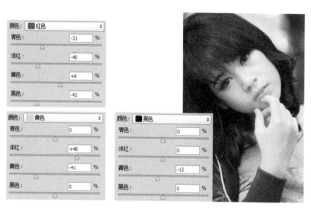

04 接着继续创建出"选取颜色 3"调整图层。然后在属性面板中。分别选择"红色"、"中性色"、"黑色"和"黄色"，然后分别在其下方拖动滑块来设置其参数。完成后调整该调整图层的不透明度为"48%"。

05 新建"图层1"，设置前景色颜色为淡蓝色，然后按快捷键Ctrl+Alt+2，创建出高光选区。接着按快捷键Alt+Delete填充选区颜色为前景。接着按快捷键Ctrl+D，取消选区。完成后，设置"图层1"的不透明度为"54%"。

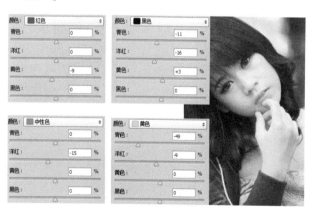

06 接着继续新建图层，生成"图层2"，然后填充图层颜色为之前所设置的淡蓝。接着设置"图层2"的混合模式为"滤色"，不透明度为"78%"。按住Alt键单击图层面板下层的"添加图层蒙版" □ 按钮，为图层添加一个黑色的图层蒙版。最后使用画笔工具 ✐ 在图像上涂抹，恢复其颜色。

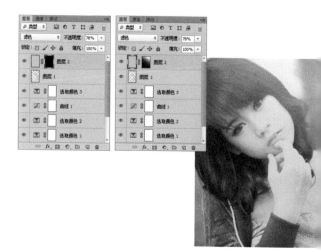

07 按快捷键Ctrl+Shift+Alt+E盖印图层，生成"图层 3"，可重命名为"磨皮"。然后执行"滤镜>imagenomic>Portraiture"命令，在弹出的对话框中进行适当的设置。完成后为图层添加图层蒙版，使用画笔工具进行适当涂抹。

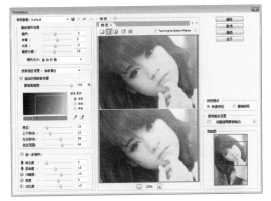

08 继续采用相同的方法盖印图层，然后执行"滤镜>模糊>动感模糊"命令，在弹出的对话框中设置参数。完成后单击"确定"按钮。接着设置该图层的混合模式为"叠加"，不透明度为"45%"。至此，本实例制作完成。

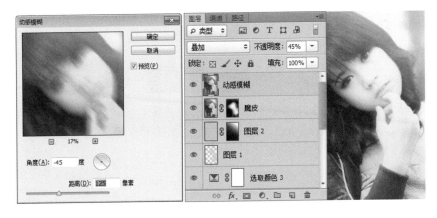

## 》 甜美风

01 执行"文件>打开"命令，打开"素材\Part 1\Media\16\花样年华.jpg"照片文件。按快捷键Ctrl+J，复制出"图层1"。然后执行"滤镜>imagenomic>Portraiture"命令，在弹出的对话框中设置参数。

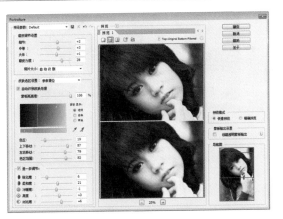

02 单击"创建新的填充或调整图层"按钮 ，在弹出的菜单中选择"可选颜色"命令，创建出"选取颜色1"调整图层。然后在属性面板中分别选择几种颜色选项，然后在其下方拖动滑块以设置参数。完成后使用画笔工具 在图像的适当区域进行涂抹，恢复其颜色

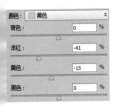

**03** 继续创建出"选取颜色 2"调整图层，然后在属性面板中选择"红色"和"黄色"选项，然后分别设置其参数。

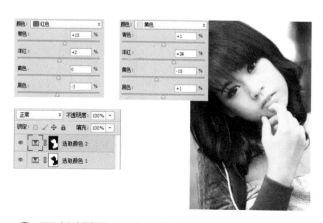

**04** 采用相同的方法，继续单击"创建新的填充或调整图层"按钮 ◯，在弹出的菜单中选择"色相/饱和度"命令，创建出"色相/饱和度1"调整图层。然后在属性面板中拖动滑块以设置参数，以调整图像的色调。接着使用画笔工具 ✐ 在图像的适当区域进行涂抹，恢复其颜色。

**05** 新建图层，生成"图层 2"。然后设置前景色为粉色。按快捷键Alt+Delete填充图层颜色为前景色。接着设置该图层的混合模式为"柔光"，不透明度为"49%"。

**06** 继续采用相同的方法，创建出"渐变填充1"填充图层。双击填充图层，在弹出的对话框中设置渐变样式及其他的选项和参数。完成后单击"确定"按钮。接着设置填充图层的混合模式为"柔光"，不透明度为"59%"，填充为"74%"。

**07** 按快捷键Ctrl+Shift+Alt+E盖印图层，生成"图层 3"。然后执行"滤镜>锐化>智能锐化"命令，在弹出的对话框中适当的设置参数。完成后执行"图像>调整>阴影/高光"命令，在弹出的对话框中设置参数。完成后单击"确定"按钮。

**08** 接着单击"创建新的填充或调整图层"按钮 ，在弹出的菜单中选择"渐变映射"命令，创建出"渐变映射1"调整图层。在属性面板中设置渐变颜色，再设置该调整图层的混合模式为"叠加"，不透明度"28%"。接着创建出"色彩平衡"和"可选颜色"调整图层并设置其参数，以调整图像的色调。至此，本实例制作完成。

## 婉约风

**01** 执行"文件>打开"命令，打开"素材\Part 1\Media\16\花样年华.jpg"照片文件。复制出"背景 副本"图层。然后执行"滤镜>imagenomic>Portraiture"命令，在弹出的对话框中进行适当的设置。完成后为副本图层添加图层蒙版，使用画笔工具 在图像上涂抹，恢复其颜色。

TIPS

可以在通道中选择"红通道"，然后执行的命令即只针对该通道生效。

**技术拓展** 使用通道混合器来调整图像

这种淡雅清新的色调，除了使用应用图像来实现外，还可以创建出"通道混合器1"调整图层，设置其参数。然后适当设置调整图层的混合模式及不透明度以达到相同的效果。

▲ 在"通道混合器1"的属性面板中设置参数。

▲ 设置混合模式为"滤色"，不透明度为"45%"。 ▲ 得到相同的效果图像。

**02** 按快捷键Ctrl+Shift+Alt+E盖印图层，生成"图层1"。然后执行"图像>应用图像"命令，在弹出的"应用图像"对话框中，选择"红通道"，然后设置混合模式为"滤色"。完成后单击"确定"按钮，以调整图像的色调效果，使颜色更加的淡雅清新。

**03** 按快捷键Ctrl+Shift+Alt+E盖印图层，生成"图层2"，然后执行"图像>应用图像"命令，在弹出的对话框中选择"绿通道"，设置混合模式为"正片叠底"。完成后单击"确定"按钮。

**04** 接着继续单击"创建新的填充或调整图层"按钮 ◐ ，在弹出的菜单中选择"色相/饱和度"命令，创建出"色相/饱和度1"调整图层。然后在属性面板中拖动滑块以设置参数，以调整图像的色调。接着用画笔工具 ✍ 在图像的适当区域进行涂抹，恢复其颜色。

**05** 采用相同的方法，创建出"色彩平衡2"调整图层，然后在属性面板中拖动"饱和度"下侧的滑块以设置其参数。完成后填充图层蒙版颜色为黑色，接着设置前景色为白色，使用画笔工具 ✍ 在图像的适当区域进行涂抹，恢复其颜色。

**06** 按快捷键Ctrl+Shift+Alt+E盖印图层，生成图层并重命名。执行"滤镜>模糊>高斯模糊"命令，在弹出的对话框中设置其"半径"为5像素，完成后单击"确定"按钮。然后设置该图层的混合模式为"浅色"。

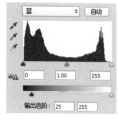
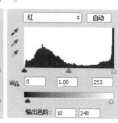
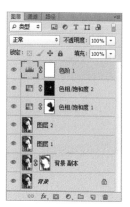

**07** 继续按照相同的方法，创建出"色彩平衡1"调整图层，然后在属性面板中分别选择"阴影"和"中间调"色调，分别设置其相应的参数。完成后同样用画笔工具在图像的适当区域进行涂抹，恢复其颜色。

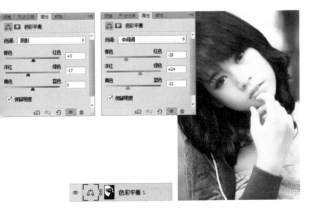

**08** 继续创建出"色相/饱和度3"调整图层。然后在属性面板中拖动滑块以调整参数。

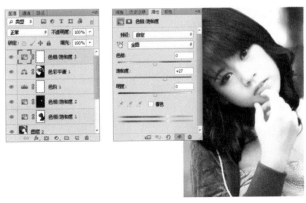

**09** 按快捷键Ctrl+Shift+Alt+E盖印图层，生成"图层 3"。然后设置前景色为（R250，G217，B165），然后按快捷键Alt+Delete填充图层颜色为前景色。然后设置图层的混合模式为"变暗"，不透明度为"35%"和填充为"73%"。

**TIPS**

在"色相/饱和度"属性面板中，有个"着色"复选框，若勾选该选项，可以为图像转变为单色调的图像，如同去掉原来的颜色，只着了一种颜色到图像中。

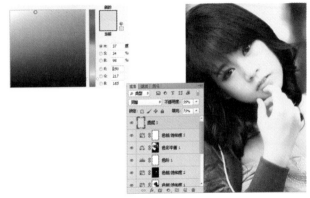

**10** 继续按快捷键Ctrl+Shift+ Alt+E盖印图层，生成"图层3"，然后执行"滤镜>锐化>动智能锐化"命令，在弹出的对话框中设置参数。完成后单击"确定"按钮。至此，本实例制作完成。

# 17 | 桃李容华

相机型号：Canon EOS 5D Mark II　曝光时间：1/125秒　光圈值：f/7.5

▌**摄影技巧**：拍摄室内照片时，结合较为暗淡的背景能够很好的凸显出暗淡忧伤的氛围。

▌**后期润色**：通过人物端庄的装束，我们可以联想到复古、忧伤等色调风格。

▌**光盘路径**：素材\Part 1\Media\17\桃李容华.jpg

忧伤情怀

| 魔法指数 | ★★★★☆ |
|---|---|
| 风格解析 | 主要以冷色调为主，颜色是偏蓝偏暗的。给人一种寒冷的感受，整体画面相对要偏暗，带点沉重的色彩。表达出忧伤的感情。 |
| 光盘路径 | 素材\Part 1\Com-plete\17\忧伤情怀.psd |

CG画

| 魔法指数 | ★★★★★ |
|---|---|
| 风格解析 | 主要制作出类似手工绘画上去的感觉。主要运用滤镜来涂抹出绘画效果。并整体调整亮度。给人柔美的感觉。 |
| 光盘路径 | 素材\Part 1\Com-plete\17\CG画.psd |

恬静唯美

| 魔法指数 | ★★★☆☆ |
|---|---|
| 风格解析 | 主要以偏黄色为主，属于暖色调，柔化整体画面，色调要相对较淡，这样可以给人平静唯美的感觉。 |
| 光盘路径 | 素材\Part 1\Com-plete\17\恬静唯美.psd |

复古情怀

| 魔法指数 | ★★★★☆ |
|---|---|
| 风格解析 | 复古色调应该是属于昏暗的，颜色以偏黄偏紫为主。整体给人暗沉的感觉。 |
| 光盘路径 | 素材\Part 1\Com-plete\17\复古情怀.psd |

# ❯ 恬静唯美

**01** 执行"文件>打开"命令，打开"素材\Part 1\Media\17\桃李容华.jpg"照片文件。单击"创建新的填充或调整图层"按钮 ◎.，应用"可选颜色"命令并设置参数。完成后，使用画笔工具 ✎.在图像的适当区域进行涂抹，恢复其颜色。

**02** 继续单击"创建新的填充或调整图层"按钮 ◎.，在弹出的菜单中选择"亮度/对比度"命令，创建出"亮度/对比度1"调整图层。然后在属性面板中设置参数，以调整图像的亮度及对比度效果。

**03** 采用相同的方法，单击"创建新的填充或调整图层"按钮 ◎.，在弹出的菜单中选择"色阶"命令，创建出"色阶1"调整图层。然后在属性面板中设置参数，以调整图像的色调。

❯ **技术拓展** 结合阴影/高光和自然饱和度调整图像的亮度和对比度

调整图像的亮度和对比度不止只使用"亮度/对比度"调整图层来实现。我们也可以结合"阴影/高光"命令及"自然饱和度"调整来达到相同的效果。

▲ 阴影/高光对话框参数。

▲ 调整后的效果图。

▲ 创建"自然饱和度"调整图层。

▲ 得到相同效果图像。

**04** 按照相同的方法，创建出"黑白1"调整图层，然后在属性面板中勾选"色调"复选框，然后单击其右侧的色块，打开"颜色拾色器"对话框，在其中设置前景色颜色。完成后，设置该调整图层的混合模式为"柔光"，"不透明度"为41%，以对画面颜色稍做调整。

**05** 继续续单击"创建新的填充或调整图层"按钮 ，应用"渐变填充"命令。双击该填充图层，在弹出的对话框中设置渐变颜色及其他的颜色及选项。完成后设置该填充图层的混合模式为"叠加"，不透明度为"32%"。以对画面颜色稍做调整。

**06** 按快捷键Ctrl+Shift+Alt+E盖印图层，生成"图层1"，单击鼠标右键，在弹出的菜单中选择"转换为智能对象"命令，然后执行"图像>调整>阴影/高光"命令，在弹出的对话框中适当的设置参数以调整图像的阴影及高光的效果。

**07** 单击"创建新的填充或调整图层"按钮 ，在弹出的菜单中选择"可选颜色"命令，创建出"选取颜色2"调整图层。然后在属性面板中，分别选择"白色"、"中性色"、"绿色"和"黄色"，分别拖动下方的滑块以调整相应的参数。调整图像的颜色。至此，本实例制作完成。

## 》 复古情怀

**01** 执行"文件>打开"命令，打开"素材\Part 1\Media\ 17\桃李容华.jpg"照片文件。新建"图层"，填充图层颜色为暗黄色。接着设置其混合模式及不透明度。完成后复制出"图层1 副本"图层。更改其混合模式及不透明度。

**02** 单击"创建新的填充或调整图层"按钮 ⊙，在弹出的菜单中选择"色相/饱和度"命令，创建出"色相/饱和度1"调整图层。然后在属性面板中设置适当的参数。完成后使用画笔工具 ✐ 在图层蒙版上进行涂抹，恢复其颜色。

**03** 按快捷键Ctrl+Shift+Alt+E盖印图层，使用加深工具 ◉ 在图像的适当区域进行涂抹。接着新建"图层2"。使用黑色画笔工具 ✐ 在该区域四周进行适当的涂抹，绘制出阴影效果。

**04** 继续单击"创建新的填充或调整图层"按钮 ⊙，在弹出的对话框中选择"自然饱和度"命令。创建出"自然饱和度1"调整图层，同样在属性面板中拖动自然饱和度和饱和度下方的滑块以设置参数，以提高图像的饱和度。至此，本实例制作完成。

## » 忧伤情怀

**01** 执行"文件>打开"命令，打开"素材\Part 1\ Media\ 17\桃李容华.jpg"照片文件。单击图层面板下侧的"创建图层"🔲按钮，创建出"图层1"，填充图层颜色为深蓝色。然后设置其混合模式为"柔光"，不透明度为"80%"。

**02** 单击"创建新的填充或调整图层"按钮🔘，在弹出的菜单中选择"色阶"命令，创建出"色阶1"调整图层。然后在属性面板中选择RGB通道，然后拖动其下方滑块设置参数，以调整图像的色调。

**03** 接着继续单击"创建新的填充或调整图层"按钮🔘，在弹出的菜单中选择"色相/饱和度"命令，创建出"色相/饱和度1"调整图层。然后在属性面板中拖动滑块以设置参数，以调整图像的色调。

**04** 继续采用相同的方法，创建出"曲线1"调整图层，然后在属性面板中分别选择RGB通道和蓝通道，在其下方单击添加锚点，并拖动锚点调整曲线。完成后设置该调整图层的混合模式为"强光"，"不透明度"为39%。

**05** 按快捷键Ctrl+Shift+Alt+E盖印图层，生成"图层 2"。按快捷键Ctrl+Shift+U去色。然后设置"图层2"的混合模式为"叠加"，不透明度为"60%"，填充为"78%"。

**06** 继续采用相同的方法，创建出"自然饱和度1"调整图层。然后在属性面板中，设置"自然饱和度"的参数为"+43"，"饱和度"的参数为"-15"。

**07** 继续按照相同的方法，创建出"色彩平衡1"调整图层，并在属性面板中适当地设置参数。

**▶ 技术拓展 使用色相/饱和度去除图像颜色**

去除图像的颜色其实有很多方法，在上一步中，我们是盖印图层，然后执行去色命令。我们可以直接创建出"色相/饱和度"调整图层，然后在属性面板中直接设置"饱和度"的参数为"-100"即可达到去除颜色的效果。

▲ 创建"色相/饱和度2"调整图层。　▲ 在属性面板中设置参数。

▲ 设置调整图层的混合模式、不　▲ 得到相同效果的图像。
透明度及填充。

**08** 单击图层面板下侧的"创建图层"□按钮，创建出"图层3"。然后设置前景色为暗黄色。接着按快捷键Alt+Delete填充图层颜色为前景。完成后设置"图层3"的混合模式为"叠加"，不透明度为33%。

**09** 按快捷键Ctrl+Shift+Alt+E盖印图层，生成"图层4"。然后执行"滤镜>杂色>添加杂色"命令，在弹出的"添加杂色"对话框中设置参数及选项。完成后单击对话框右上角的"确定"按钮。

**10** 继续执行"滤镜>模糊>高斯模糊"命令，在弹出的对话框中设置其"半径"为3像素，完成后单击"确定"按钮。使杂色模糊起来。

**11** 接着设置"图层4"的混合模式为"柔光"，填充为63%。这样看起来杂色就不那么明显，为图像添加了点缀的效果。至此，本实例制作完成。

 TIPS

　　对于这种添加了杂色的图像，可以降低其填充参数，使杂色不那么明显。若我们直接降低不透明度的参数，效果也一样。

# ▶ CG画

**01** 执行"文件>打开"命令，打开"素材\Part 1\
Media\ 17\桃李容华.jpg"照片文件。单击图层
面板下侧的"创建图层" 按钮，创建出"图层1"执行
"滤镜>滤镜库"命令，在对话框中选项"绘画涂抹"和
"阴影线"滤镜。分别设置其参数。

**02** 按快捷键Ctrl+J，复制出"图层 1 副本"图层，然
后双击图层上面的滤镜库标示，打开滤镜库，删
除"阴影线"滤镜，然后单击"确定"按钮。完成后设置
"图层 1 副本"图层的混合模式为"变亮"。

在应用滤镜之前，可以先将图层转换为智能对象，这样可自
动存储并查看滤镜参数。

**03** 新建"图层 2"，然后执行"滤镜>模糊>高斯
模糊"命令，在弹出的对话框中设置参数并单击
"确定"按钮。完成后，设置"图层 2"混合模式为"滤
色"，"不透明度"为34%。

**04** 采用相同的方法，创建出"图层 2 副本"图层，
然后更改其混合模式及不透明度。完成后单击
"创建新的填充或调整图层"按钮 ，应用"纯色"命
令，创建出"颜色填充1"调整图层。设置填充颜色。完成
后调整混合模式及不透明度，并使用画笔工具 在图层蒙
版上进行涂抹。

**05** 按快捷键Ctrl+Shift+Alt+E盖印图层，生成"图层 3"，执行"滤镜>锐化>智能锐化"命令，在弹出的对话框中适当的设置参数，完成后单击"确定"按钮。接着设置"图层 3"的混合模式为"滤色"。并为其添加图层蒙版，然后使用画笔工具在蒙版上进行涂抹，恢复其颜色。

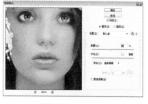

**06** 采用相同的方法单击"创建新的填充或调整层"按钮，在弹出的菜单中选择"纯色"令。创建出"颜色填充2"填充图层，然后设置颜色(R13，G49，B94)。完成后设置该填充图层的混合模式"差值"，"不透明度"为20%。

**07** 继续采用相同的方法，创建出"颜色填充 3"填充图层。双击该填充图层，弹出"颜色拾色器"对话框，在对话框中设置颜色为(R248，G254，B201)，完成后设置该填充图层的混合模式为"柔光"，"不透明度"为64%，以调整画面颜色。然后使用画笔工具在图像的适当区域进行涂抹，恢复其颜色。

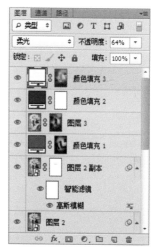

**08** 单击椭圆工具，在其选项栏中选择"形状"选项，设置描边颜色为白色。在图像中先绘制出一个椭圆形状滤镜，然后在选项栏中选择"合并形状"选项，继续在图像中绘制椭圆形状。

**TIPS**

先绘制一个形状，在选项栏中选择"合并形状"选项，然后继续绘制椭圆形状。这样的话，形状会在一个图层上。

09 单击图层面板下侧的"创建图层" 按钮，创建出"图层1"。设置前景色为白色，然后单击画笔工具，在其选项栏中打开"画笔预设选取器"，在选取器中选择柔角画笔，适当的调整画笔大小，然后降低画笔的不透明度，再在人物皮肤高光区进行涂抹，提高高光效果。

10 单击"创建新的填充或调整图层"按钮 ，在弹出的菜单中选择"色阶"命令，创建出"色阶1"调整图层。然后在属性面板中设置参数，以调整图像的色调。填充图层蒙版为黑色，接着用画笔工具 在图像的适当区域进行涂抹，恢复其颜色。完成后降低该调整图层的"不透明度"为67%。

11 按快捷键Shift+Ctrl+Alt+E盖印图层，生成"图层5"。接着设置该图层的混合模式为"强光"，"不透明度"为76%，"填充"为73%。将图像的整体色调提亮，使图像的高光区域更加的明显。

12 继续盖印图层，执行"滤镜>风格化>查找边缘"命令，接着执行"图像>调整>去色"命令。按住Ctrl键单击"蓝"通道载入黑色线条选区，接着为图层添加图层蒙版。完成后设置图层的混合模式为"颜色加深"，使线条图像应用于背景图像中。至此，本实例制作完成。

# 18 | 轻倚修竹

相机型号：Canon EOS 5D Mark II　曝光时间：1/250秒　光圈值：f/3.5

▌**摄影技巧**：该照片主要以正前方无闪光拍摄。整体画面并没有多少昏暗区域，人物与背景占用区域均匀。

▌**后期润色**：通过人物的着装与幽雅的竹林的搭配，会联想到复古情怀等风格色调。

▌**光盘路径**：素材\Part 1\Media\18\轻倚修竹.jpg

精灵神话

| 魔法指数 | ★★★🏠☆ |
|---|---|
| 风格解析 | 主要以绿色为主，表现出树林的氛围。柔美人物，丰富光影，表现出精灵在林中舞蹈的唯美画面。适当地调整区域明暗度，突出人物神采。 |
| 光盘路径 | 素材\Part 1\Com-plete\18\精灵神话.psd |

冷艳隔绝

| 魔法指数 | ★★★☆☆ |
|---|---|
| 风格解析 | 整体色调主要以冷色调为主。以淡雅粉紫色作为主色进行调整。表现出林中女子冷艳绝伦的感觉。 |
| 光盘路径 | 素材\Part 1\Com-plete\18\冷艳隔绝.psd |

复古情怀

| 魔法指数 | ★★★🏠☆ |
|---|---|
| 风格解析 | 复古色调应该是属于昏暗的，颜色以偏黄偏紫为主。整体给人暗沉的感觉，表现出怀旧的情怀。 |
| 光盘路径 | 素材\Part 1\Com-plete\18\复古情怀.psd |

游戏海报

| 魔法指数 | ★★★★★ |
|---|---|
| 风格解析 | 游戏属于虚幻的，颜色以偏紫为主。增加一些云层迷雾的效果，给人更加迷幻的感觉。 |
| 光盘路径 | 素材\Part 1\Com-plete\18\游戏海报.psd |

# » 复古情怀

**01** 执行"文件>打开"命令，打开"素材\Part 1\Media\ 18\轻倚修竹.jpg"照片文件。采用相同的方法，单击 "创建新的填充或调整图层"按钮 ⊙.，应用"黑白"命令。然后在属性面板中勾选"色调"选项，并单击右侧色块，设置颜色为（R245, G227, B185）。然后调整该图层的混合模式。

**02** 恢复前景色与背景色默认的黑色与白色。新建 "图层 1"，然后执行"滤镜>渲染>云彩"命令，设置"图层 1"的混合模式为"叠加"，"不透明度"为39%。然后为其添加图层蒙版，再使用画笔工具 ✐ 在图层蒙版上进行涂抹，恢复其颜色。

**03** 接着继续单击"创建新的填充或调整图层"按钮 ⊙.，在弹出的菜单中选择"可选颜色"命令，创建出"选取颜色 1"调整图层。然后在属性面板中分别选择"绿色"、"白色"等颜色选项，然后拖动其下方的滑块以设置参数，调整图像的色调。

**04** 继续采用相同的方法，创建出"色彩平衡 1"调整图层，然后在属性面板中设置适当的参数。完成后降低调整图层的"不透明度"为74%。

**05** 新建"图层 2"，设置前景色颜色为（R0，G80，B200）。按快捷键Alt+Delete填充图层颜色为前景色。设置图层的混合模式为"柔光"，"不透明度"为66%。然后继续新建图层，生成"图层 3"。更改前景色颜色为白色，使用柔角画笔工具 ✐ 在人物皮肤的高光区域进行涂抹，增强其高光效果。

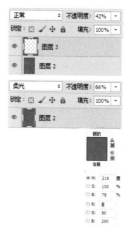

TIPS

在属性面板中，有一个"自动"按钮。单击该按钮，Photoshop会自动分析图像的亮度及对比度，然后自动进行调整。

**06** 接着继续单击"创建新的填充或调整图层"按钮 ◔|，在弹出的菜单中选择"色相/饱和度"命令，创建出"色相/饱和度1"调整图层。然后在属性面板中拖动滑块以设置参数，调整图像的色调。

**07** 按照相同的方法，创建出"亮度/对比度1"调整图层。然后在属性面板中拖动滑块以调整参数。

**08** 按快捷键Ctrl+Shift+Alt+E盖印图层，生成"图层 4"，然后执行"滤镜>imagenomic>Portraiture"命令，在弹出的对话框中设置参数。完成后单击"确定"按钮，然后为该图层添加图层蒙版，使用画笔工具 ✐ 在图像的适当区域进行涂抹。至此，本实例制作完成。

# 精灵神话

01 执行"文件>打开"命令，打开"素材\Part 1\Media\ 18\轻倚修竹.jpg"照片文件。复制"背景"图层得到"背景 副本"图层。然后创建"色相/饱和度 1"调整图层并设置其参数。使用快速选取工具创建出人物选区，然后为该图层创建剪贴蒙版。

02 单击"创建新的填充或调整图层"按钮 ⊙.，在弹出的菜单中选择"色阶"命令，创建出"色阶 1"调整图层。然后在属性面板中设置参数。完成后，按住 Shift+Alt键在"色阶 1"调整图层与"色相/饱和度 1"调整图层之间单击，创建出剪贴蒙版。

03 单击图层面板下方的"创建图层" ◘ 按钮，创建出"图层1"。设置前景色为白色，使用画笔工具 ✐ 在图像左上角进行涂抹，绘制出光影效果。完成后，为"图层1"添加图层蒙版，再使用画笔工具 ✐ 在图像的适当区域进行涂抹，隐藏多余图像。

04 继续单击"创建新的填充或调整图层"按钮 ⊙.，应用"渐变填充"命令。双击该填充图层，弹出"渐变填充"对话框，然后在对话框中设置渐变样式及其他的参数和选项。完成后，设置该填充图层的混合模式为"柔光"，同样使用画笔工具 ✐ 在图像的适当区域进行涂抹，恢复其颜色。

TIPS

　　在绘制出光影效果的时候，我们选择的主要颜色都是偏黄的，这样更符合现实中阳光的光影色彩。

**05** 打开本书配套光盘中的"蝴蝶.png"图像文件。然后使用移动工具将其移动到当前图像文件中。复制多个蝴蝶图像，并适当调整蝴蝶图像的位置及大小。接着新建图层组，将蝴蝶图像全部移动到该图层组中。然后设置图层组"组1"的混合模式为"划分"，"不透明度"为80%。

**06** 在图层面板中选择"背景"图层，然后复制"背景"图层，得到"背景 副本 2"图层，将其移动到图层面板最上层。然后执行"滤镜>imagenomic>Portraiture"命令，在弹出的对话框中设置参数。为该图层添加图层蒙版。

**07** 继续单击"创建新的填充或调整图层"按钮 ◯，在弹出的菜单中选择"色相/饱和度"命令，创建出"色相/饱和度2"调整图层。然后在属性面板中拖动滑块以设置参数，调整图像的色调。

**08** 继续采用相同的方法，创建出"曲线 1"调整图层。然后在属性面板中，选择RGB通道，在其上方曲线上单击，添加锚点。然后拖动锚点以调整曲线，从而调整图像色调。

09 按快捷键Ctrl+Shift+Alt+E盖印图层，生成"图层1"。执行"滤镜>模糊>动感模糊"命令。在弹出的对话框中设置参数，完成后单击"确定"按钮。接着设置"图层2"的混合模式为"颜色加深"。然后添加图层蒙版，并在其上进行涂抹。

10 继续采用相同的方法，盖印出"图层3"。然后执行"滤镜>模糊>高斯模糊"命令，在弹出的对话框中设置参数。完成后单击"确定"按钮。接着设置该图层的混合模式为"柔光"，"不透明度"为48%。

11 接着单击"创建新的填充或调整图层"按钮，在弹出的菜单中选择"色相/饱和度"命令，创建出"色相/饱和度3"调整图层。然后在属性面板中拖动滑块以设置参数，调整图像的色调。

12 单击图层面板下方的"创建图层"按钮，创建出"图层1"。然后设置前景色为白色，单击画笔工具，在选项栏中适当设置画笔的样式及不透明度等属性。然后在图像的适当区域进行涂抹。至此，本实例制作完成。

## 冷艳隔绝

01 执行"文件>打开"命令，打开"素材\Part 1\Media\ 18\轻倚修竹.jpg"照片文件。按快捷键Ctrl+J复制出"图层1"。在通道面板中选择"绿"通道，按快捷键Ctrl+A全选，并按快捷键Ctrl+C复制通道，接着选择"蓝"通道并按快捷键Ctrl+V粘贴图像。

**02** 单击图层面板下方的"创建新的填充或调整图层"按钮 ◐.，应用"照片滤镜"和"可选颜色"命令，分别在属性面板中设置其相应的参数，使图像的整体色调偏紫偏粉。

**03** 继续采用相同的方法创建出"自然饱和度 1"、"选区颜色 2"和"通道混合器 1"调整图层，接着在属性面板中设置其相应的参数，使图像的整体饱和度提高，调整人物脸部皮肤使之呈现偏粉的色调。接着使用画笔工具 ✐ 在图层蒙版上进行涂抹，隐藏多余图像色调效果。

**04** 盖印图层，执行"图像>调整>阴影/高光"命令，在弹出的对话框中设置相应的参数。完成后创建出"自然饱和度"调整图层，在属性面板中设置参数，降低图像的饱和度。至此，本实例制作完成。

## » 游戏海报

**01** 执行"文件>打开"命令，打开"素材\Part 1\Media\18\轻倚修竹.jpg"照片文件。将"背景"图层拖动到图层面板下侧的"创建新图层" 🔲 按钮上，释放鼠标，即可复制出"背景 副本"图层。然后使用快速选取工具 ✐ 创建出人物选区。然后单击图层面板下侧的"添加图层蒙版" 🔲 按钮，创建图层蒙版。

在图层蒙版中，黑色区域表示不显示的效果区域，白色区域才是留下来的效果区域。

02 单击"创建新的填充或调整图层"按钮 ，在弹
出的菜单中选择"曲线"命令，创建出"曲线 1"
调整图层。然后在属性面板中设置参数，以调整图像的色
调。然后按住Shift+Alt键在"曲线 1"调整图层与"背景
副本"图层之间单击，创建出剪贴蒙版。

03 选择"背景 副本"图层，按快捷键Ctrl+J复制出
"背景 副本 2"图层，将其移动到图层面板最顶
层。然后按住Ctrl键单击"背景 副本"图层的图层蒙版，
创建出人物选区，按快捷键Shift+Ctrl+I反选选区。然后单
击图层面板下方的"添加图层蒙版" 按钮创建出图层
蒙版。

04 接着单击"创建新的填充或调整图层"按钮 ，
在弹出的菜单中选择"色相/饱和度"命令，创建
出"色相/饱和度1"调整图层。然后在属性面板中设置参
数。完成后继续采用相同的方法为其创建剪贴蒙版。

05 单击画笔工具，在其选项栏中打开"画笔预设选
取器"，在选取器中单击右上角的扩展按钮，在
其中载入"云朵.abr"画笔笔刷。设置前景色为白色。适当
调整画笔大小及不透明度，然后新建图层，接着在图像上
进行适当的涂抹，绘制出云层效果。最后为该图层添加图
层蒙版，设置前景色为黑色，在图层蒙版上对人物部分进
行适当涂抹，以减小蒙版对人物的影响。

**06** 继续采用相同的方法，单击"创建新的填充或调整图层"按钮 ⊘，应用"渐变填充"命令，双击该填充图层，在弹出的对话框中适当设置渐变样式及其他参数和选项。完成后调整填充图层的不透明度。然后使用画笔工具 ✍ 在图像的适当区域进行涂抹，恢复其颜色。

**07** 单击横排文字工具 T，在选项栏中打开"字符"面板，在面板中适当设置文字的格式、大小、颜色等。然后在图像的右下角输入文字，在图层面板中新建图层组，将该文字图层移动到该图层中。

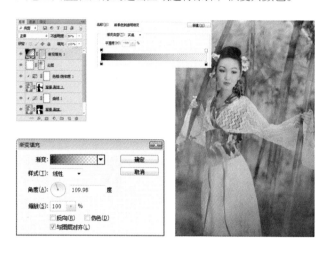

TIPS

有时更改图层显示颜色以便查看。

**08** 双击文字图层，打开"图层样式"对话框，在对话框的左侧样式选项栏中勾选所需的图层样式。然后分别在其右侧相对应的选项栏中设置选项及参数。完成后单击"确定"按钮。接着设置文字图层的填充值为0%。

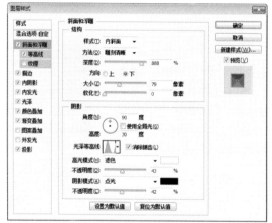

**09** 接着采用相同的方法，单击图层面板下方的"创建新的填充或调整图层"按钮 ⊘。创建出"色相/饱和度"、"色阶"和"自然饱和度"调整图层。接着按住Alt键在图层之间单击创建剪贴蒙版，然后分别在属性面板中设置参数。调整文字色调。

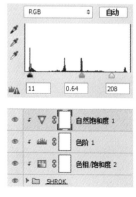

**10** 继续使用横排文字工具 T 在图像中输入小文字。并为其添加"投影"图层样式。完成后将本书配套光盘中"光线.png"文件移动到当前图像文件中。接着创建"色阶 2"和"色相/饱和度 3"，调整图层并在属性面板中设置参数。

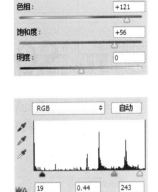

**11** 按快捷键Ctrl+Shift+Alt+E盖印图层，生成"图层 2"。执行"滤镜>imagenomic> Portraiture"命令，在弹出的对话框中设置参数。完成后单击"确定"按钮。为该图层添加图层蒙版，然后使用画笔工具 进行涂抹。采用相同的方法继续盖印图层并执行相同操作。

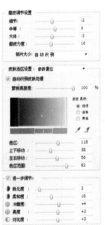

**12** 继续盖印图层，生成"图层 4"。执行"滤镜>模糊>高斯模糊"命令，在弹出的对话框中设置参数并单击"确定"按钮。完成后为其添加图层蒙版，使用画笔工具在图层蒙版上进行涂抹。接着设置图层的混合模式为"柔光"，"不透明度"为84%，增强图像的梦幻柔和感。至此，本实例制作完成。

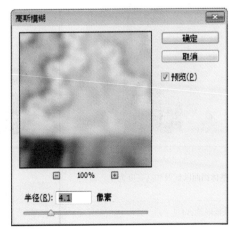

# 19 | 林中独坐

相机型号：Canon EOS 5D Mark II　曝光时间：1/60秒　光圈值：f/3.2

▌ **摄影技巧**：该照片主要以人物为中心进行拍摄。整体体现人物的姿态表情。左侧放置苹果及提篮，填补人物周围的空洞感。整个背景以深林为主，表现出人物的森女之感。

▌ **后期润色**：本实例照片以深林中仙女为主体，让我们联想到人物的神秘感，背景深林的幽静让我们静静的去体会人物的内心世界，进而勾勒出林中仙子、暖意融融，淡雅轻盈和迷幻仙境的不同风格来体现照片的各种魅力。

▌ **光盘路径**：素材\Part 1\Media\19\林中独坐.jpg

林中仙子

| 魔法指数 | ★★★★☆ |
| --- | --- |
| 风格解析 | 主要以绿色调为主，加强树林的饱和度，适当降低暗处亮度，表现出神秘迷幻的风格。 |
| 光盘路径 | 素材\Part 1\Complete\19\林中仙子.psd |

暖意融融

| 魔法指数 | ★★★☆☆ |
| --- | --- |
| 风格解析 | 主要以淡黄色为主，暖意融融即应为暖色调。给人舒服温馨的感觉。阳光明媚。 |
| 光盘路径 | 素材\Part 1\Complete\19\暖意融融.psd |

淡雅轻盈

| 魔法指数 | ★★★★☆ |
| --- | --- |
| 风格解析 | 主要以淡粉蓝色调为主，整体画面以低保和高亮度为主。调制出清醒宁静的氛围。 |
| 光盘路径 | 素材\Part 1\Complete\19\淡雅轻盈.psd |

迷幻仙境

| 魔法指数 | ★★★★★ |
| --- | --- |
| 风格解析 | 主要以多种色彩融合为主。制作出云雾增加神秘幽静之感。体现出人物的迷幻诱惑。 |
| 光盘路径 | 素材\Part 1\Complete\19\迷幻仙境.psd |

## » 林中仙子

**01** 执行"文件>打开"命令，打开"素材\Part 1\Media\ 19林中独坐.jpg"照片文件。单击"创建新的填充或调整图层"按钮，应用"曲线"命令，然后在属性面板中单击添加锚点并拖动锚点调整曲线，以调整图像的色调。

**02** 单击"创建新的填充或调整图层"按钮，应用"色阶"命令和"可选颜色"命令，创建出"色阶1"和"选取颜色"调整图层。然后在属性面板中分别设置参数，以调整图像的色调。

**03** 单击图层面板下侧的"创建新图层"按钮，创建出"图层1"，设置前景色为黄色，载入"光影.abr"笔刷，设置画笔角度和大小，在图像的左上角绘制光影。完成后执行"滤镜>模糊>高斯模糊"命令，在弹出的对话框中设置参数，制作出光影的效果。接着设置其混合模式，完成后复制图层进行适当调整。

**04** 按快捷键Ctrl+Shift+Alt+E盖印图层，生成"图层2"。单击减淡工具，在属性栏中适当设置其属性，完成后在人物的头发区域进行涂抹，将头发进行减淡处理，制作出光照在头发上，头发发亮的高光效果。

 TIPS

　　在使用减淡工具进行涂抹时，在使用中要特别注意范围的设置。特别是在用于涂抹高光或阴影效果的操作上。

**05** 继续采用相同的方法，创建出"色阶2"调整图层，在属性面板中设置参数。调整图像的明暗对比度。接着继续新建图层，设置前景色为淡黄色，接着在光影区域周围进行涂抹，扩展光影的光照效果。

 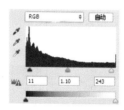

**06** 单击"创建新的填充或调整图层"按钮 ，创建出"渐变填充 1"填充图层和"选取颜色 2"调整图层。接着分别进行设置，调整出图像四周的黑色区域感并调整颜色。

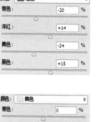

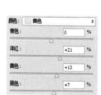

**07** 按下快捷Ctrl+Shift+Alt+E盖印图层，生成"图层4"，执行"图像>调整>阴影/高光"命令，在弹出的对话框中进行设置并单击"确定"按钮。完成后创建出"自然饱和度"调整图层并在属性面板中进行设置，调整图像的自然饱和度。

**08** 继续盖印图层，使用减淡工具 在人物脸部进行适当的涂抹，去除其偏黑偏绿的效果。完成后创建出"选取颜色"调整图层，在属性面板中选择"黄色"颜色选项进行设置，去除人物区域内阴影部分偏绿的效果。至此，本实例制作完成。

» **暖意融融**

**01** 执行"文件>打开"命令，打开"素材\Part 1\Media\ 19\林中独坐.jpg"照片文件，单击图层面板下侧的"创建新的填充或调整图层"按钮，应用"曲线"命令。在属性面板中单击添加锚点，并拖动锚点调整曲线。整体调整图像的色调效果。

**02** 继续采用相同的方法，单击"创建新的填充或调整图层"按钮，在弹出的菜单中选择"色彩平衡"命令，创建出"色彩平衡1"调整图层。然后在属性面板中设置参数，以调整图像的色调。

**03** 接着继续单击"创建新的填充或调整图层"按钮，在弹出的菜单中选择"色彩平衡"命令，创建出"选取颜色1"调整图层。然后在属性面板中，分别选择"白色"、"红色"、"中性色"和"黄色"并设置其参数以调整图像的颜色

**04** 继续采用相同的方法，单击"创建新的填充或调整图层"按钮，在弹出的菜单中选择"色阶"命令，创建出"色阶1"调整图层。然后在属性面板中设置参数，以调整图像的色调。

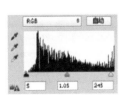

**05** 新建图层，为其填充黑色。接着执行"滤镜>选择>镜头光晕"命令，在弹出的对话框中进行设置。然后设置其混合模式及不透明度，并添加图层蒙版，使用画笔工具 进行涂抹隐藏多余图像。

**06** 采用相同的方法创建出"渐变填充 1"填充图层和"色阶 2"调整图层。分别设置其参数及选项。完成后使用画笔工具 在图层蒙版上进行适当的涂抹隐藏部分区域的效果。

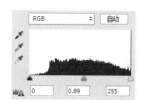
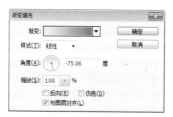

**07** 采用相同的方法，单击"创建新的填充或调整图层"按钮 ，应用"自然饱和度"命令和"色彩平衡"命令。然后同样在属性面板中设置参数，以提高图像的饱和度及部分区域的色调效果。

**08** 按快捷键Ctrl+Shift+Alt+E盖印图层，生成"图层2"。执行"图像>调整>阴影/高光"命令，在弹出的对话框中设置参数。完成后创建出"曲线 2"调整图层，在属性面板中单击添加锚点并拖动锚点调整曲线。至此，本实例制作完成。

## » 淡雅轻盈

**01** 执行"文件>打开"命令，打开"素材\Part 1\Media\ 19\林中独坐.jpg"照片文件，单击"创建新的填充或调整图层"按钮，在弹出的菜单中选择"曲线"命令。创建出"曲线 1"调整图层，接着在属性面板中单击添加锚点，并拖动锚点调整曲线。

**02** 继续采用相同的方法，单击"创建新的填充或调整图层"按钮，创建出"色阶1"和"色彩平衡 1"调整图层，然后分别在属性面板中选择适当的选项进行设置。调整图像的整体色调。

 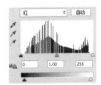 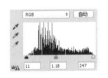

**03** 按快捷键Ctrl+Shift+Alt+E盖印图层，生成"图层 1"。在通道面板，按住Ctrl键单击"绿"通道，载入其选区。接着按快捷键Ctrl+C复制选区图像。选择"蓝"通道，按快捷键Ctrl+V粘贴选区图像至"蓝"通道。完成后创建出"自然饱和度"调整图层，在属性面板中设置参数调整图像饱和度。

**04** 采用同样的方法创建出"选取颜色1"调整图层。然后在属性面板中，分别选择"白色"、"黑色"、"红色"和"黄色"并设置其参数以调整图像的颜色。完成后使用画笔工具在图层蒙版上进行涂抹隐藏多余色调效果。至此，本实例制作完成。

## » 迷幻仙境

**01** 执行"文件>打开"命令，打开"素材\Part 1\Media\ 19\林中独坐.jpg"照片文件单击"创建新的填充或调整图层"按钮 ◎.，在弹出的菜单中选择"色阶"命令，创建出"色阶 1"调整图层。接着在属性面板中选择不同通道设置其参数以调整色调。

 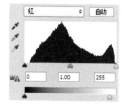

**02** 接着继续单击"创建新的填充或调整图层"按钮 ◎.，在弹出的菜单中选择"曲线 "和"色彩平衡"命令。在属性面板中选择相应的选项设置参数，使图像的整体颜色偏紫。

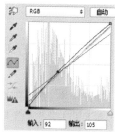

**03** 按快捷键Ctrl+Shift+Alt+E盖印图层，生成"图层1"。执行"图像>调整>阴影/高光"命令，再弹出的对话框中设置参数并单击"确定"按钮。完成后为该图层添加图层蒙版，使用画笔工具 ◢ 在图层蒙版上进行涂抹隐藏脸部色调效果。

**04** 按照相同的方法，创建出"渐变填充 1"填充图层和"自然饱和度 1"调整图层。然后在属性面板中设置参数。双击"渐变填充"填充图层，在弹出的"渐变填充"对话框中设置渐变选项及参数。接着使用画笔工具 ◢ 在图像中的适当区域进行涂抹。并设置填充图层的混合模式及不透明度，使渐变色调融合在图像上。

05 创建出"曲线 2"调整图层，在属性面板中进行
设置。完成后按快捷键Ctrl+Shift+Alt+E盖印图
层，生成"图层 2"。执行"滤镜>模糊>高斯模糊"命
令，在弹出的对话框中设置参数。完成后对图层进行相应
设置。

06 继续单击"创建新的填充或调整图层"按钮 ，
在弹出的菜单中选择"色相/饱和度"命令，创
建出"色相/饱和度1"调整图层。然后在属性面板中拖动
滑块以设置参数，调整图像的色调。接着使用画笔工具
在图像中的适当区域进行涂抹，调整图像的明度及饱和度
效果。

07 打开本书配套光盘中的"云朵.psd"图像文件。使
用移动工具将该图像文件移动到当前图像文件
中并适当调整其位置及大小。完成后分别为云朵图层添加
图层蒙版，使用画笔工具在图层蒙版上进行适当涂抹隐
藏多余图像。

TIPS

按快捷键Ctrl+O，即可弹出"打开"对话框。

08 采用相同的方法，盖印出"图层 3"。执行"滤
镜>模糊>高斯模糊"命令，在弹出的对话框中
设置参数并单击"确定"按钮。接着为图层添加图层蒙版
并使用画笔工具在图层蒙版上进行涂抹隐藏多余的模糊
效果。最后设置图层的混合模式为"柔光"，不透明度为
"73%"，使模糊图像融合在背景图像上。至此，本实例
制作完成。

# 20 棒棒糖

**摄影技巧**：在拍摄人物特写时，镜头尽可能地使用长焦，防止脸部变形，对焦点选取要谨慎而大胆，景深也要控制适当，清晰突出需要表达的部分。还可以利用大色块的背景内容、色彩差异的方法，很好地突出主体的效果。

**后期润色**：照片中有多种颜色集合，包括女子的眼线、唇红、头饰和棒棒糖等，色彩丰富，再加上女子肤色白皙，很自然地感觉到她的天真浪漫、快乐的心境，不由得联想到爱幻想、快乐心情和复古插画等风格，分别体现不同光影色调氛围以及照片中女子的丰富特质。

**光盘路径**：素材\Part 1\Media\20\棒棒糖.jpg

| 相机型号：Canon EOS 5D | 曝光时间：1/160秒 | 光圈值：f/5.6 |

**爱幻想**

| 魔法指数 | ★★★★☆ |
|---|---|
| 风格解析 | 爱幻想篇以粉色为主，画面颜色单纯简洁，人物的皮肤质感也应表现得柔滑富有光泽，以突出人物的浪漫情怀。 |
| 光盘路径 | 素材\Part 1\Complete\20\爱幻想.psd |

**复古插画**

| 魔法指数 | ★★★★★ |
|---|---|
| 风格解析 | 浓郁色彩是主要的表现方式，同时添加了复古气息的背景图，以表现画面的复古气息，并有插画的简约风格在里面。 |
| 光盘路径 | 素材\Part 1\Complete\20\复古插画.psd |

**快乐心情**

| 魔法指数 | ★★★★☆ |
|---|---|
| 风格解析 | 以粉黄色作为主色调，并添加梦幻甜蜜的渐变色彩，增强画面温暖活泼的效果，温暖的颜色和灿烂的背景相结合，体现了画面灿烂明媚的影调，从而渲染女子快乐无比的心情。 |
| 光盘路径 | 素材\Part 1\Complete\20\快乐心情.psd |

## 爱幻想

**01** 执行"文件>打开"命令，打开"素材\Part 1\Media\ 20\棒棒糖.jpg"照片文件。单击"创建新的填充或调整图层"按钮，应用"色阶"命令，在弹出的调整面板中设置其参数。

**02** 继续单击"创建新的填充或调整图层"按钮，应用"色相/饱和度"命令，在弹出的调整面板中设置各项参数，以降低色相饱和度，达到画面统一的效果。

**03** 采用相同的方法应用"曲线"调整图层，调整锚点的位置，调亮画面颜色。

**TIPS 显示和隐藏通道曲线**

在"曲线"调整面板中设置各通道曲线后可查看叠加的通道曲线状态。通过其扩展菜单中的"曲线显示选项"选项设置可取消通道叠加查看状态。

**04** 继续应用"渐变映射"调整图层命令，分别设置渐变颜色，完成后单击"确定"按钮，在"渐变映射"面板中勾选"反向"复选框，为照片添加渐变效果。

**05** 调整完成后设置"渐变映射"，调整图层混合模式为"变暗"，"不透明度"为68%，并结合图层蒙版与柔角画笔工具隐藏人物皮肤图像处的渐变颜色。

# 06
单击"创建新的填充或调整图层"按钮 ● ，应用"可选颜色"命令，在弹出的调整面板中设置各项参数，并调整图层混合模式为"变暗"，"不透明度"为68%，使画面呈现粉色。

# 07
按快捷键Ctrl+Shift+Alt+E盖印图层，生成"图层 1"，再复制图层，生成"图层 1副本"。然后在"图层 1"中设置"不透明度"为78%。最后执行"滤镜>Imagenomic>Portraiture"命令，在弹出的调整面板中设置各项参数，可以使画面人物皮肤更有晶莹的质感。

# 08
在"图层 1副本"中执行"滤镜>高斯模糊"命令，在弹出的调整面板中设置参数。单击"添加图层蒙版"按钮 ■ ，并使用画笔工具 ✔ ，按快捷键D恢复默认前景色和背景色，在人物处稍做涂抹，显现该区域的细节。

# 09
打开书中配套光盘中"云朵.jpg"文件，并使用移动工具 ✛ 移动到当前文件中，生成"云朵"图层，适当地调整云朵图像在画面中的位置，增添照片的天真梦幻感。

**TIPS 移动工具**

用来移动选中的区域，如果按住Alt键移动就可以在本图层中复制。移动工具的快捷键是V，快捷键Ctrl+V可以实现图层的复制，还可以实现图层合并的功能。

# 10
单击"创建新图层"按钮 ▣ ，创建"图层 2"，单击画笔工具 ✔ ，载入"光影.abr"笔刷，设置画笔的角度和大小，设置前景色为白色，在图像的左上角绘制光影。单击"添加图层蒙版"按钮 ▣ ，并使用画笔工具 ✔ ，在人物处稍做涂抹，隐藏部分效果。

**11** 新建"图层 3",设置前景色为粉红色单击画笔工具在图像左上角涂抹。完成后设置图层混合模式为"颜色","不透明度"为69%。单击"创建新的填充或调整图层"按钮，应用"曝光度"命令，在属性面板中设置各项参数，提高图像曝光效果。

**12** 单击"创建新的填充或调整图层"按钮，应用"曝光度"命令，在弹出的调整面板中设置各项参数，提高图像曝光效果。接着盖印图层，执行"滤镜>模糊>高斯模糊"命令，在弹出的对话框中设置参数。并使用画笔工具在图层蒙版上进行涂抹。至此，本实例制作完成。

**技术拓展** "曝光度"命令和"画笔工具"

在Photoshop中，单击"创建新的填充或调整图层"按钮，应用"曝光度"命令和运用画笔工具达到的效果相似。

▲执行"文件>打开"命令，打开图像。

▲单击"创建新的填充或调整图层"按钮，应用"曝光度"命令，在弹出的调整面板中设置各项参数。

▲单击"添加图层蒙版"按钮，使用画笔工具，将前景色设置为白色，在"属性"栏中调整画笔为柔角，"不透明"度为10%。在整个画面上稍做涂抹。

## » 复古插画

**01** 打开本书配套光盘中"素材\Part 1\ Media\20\棒棒糖.jpg"文件，生成"背景"图层。在"背景"图层中执行"滤镜>滤镜库>海报边缘"命令和"绘画涂抹"命令，并在弹出的调整面板中设置各项参数。

**02** 打开"背景. png"文件，使用移动工具 移动到当前文件中，生成"图层 1"。在"图层 1"中单击"添加图层蒙版"按钮 ，使用画笔工具 ，按快捷键D恢复默认前景色和背景色，在人物处稍做涂抹，使人物不会被"图层 1"所遮盖。并调整图层混合模式为"线性光"，"不透明度"为55%。

**03** 新建"组1"，在"组 1"中新建"图层 1"，用吸管工具吸取人物皮肤颜色，然后用画笔工具在皮肤处稍做涂抹，这样可以使画面呈现插画色调，也不会让人物皮肤颜色失真。最后用同样的方法分别涂抹画面各处，并调整"组 1"图层混合模式为"穿透"。

**04** 按快捷键Ctrl+Shift+Alt+E盖印图层，生成"图层2"，执行"滤镜>滤镜库>半调图案"命令，在弹出的调整面板中设置参数，使画面有逼真的插画效果。单击"添加图层蒙版"按钮 ，使用画笔工具 ，按快捷键D恢复默认前景色和背景色。在人物皮肤处涂抹，使皮肤不会被滤镜效果所遮盖。调整图层混合模式为"线性光"。

**05** 按快捷键Ctrl+Shift+Alt+E盖印图层，生成"图层3"，选取皮肤，再单击"添加图层蒙版"按钮，即可创建皮肤蒙版，并使用画笔工具，按快捷键D恢复默认前景色和背景色，使皮肤不会被蒙版遮盖。

**06** 单击"创建新的填充或调整图层"按钮，应用"曲线"命令，新建"图层 3"，再按住Alt键，鼠标移动到"图层 3"上即可建立剪贴蒙版"曲线 1"，在弹出的调整面板中设置各项参数，可以只对皮肤进行改变，使皮肤更适合画面效果。

**07** 继续应用"渐变映射"调整命令，在弹出的调整面板中设置各项参数，设置黑色到白色的渐变颜色，设置完成后结合图层蒙版与画笔工具适当地调整人物需要隐藏的部分，并调整图层混合模式为"深色"。

**08** 单击"创建新的填充或调整图层"按钮，应用"色相/饱和度"命令，在弹出的调整面板中设置各项参数，调整色相饱和度，使画面颜色更饱和。

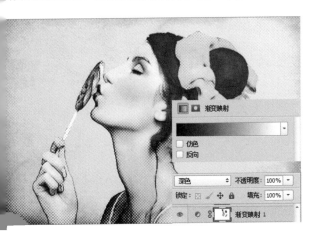

**09** 使用画笔工具在人物的轮廓线上稍做涂抹，仅描绘该人物的轮廓。以进一步显现人物的轮廓，增强其质感效果和立体效果，至此，本实例制作完成。

## » 快乐心情

**01** 执行"文件>打开"命令,打开"素材\Part 1\Media\ 20\棒棒糖.jpg"照片文件。单击"创建新的填充或调整图层"按钮 ◎.,应用"渐变填充"命令,在弹出的调整面板中设置各项参数。最后单击"添加图层蒙版"按钮 □ ,并使用画笔工具 ✐ ,按快捷键D恢复默认前景色和背景色,在人物处稍做涂抹,仅显示该区域的细节。

**02** 单击"创建新的填充或调整图层"按钮 ◎.,应用"可选颜色"命令,在弹出的调整面板中设置各项参数。

**03** 按快捷键Ctrl+Shift+Alt+E盖印,生成"图层 1",然后在"图层 1"中设置"不透明度"为76%。最后执行"滤镜>Imagenomic>Portraiture"命令,在弹出的调整面板中设置各项参数。

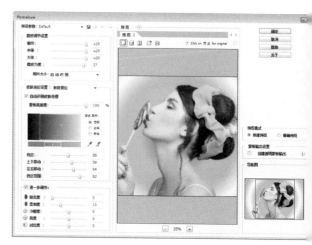

04 单击"创建新的填充或调整图层"按钮 ○.，应用"纯色"命令，在弹出的调整面板中设置各项参数。

05 单击"创建新的填充或调整图层"按钮 ○.，应用"色阶"命令，在弹出的调整面板中设置各项参数。

06 按快捷键Ctrl+Shift+Alt+E盖印，生成"图层 2"，然后在"图层 2"中执行"图像>调整>变换"命令，在弹出的调整面板中选择，然后单击"确定"按钮。并将"图层 2"重命名为"变色 加黄"，使画面呈现淡黄色调。

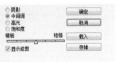

07 按快捷键Ctrl+Shift+Alt+E盖印，生成"图层 3"，然后在"图层 3"中执行"滤镜>动感模糊"命令，在弹出的调整面板中设置各项参数，调整图层混合模式为"叠加"，"不透明度"为34%。使画面人物更具有光泽感。至此，本实例制作完成。

▶ **技术拓展** **动感模糊和镜头模糊**

在Photoshop中，执行"滤镜>模糊"命令时，有多种模糊工具，它们之间既有区别之处也有相似之处。运用"动感模糊"和"镜头模糊"的效果是相似的。

▲ 执行"滤镜>模糊>镜头模糊"命令，在弹出的调整面板中设置各项参数，在调整图层混合模式为"叠加"，"不透明度"为32%。

## Part 2
# 风景篇

风景主题摄影擅长以景抒情，通过对自然景物的生动描绘，来传达或寄托摄影师的思想感情，通过融入景物中深远的意境，引起观者的深刻共鸣和联想。本篇中针对风景主题摄影的照片进行后期处理，通过对一张照片的多种处理风格的操作演示，表现照片的不同风格魅力并体现照片处理方法的多样化和实用性。

# 01 漓水悠悠

**相机型号：NIKON D80　曝光时间：1/200 秒　光圈值：f/10**

▌ **摄影技巧：**照片以较为俯视的视角进行拍摄，平静的湖面上点缀着较小的主题人物，起到画龙点睛的作用。在逆光下将远处的山峰、近处的树丛和田野一起入镜，形成清新淡雅的图像效果。

▌ **后期润色：**本案例通过调色的方式分别实现照片的清幽一梦、和煦春风和江上雾霭风格，分别体现出画面的不同光影色调氛围以及悠悠漓水的丰富特质。

▌ **光盘路径：**素材\Part 2\Media\01\漓水悠悠.jpg

---

清幽一梦

| 魔法指数 | ★★★★★ |
| --- | --- |
| 风格解析 | 清幽一梦以蓝色和白色为主，画面颜色单纯简洁。画面整体应表现出清雅而幽静的色调效果，以突出清幽效果和一定的梦幻感。 |
| 光盘路径 | 素材\Part 2\Complete\01\清幽一梦.psd |

和煦春风

| 魔法指数 | ★★★☆☆ |
| --- | --- |
| 风格解析 | 对画面影调进行均化处理，以增强画面质感。整体画面色调较为丰富，蓝天白云与鲜亮的田野树木以及碧绿的湖面进行搭配，渲染出春风和煦的画面氛围。 |
| 光盘路径 | 素材\Part 2\Complete\01\和煦春风.psd |

---

江上雾霭

| 魔法指数 | ★★★☆ |
| --- | --- |
| 风格解析 | 以淡蓝色、淡黄绿色作为主色调，并添加朦胧的白色云雾图像以表现画面的雾霭效果。淡淡的颜色和云雾相结合，体现画面淡雅唯美的光影色调，形成江面上雾霭朦胧的画面效果。 |
| 光盘路径 | 素材\Part 2\Complete\01\江上雾霭.psd |

## » 清幽一梦

**01** 执行"文件>打开"命令，打开"素材\Part 2\ Media\ 01\滴水悠悠.jpg"照片文件。复制"背景"图层，并执行"图像>调整>色调均化"命令，以均化图像色调，并结合图层蒙版和画笔工具恢复江面色调。

**02** 创建"色阶1"调整图层，在"属性"面板中单击 "在图像中取样以设置白场"按钮，并在天空灰色区域进行取样，即可校正图像的整体亮度层次。然后使用画笔工具在天空区域涂抹，以恢复该区域色调层次。

**03** 单击"创建新的填充或调整图层"按钮，在弹出的快捷菜单中选择"亮度/对比度"选项，在 "属性"面板中分别在"亮度"和"对比度"选项中设置参数值，以调整画面整体亮度层次。

**04** 单击渐变工具，在属性栏中设置属性，新建 "图层1"，并设置前景色为蓝色（R13，G117，B138），然后使用该工具在天空区域从上往下拖动鼠标，并设置其混合模式为"叠加"，以增加天空色调。

---

▶**技术拓展**　"曲线"调整命令

　　"色阶"命令主要针对图像的阴影、中间调和高光区域的强度进行调整，以校正图像的色彩范围和色彩平衡。在"色阶"属性面板中可通过设置图像的黑场、白场和灰场，从而调整图层的色调层次和色相偏移效果。同时"曲线"调整命令也可用于调整图像的阴影、中间调和高光的强度，从而校正图像的色彩范围和色彩平衡。"曲线"命令与"色阶"命令不同的是，"曲线"命令可对图像中整个色调范围内从阴影到高光的点进行调整。本例中除使用"色阶"命令设置白场外，同样可以采用"曲线"命令设置白场，以达到同样的效果。

▲单击"创建新的填充或调整图层"按钮 ⊙，应用"曲线"命令，在"属性"面板中单击"在图像中取样以设置白场"按钮 ⚲。

▲使用"在图像中取样以设置白场"按钮 ⚲ 在天空中取样，即可校正画面色调层次。

▲在"图层"面板中使用画笔工具在天空区域涂抹，即可恢复其细节。

**05** 按快捷键Ctrl+Shift+Alt+E盖印可见图层，生成"图层2"，切换至"通道"面板中选择"绿"通道，按住Ctrl键的同时单击该通道，以载入其选区并复制，然后粘贴至"蓝"通道中，以调整其色调。

**06** 选择"图层2"执行"图像>调整>色调均化"命令，并设置该图层，生成"图层2 副本"图层；执行"滤镜>扭曲>扩散亮光"命令，在弹出的对话框中设置参数值后单击"确定"按钮。然后结合图层蒙版和画笔工具在较亮区域涂抹，以恢复其细节。

**07** 单击"创建新的填充或调整图层"按钮 ⊙，在弹出的快捷菜单中选择"色相/饱和度"选项；在"属性"面板中设置"青色"选项的参数值，以调整指定区域的色调。

**08** 单击"创建新的填充或调整图层"按钮 ⊙，应用"可选颜色"命令，在"属性"面板中分别在"黄色"和"绿色"选项中设置参数值，以调整指定区域的色调。

 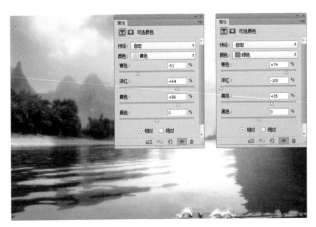

**▶技术拓展** 渐变填充图层

渐变工具主要针对图层进行渐变颜色填充,使用渐变填充图层时与渐变工具填充图像有所不同,只需单击"图层"面板下方的"创建新的填充或调整图层"按钮 ●.|,应用"渐变"命令并在弹出的对话框中设置其参数即可。本例中除使用渐变工具填充图层外,同样可以采用渐变填充图层来调整图像的渐变颜色,以达到同样的效果。

▲ 应用"渐变填充"命令,在对话框中设置选项,设置完成后单击"确定"按钮。

▲ 在"图层"面板中设置当前图层混合模式为"叠加"、"不透明度"为50%即可。

**09** 单击"创建新的填充或调整图层"按钮 ●.|,应用"渐变填充"命令,在弹出的对话框中设置相应的渐变样式和其他各项属性。然后设置该图层的混合模式为"颜色","不透明度"为52%,并使用画笔工具在蒙版中涂抹树木,以恢复其色调。

**10** 创建"颜色填充1"填充图层,在弹出的"拾色器"对话框中设置填充颜色为"蓝色",并设置当前图层的混合模式为"色相"、"不透明度"为80%。然后结合图层蒙版和画笔工具 ✓ 隐藏局部色调。

**11** 按快捷键Ctrl+Shift+Alt+E盖印可见图层,生成"图层3",执行"滤镜>模糊>高斯模糊"命令,在弹出的对话框中设置参数值后单击"确定"按钮。然后设置其混合模式为"滤色"、"不透明度"为30%,并结合图层蒙版和画笔工具在画面中涂抹,以恢复其色调。

**12** 单击"创建新的填充或调整图层"按钮 ●.|,在弹出的快捷菜单中选择"照片滤镜"选项,并在"属性"面板中设置滤镜颜色。然后使用画笔工具在画面中心区域涂抹,以恢复其原色调。至此,本实例制作完成。

# 和煦春风

**01** 执行"文件>打开"命令，打开"素材\Part 2\Media\01\滴水悠悠.jpg"照片文件，参照"清幽一刻"操作方式，调整画面色调层次，新建图层设置前景色为蓝色（R19，G136，B217），使用渐变工具填充天空色调，并设置相应的混合模式。

**02** 单击"创建新的填充或调整图层"按钮，应用"色相/饱和度"命令并设置相应的参数值，以增强画面饱和度。继续创建"选取颜色1"调整图层，并依次设置"黄色"和"绿色"主色选项的参数，以调整画面色调。

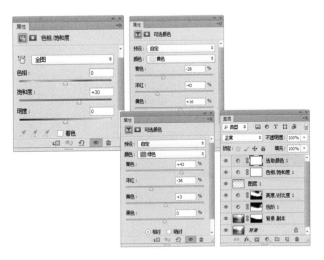

**03** 单击"创建新的填充或调整图层"按钮，应用"色彩平衡"命令并依次设置"中间调"和"高光"选项的参数，进一步调整画面色调，以增加明媚的阳光效果。

**04** 单击"创建新的填充或调整图层"按钮，应用"照片滤镜"命令，在"属性"面板中设置滤镜颜色和参数值，以增强阳光色调。然后使用径向渐变在蒙版中拖动鼠标，以隐藏天空较亮区域色调。

**05** 继续创建"照片滤镜2"调整图层，在"属性"面板中设置滤镜颜色和参数值，以增强阳光色调。然后使用径向渐变在蒙版中拖动鼠标，以隐藏天空较亮区域色调。然后设置该图层的混合模式为"柔光"，以柔化画面色调。

## » 江上雾霭

**01** 执行"文件>打开"命令，打开"素材\Part 2\ Media\01\漓水悠悠.jpg"照片文件，参照"清幽一梦"图像文件，调整画面的整体亮度层次。

**02** 新建"图层1"，设置前景色为"蓝色"（R31，G109，B163），并使用渐变工具 在天空区域拖动鼠标天空空白图层，并设置当前图层的混合模式为"叠加"，以增强天空色调。

**03** 在"图层"面板中，单击"创建新的填充或调整图层"按钮 ，应用"色相/饱和度"命令并设置"饱和度"的参数值为16，以增强整体画面饱和度。

**04** 再单击"创建新的填充或调整图层"按钮 ，应用"色彩平衡"命令，并在"属性"面板中依次设置"中间调"和"高光"选项的参数，以调整画面淡雅色调。

**05** 在"图层"面板中新建"图层2"，设置前景色为黑色，并使用渐变工具 在天空区域拖动鼠标，并设置当前图层的混合模式为"叠加"，以增强天空色调层次。

**06** 按快捷键Ctrl+Shift+Alt+E盖印可见图层生成"图层3"，然后设置该图层的混合模式为"正片叠底"，"不透明度"为70%，以增强画面的浓郁色调效果。结合图层蒙版和画笔工具 ，在较暗区域涂抹，以恢复其细节。

07 新建"图层4",执行"滤镜>渲染>云彩"命令,使画面呈现黑白云彩效果。再次执行"滤镜>模糊>高斯模糊"命令,在弹出的"高斯模糊"对话框中设置"半径"为5像素,完成后单击"确定"按钮,以制作烟雾效果。

08 在"图层"面板中设置"图层4"的混合模式为"滤色",并为该图层添加图层蒙版,然后结合图层蒙版和画笔工具 ✍ 隐藏天空区域的多余云彩和江面上的云彩效果,使画面中呈现朦胧的雾霭效果。

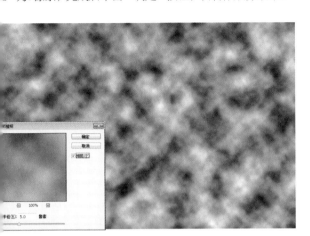

**技术拓展** 使用"分层云彩"滤镜制作雾霭效果

应用"分层云彩"滤镜能够使得到的云彩效果层次更加丰富,与应用"云彩"滤镜所产生的效果差不多。使用"分层云彩"滤镜时,只需新建图层并设置好前景色和背景色,然后应用该滤镜即可。本例中除使用"云彩"滤镜制作云彩图像外,同样可以采用"分层云彩"滤镜制作云彩图像,达到同样的效果。

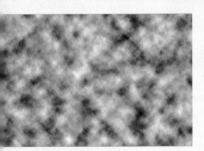

▲新建图层并应用分层云彩滤镜。

▲应用高斯模糊命令模糊云彩图像。

▲调整图层混合属性和蒙版效果。

# 02 | 梦里水乡

相机型号：CYBERSHOT　曝光时间：1/200秒　光圈值：f/2.8

■ **摄影技巧**：照片以横幅构图，将视角置在画面外的小桥上，左侧的树木与右侧的建筑呈现三角形构图，水中的倒影则更加增添了画面的丰富性，整体给人以开阔的视野，突出了水乡的柔美。

■ **后期润色**：本案例通过调色的方式分别实现照片的完美定格、清幽水乡和淡彩水墨风格，分别体现出画面的不同光影色调氛围，呈现出丰富的画面特质。

■ **光盘路径**：素材\Part 2\Media\02\梦里水乡.jpg

---

**完美定格**

| 魔法指数 | ★★★☆☆ |
|---|---|
| 风格解析 | 将背景图像进行模糊处理，使其呈现出朦胧质感，从而突出前方较小的景物，通过调整其色调等效果，使其呈现出较为神秘的画面氛围。 |
| 光盘路径 | 素材\Part 2\Complete\02\完美定格.psd |

**清幽水乡**

| 魔法指数 | ★★★☆☆ |
|---|---|
| 风格解析 | 画面突出了天空通透的蓝色和单纯的白云，将树木的饱和度提高，与天空形成对比，整体风景的冷色调中搭配古老建筑的暖色调，呈现出清雅幽静的水乡风情。 |
| 光盘路径 | 素材\Part 2\Complete\02\清幽水乡.psd |

---

**淡彩水墨**

| 魔法指数 | ★★★★★ |
|---|---|
| 风格解析 | 画面借鉴了中国水墨画的宁静悠远，将风景建筑进行多种特殊效果的处理，形成以墨绿色调为主的水墨效果，并搭配细节性的雁和文字，使画面更加饱满，呈现出淡雅的中国水墨风格效果。 |
| 光盘路径 | 素材\Part 2\Complete\02\淡彩水墨.psd |

## » 完美定格

01 执行"文件>打开"命令，打开"素材\Part 2\Media\02\梦里水乡.jpg"照片文件。复制"背景"图层生成"背景 副本"图层，单击仿制图章工具 ，并在属性栏中设置其参数，放大图像并按住Alt键在水面上单击以取样颜色，释放Alt键在日期上涂抹以仿制颜色，多次使用该方法将日期去除。

02 单击"创建新的填充或调整图层"按钮 ，在弹出的菜单中选择"色阶"命令并在"属性"面板中依次设置"红"、"绿"和"蓝"通道的参数，以调整画面色调。再次单击"创建新的填充或调整图层"按钮 ，应用"可选颜色"命令并在"属性"面板中设置"绿色"选项的参数，以调整画面中树木的颜色效果。

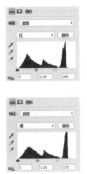

03 使用相同的方法依次创建"曲线"和"色彩平衡"调整图层，并在"属性"面板中相应地设置"蓝"通道和"中间调"选项的参数，以调整画面淡雅色调。

04 新建"图层1"，单击渐变工具 ，在其属性栏单击"渐变颜色条"，弹出"渐变编辑器"对话框，在其中设置渐变颜色，完成后单击"确定"按钮，在画面中自上而下填充线性渐变颜色，并设置该图层的混合模式为"正片叠底"，以加深天空的局部颜色。

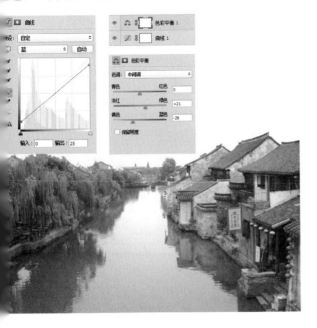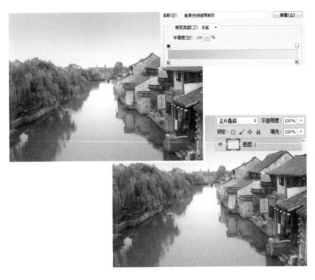

**05** 打开"云朵1.png"文件，将其拖动至当前图像文件中并调整其位置。然后新建"图层3"，设置前景色为黑色，单击画笔工具 ，并在属性栏中设置其参数，在画面上方多次涂抹颜色，并设置该图层的混合模式为"叠加"，进一步加深天空色调。

**06** 按快捷键Ctrl+Shift+Alt+E盖印图层，生成"图层4"。复制"图层4"生成"图层4副本"，使用自由变换命令调整"图层4副本"的大小和方向。然后在"图层4"上新建图层5，使用白色的透明画笔涂抹颜色，使画面呈现朦胧效果。

**07** 选择"图层4"，执行"滤镜>模糊>高斯模糊"命令，在弹出的"高斯模糊"对话框中设置"半径"为15像素，完成后单击"确定"按钮，将该图层进行模糊处理，以强化其朦胧效果，从而突出较小的水乡图像。

**08** 选择"图层4副本"，单击"添加图层样式"按钮 fx，在弹出的快捷菜单中选择"描边"命令，并在弹出的"图层样式"对话框中设置其参数，完成后单击"确定"按钮，为该图层添加白色的描边效果。

**09** 单击"创建新的填充或调整图层"按钮 ，在弹出的菜单中选择"渐变"命令并在弹出的对话框中设置相应的渐变样式和其他各项属性。并按快捷键Ctrl+Alt+G创建剪贴蒙版使其只对下层图像起作用，然后设置该图层的混合模式为"柔光"，"不透明度"为60%，以调整其颜色。

## » 清幽水乡

01 打开"素材\Part 2\Media\02\梦里水乡.jpg"照片文件，参照"完美定格"图像文件，使用仿制图章工具🔊去除照片日期。然后单击"创建新的填充或调整图层"按钮 ◉，在弹出的菜单中选择"色阶"命令并在"属性"面板中依次设置"红"、"绿"和"蓝"通道的参数，以调整画面色调。

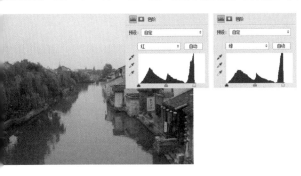

02 再次应用"色阶"命令并在"属性"面板中依次设置"红"、"绿"和"蓝"通道的参数，使画面呈现暖色调。

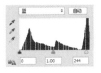

03 单击魔棒工具🪄，并在属性栏中设置其参数，在画面上方空白处多次单击以创建选区，然后新建"图层1"，设置前景色为淡蓝色（R103，G173，B212），使用较透明的画笔在选区内多次涂抹颜色，完成后按快捷键Ctrl+D取消选区，形成蓝色的天空图像。

04 打开"云朵2.png"文件，将其拖动至当前图像文件中并调整其位置。单击"添加图层蒙版"按钮 ◻ 为其添加图层蒙版，并使用黑色画笔在云朵右下方多次涂抹，以隐藏该区域的色调效果，使其与画面融合的更加自然。

**05** 单击"创建新的填充或调整图层"按钮 **⊙.**，在弹出的菜单中选择"可选颜色"命令，并在"属性"面板中依次设置"黄色"、"青色"和"蓝色"选项的参数，以调整画面色调。

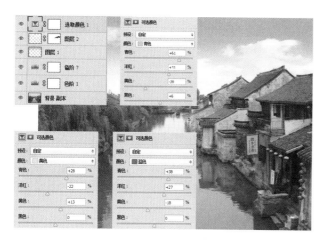

**06** 再次单击"创建新的填充或调整图层"按钮 **⊙**，在弹出的菜单中选择"亮度/对比度"命令，并"属性"面板中设置"亮度"和"对比度"选项的参数分别为14和26，以提亮画面色调。

**07** 按快捷键Ctrl+Shift+Alt+E盖印图层，生成"图层3"，执行"滤镜>其他>高反差保留"命令，在弹出的"高反差保留"对话框中设置"半径"为5像素，完成后单击"确定"按钮，以应用该滤镜效果。

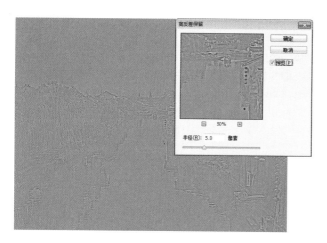

**08** 设置"图层 3"的混合模式为"柔光"，使其画面色调呈现融合效果。

**TIPS** 设置柔光混合模式

　　使用"柔光"混合模式可以根据混合色决定结果色变亮或变暗，就像是发散的聚光灯照射在图像上的效果，若混合色（光源）比50%的灰色亮，则结果色变亮；反之，则变暗。

**09** 单击"创建新的填充或调整图层"按钮 **⊙.**，在弹出的菜单中选择"照片滤镜"命令，并在"属性"面板中设置"滤镜"为水下，"浓度"为25%，以增强画面冷色调。

## 淡彩水墨

**01** 执行"文件>打开"命令,打开"素材\Part 2\Media\ 02\梦里水乡.jpg"照片文件。参照"清幽水乡"图像文件,调整画面色调并制作天空和云朵图像,然后相应地调整图层顺序后,按快捷键Ctrl+G将这些图层编组得到"组1"。

**02** 单击"创建新的填充或调整图层"按钮,在弹出的快捷菜单中选择"黑白"命令,并在"属性"面板中保持各选项的参数不变,以调整画面黑白效果。

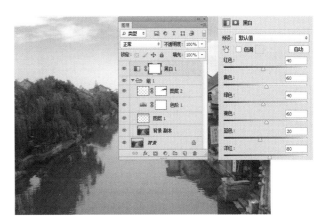

**03** 再次单击"创建新的填充或调整图层"按钮,应用"渐变映射"命令,并在"属性"面板中设置其颜色,然后设置该图层的混合模式为"柔光",以增强画面的黑白效果。

**04** 按快捷键Ctrl+Shift+Alt+E盖印可见图层,生成"图层3",应用"高反差保留"命令,并在弹出对话框中设置"半径"为5像素,完成后单击"确定"按钮。然后设置该图层的混合模式为"柔光",使其与画面色调相融合。

**05** 再次按快捷键Ctrl+Shift+Alt+E盖印可见图层,生成"图层4",执行"滤镜>滤镜库"命令,在弹出的对话框中选择"画笔描边"选项组中的"喷溅"滤镜,并设置其参数。然后结合图层蒙版和画笔工具隐藏局部色调。

**06** 单击"创建新的填充或调整图层"按钮 ◎. , 应用"曲线"命令, 并在"属性"面板中设置"输入"和"输出"的参数值分别为75和110, 然后选择其蒙版, 并使用黑色画笔在天空部分多次涂抹, 以恢复该区域的色调效果。

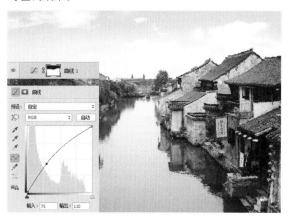

**07** 按快捷键Ctrl+Shift+Alt+E盖印可见图层, 生成"图层5"。执行"滤镜>其他>最大值"命令, 在弹出的"最大值"对话框中设置"半径"为8像素, 完成后单击"确定"按钮, 以应用该滤镜效果。

**08** 执行"滤镜>其他>最小值"命令, 在弹出的"最小值"对话框中设置"半径"为8像素, 完成后单击"确定"按钮, 以应用该滤镜效果, 然后结合图层蒙版和画笔工具 ✍ 隐藏局部色调。

**09** 再次盖印可见图层得到"图层6", 然后应用"最大值"命令, 并在弹出的对话框中设置其参数, 以应用该滤镜效果。再次应用"最小值"命令, 并设置其参数, 以调整画面效果。

**10** 执行"滤镜>滤镜库"命令, 在弹出的对话框中选择"画笔描边"选项组中的"喷溅"滤镜, 并设置其参数, 完成后单击"确定"按钮。再次执行"滤镜>滤镜库"命令, 在弹出的对话框中选择"艺术效果"选项组中的"调色刀"滤镜, 并设置其参数, 进一步调整画面效果。

**11** 执行"滤镜>风格化>扩散"命令，在弹出的对话框中设置模式为"正常"，完成后单击"确定"按钮。然后为该图层添加图层蒙版，并使用画笔工具✎在画面中多次涂抹，以恢复部分建筑图像色调。

**12** 按快捷键Ctrl+Alt+E合并"组1"得到"组1（合并）"图层，按快捷键Ctrl+Shift+[将其置为顶层，设置其混合模式为"叠加"，"不透明度"为20%，并结合图层蒙版和画笔工具✎隐藏局部色调。

**13** 单击"创建新的填充或调整图层"按钮，应用"可选颜色"命令，并在"属性"面板中依次设置"黄色"、"绿色"、"青色"和"中性色"选项的参数，然后创建剪贴蒙版。使用相同的方法，创建一个"色相/饱和度"调整图层进一步调整画面色调。

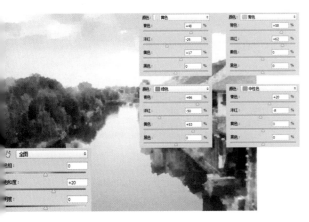

**14** 单击"创建新的填充或调整图层"按钮，应用"亮度/对比度"命令，并在"属性"面板中设置"亮度"和"对比度"的参数值分别为1和52，以提亮画面色调。然后盖印可见图层得到"图层7"，并结合图层蒙版和画笔工具✎隐藏局部色调。

**15** 在"图层7"下方新建"图层8"并为其填充白色，结合图层蒙版和渐变工具隐藏局部色调。打开"大雁.png"和"印章.png"文件，将其拖动至当前图像文件中并调整其位置，然后使用横排文字工具在画面中多次输入文字。

# 03 | 归园田居

相机型号：CYBERSHOT    曝光时间：1/200秒    光圈值：f/2.8

▌**摄影技巧**：照片中将蜿蜒的小路置于画面左侧并做一定的出镜处理，从而使右侧的田野面积更大，但同时也保持了画面的平衡感，远处朦胧的山峰与近处的景物呈现一定的色彩和虚实对比。

▌**后期润色**：本案例通过调色的方式分别调整照片的清新农家、明媚田园和绚丽水彩风格，分别体现出画面的不同光影色调氛围，呈现出多种丰富的画面特质。

▌**光盘路径**：素材\Part 2\Media\03\归园田居.jpg

---

清新农家

| 魔法指数 | ★★★☆☆ |
|---|---|
| 风格解析 | 画面整体以淡绿色、黄色和淡蓝色为主要色调，通过对画面影调进行均化处理，来增强画面色调的质感，并调整画面色调，渲染出清新亮丽的农家风情。 |
| 光盘路径 | 素材\Part 2\Complete\03\清新农家.psd |

明媚田园

| 魔法指数 | ★★★☆☆ |
|---|---|
| 风格解析 | 画面以暖色调为主，远处淡蓝色的天空与白云增添了画面悠远的意境，悠长的道路与其周围黄绿色调的田野给人以柔美感，添加光影增强画面的明媚质感效果。 |
| 光盘路径 | 素材\Part 2\Complete\03\明媚田园.psd |

---

绚丽水彩

| 魔法指数 | ★★★★★ |
|---|---|
| 风格解析 | 整体画面色调丰富，色彩层次感强烈，朦胧的淡彩图像与色调较深的田野和山峰形成强烈的对比，同时又一气呵成，如同是刚刚搁笔的绚丽水彩画。 |
| 光盘路径 | 素材\Part 2\Complete\03\绚丽水彩.psd |

## 清新农家

**01** 打开"素材\Part 2\Media\03\归园田居.jpg"照片文件。复制"背景"图层，生成"背景 副本"图层，执行"图像>调整>色调均化"命令，均化图像色调。然后设置当前图层的"不透明度"为80%，以减淡其色调。

**02** 盖印可见图层，生成"图层1"，并设置其混合模式为"正片叠底"、"不透明度"为50%。然后为该图层添加图层蒙版，单击画笔工具 ，在属性栏中设置其参数，并在天空以外区域涂抹，以恢复田园色调。

**03** 新建"图层2"，设置前景色为蓝色（R109，G199，B229），使用单击渐变工具 在画面中从上往下拖动鼠标，并设置其混合模式为"正片叠底"。然后结合图层蒙版和画笔工具隐藏多余图像。

**04** 打开"云朵.png"文件，将其拖动至当前图像文件中并调整其位置。为该图层添加图层蒙版，并使用黑色的画笔在云朵右下方多次涂抹，以隐藏该区域的色调效果。然后设置该图层的混合模式为"叠加"，使其更自然。

**05** 单击"创建新的填充或调整图层"按钮 ，在弹出的菜单中选择"可选颜色"命令，在"属性"面板中设置各个参数值，并使用较透明的黑色画笔在角暗区域中多次涂抹，以恢复其细节。

**06** 创建"色阶1"调整图层，并在"属性"面板中设置参数值，然后使用黑色画笔在其蒙版中多次涂抹天空区域，以恢复其细节。

**07** 新建"图层4",设置前景色为黑色,单击渐变工具■,在属性栏中设置属性,并在画面中从上往下拖动鼠标,然后设置该图层的混合模式为"叠加",以增强画面的色调对比度。

**08** 单击"创建新的填充或调整图层"按钮 ●.,在弹出的菜单中选择"照片滤镜"命令,并在"属性"面板中设置滤镜颜色为黄色,然后设置该图层的混合模式为"柔光","不透明度"为40%,以增强画面阳光色调。

**09** 单击"创建新的填充或调整图层"按钮 ●.,在弹出的快捷菜单中选择"色彩平衡"选项,在"属性"面板中设置参数值,使画面更加清新。

**10** 创建"亮度/对比度1"调整图层,在"属性"面板中设置参数值,以调整画面亮度层次。然后盖印可见图层,生成"图层5",并设置该图层的混合模式为"柔光","不透明度"为15%,以增强画面的清新感。至此,本实例制作完成。

# 明媚田园

**01** 打开"素材\Part 2\Media\03\归园田居.jpg"照片文件，参照"清新农家"图像文件，调整画面的蓝色天空色调，并收纳在"组1"图层组中。

**02** 单击"创建新的填充或调整图层"按钮，应用"纯色"命令，并设置颜色为蓝色（R96，G203，B239），设置该图层的混合模式为"划分"，"不透明度"为20%，并使用黑色画笔在其蒙版中涂抹，以恢复局部色调。

**03** 单击"创建新的填充或调整图层"按钮，应用"纯色"命令，并设置颜色为墨绿色（R96，G203，B239），设置该图层的混合模式为"划分"，"不透明度"为30%，并使用黑色画笔在其蒙版中涂抹，以恢复局部色调。

**04** 单击"创建新的填充或调整图层"按钮，在弹出的快捷菜单中选择"可选颜色"选项，在"属性"面板中设置"黄色"主色选项中参数值，以调整指定区域色调颜色。

**05** 单击"创建新的填充或调整图层"按钮，应用"纯色"命令，并设置颜色为卡其色，设置该图层的混合模式为"亮光"，"不透明度"为10%，并使用黑色画笔在其蒙版中涂抹天空，以恢复天空色调。

**06** 按快捷键Ctrl+J复制"图层4"得到"图层4副本"，并设置该图层的混合模式为"叠加"，"不透明度"为20%，进一步增强画面的色调对比度。

**07** 单击"创建新的填充或调整图层"按钮 ◑.，在弹出的快捷菜单中选择"渐变填充"选项，在弹出的对话框中设置渐变样式，然后设置其混合模式为"柔光"，"不透明度"为20%，为画面添加色彩斑斓的色调。

**08** 单击椭圆工具 ◉.，并在属性栏中设置其参数，画面中绘制多个正圆形状，然后设置该图层的混合模式为"柔光"。复制该图层并调整其大小和位置，使画面呈现光影效果。

**09** 新建"图层4"，设置前景色为黑色，单击渐变工具 ▬.，在属性栏中设置属性，并在画面中从上往下拖动鼠标，然后设置该图层的混合模式为"叠加"，以增强画面的对比度层次。

**10** 新建"图层5"并为其填充黑色，执行"滤镜>渲染>镜头光晕"命令，在弹出的对话框中设置其参数，完成后击"确定"按钮。然后设置该图层的混合模式为"滤色"，使其与画面色调相融合，从而为画面添加朦胧的光效果。至此，本实例制作完成。

## 绚丽水彩

**01** 打开"素材\Part 2\ Media\03\归园田居.jpg"照片文件，参照"明媚田园"图像文件，调整画面的蓝色天空色调，并添加"云朵"图像文件，然后结合"色调均化"命令和图层混合模式调整画面整体效果。

**02** 单击"创建新的填充或调整图层"按钮，在弹出的快捷菜单中选择"曲线"选项，并在"属性"面板中依次设置"红"和"绿"通道的参数，以调整画面色调。

**03** 单击"创建新的填充或调整图层"按钮，应用"色彩平衡"命令，并在"属性"面板中依次设置"阴影"、"中间调"和"高光"选项中设置参数，以调整画面整体色调。

**04** 单击"创建新的填充或调整图层"按钮，应用"可选颜色"命令，并在"属性"面板中依次设置各选项中设置参数，以调整画面指定区域色调。然后使用较透明的黑色画笔在画面中涂抹，以恢复个别区域色调。

**05** 应用"渐变填充"命令，在对话框中设置相应的渐变样式和其他各项属性。并设置该图层的混合模式为"强光"，"不透明度"为70%，以调整画面色调。然后选择其蒙版，并使用较透明的黑色画笔在天空图像上多次涂抹，以恢复该区域的色调效果。

**06** 单击"创建新的填充或调整图层"按钮，应用"曲线"命令，并在"属性"面板中依次设置"红"和"绿"通道的参数，以稍微提亮画面局部色调。

**07** 按快捷键Ctrl+Shift+Alt+E盖印可见图层，生成"图层4"，执行"编辑>定义图案"命令，在弹出的对话框中单击"确定"按钮。然后复制"图层4"，并隐藏"图层4副本"图层。

**08** 单击图案图章工具，在属性栏中设置画笔大小等属性，然后在画面中多次涂抹，使画面呈现出印象派艺术效果。

**09** 显示"图层4副本"图层并复制且继续隐藏，执行"滤镜>滤镜库"命令，在弹出的对话框中，依次应用"绘画涂抹"和"水彩"滤镜，使画面呈现水彩效果，并设置该图层的"不透明度"为90%，使其更加通透自然。然后结合图层蒙版和画笔工具隐藏画面四周局部色调。

**10** 再次复制"图层4副本"图层，并隐藏该图层，将"图层4副本3"图层置于最顶层，应用"最小值"滤镜，并设置该图层的"不透明度"为90%，然后结合图层蒙版和画笔工具隐藏画面四周局部色调。

**11** 选择"图层4副本"图层，按快捷键Ctrl+J复制该图层，并显示生成"图层4副本4"，将其移动至最顶层。然后设置该图层的混合模式为"滤色"，"不透明度"为30%，并结合图层蒙版和画笔工具在画面中涂抹，以恢复部分图像细节层次。

**12** 按快捷键Ctrl+ J复制"图层4"得到"图层4副本5"，按快捷键Ctrl+Shift+[将其置为顶层，并设置该图层的混合模式为"正片叠底"、"不透明度"为80%，以增强其色调层次。

13 新建"图层5"，设置前景色为黑色，单击画笔工具 ✎，在属性栏中设置笔刷为"水彩"笔刷、画笔大小等属性，然后在画面中单击鼠标，以绘制笔刷效果，并设置该图层的混合模式为"叠加"，以增强画面的水彩质感。

14 单击"创建新的填充或调整图层"按钮 ◑.，在弹出的快捷菜单中选择"渐变填充"选项，并在"属性"面板中设置渐变样式和参数值，调整其混合属性并使用较透明的黑色画笔在其蒙版中涂抹以恢复局部色调。

# 04 渔舟唱晚

**相机型号：CYBERSHOT　曝光时间：1/200秒　光圈值：f/2.8**

▌**摄影技巧**：该照片中的天空、山峰和湖面呈现水平排列，画面右侧倾斜放置的木船则在一定程度上打破了画面的平衡，使画面呈现出一定的动感，更加富有生机。

▌**后期润色**：本案例通过调色的方式分别调整照片的雾气朦胧、浓郁黄昏、阴郁天空和艺术海报风格，分别体现出画面的不同光影色调氛围，呈现出多种丰富的画面特质。

▌**光盘路径**：素材\Part 2\Media\04\渔舟唱晚.jpg

---

雾气朦胧

| 阅读指数 | ★★★☆☆ |
|---|---|
| 风格解析 | 画面整体色调较为深沉，湖面和天空的淡土黄色与近景的深色调船只和远处的山峰形成鲜明的对比，通过制作云雾图像，为画面添加朦胧质感。 |
| 光盘路径 | 素材\Part 2\Complete\04\雾气朦胧.psd |

浓郁黄昏

| 阅读指数 | ★★★☆☆ |
|---|---|
| 风格解析 | 画面主要以橙色调为主，色彩层次丰富且突出，将天空与湖面交界处进行一定程度的曝光处理，能够形成画面的亮点，引人遐想。 |
| 光盘路径 | 素材\Part 2\Complete\04\浓郁黄昏.psd |

阴郁天空

| 阅读指数 | ★★★★☆ |
|---|---|
| 风格解析 | 画面主要以冷色调为主，以突出阴郁的氛围，安静停靠的船只在一定程度上激发了画面的活力，使画面呈现出一定的动感和想象空间。 |
| 光盘路径 | 素材\Part 2\Complete\04\阴郁天空.psd |

艺术海报

| 阅读指数 | ★★★★★ |
|---|---|
| 风格解析 | 没有了浓重沉闷的颜色，画面色彩丰富，突出的黄色调和紫色调搭配协调，给人以较为神秘的艺术感，整体质感突出且文字的编排巧妙而合理。 |
| 光盘路径 | 素材\Part 2\Complete\04\艺术海报.psd |

# 雾气朦胧

**01** 执行"文件>打开"命令,打开"素材\Part 2\Media\ 04\ 渔舟唱晚.jpg"照片文件。复制"背景"图层生成"背景副本"图层。执行"滤镜>滤镜库"命令,在弹出的对话框中选择"扭曲"选项组中的"扩散亮光"滤镜,并设置其参数。

**03** 单击"创建新的填充或调整图层"按钮 ●.,应用"色彩平衡"命令,并在"属性"面板中设置"阴影"选项的参数,以调整画面色调。然后设置该图层的混合模式为"柔光","不透明度"为80%,使其与画面色调呈现融合效果。

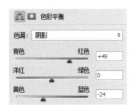

**02** 完成后单击"确定"按钮,以应用该滤镜效果。然后设置该图层的"不透明度"为60%,并单击"添加图层蒙版"按钮 ▣ 为该图层添加图层蒙版,使用较透明的黑色画笔在江面和天空上多次涂抹,以恢复该区域的色调效果。

**04** 新建"图层 1",设置前景色为黑色,背景色为白色,执行"滤镜>渲染>云彩"命令,使画面呈现黑白云彩效果,并设置该图层的混合模式为"滤色"。然后单击"添加图层蒙版"按钮 ▣ 为该图层添加图层蒙版,使用较透明的黑色画笔在画面中多次涂抹,以恢复局部区域的色调,形成雾气朦胧的效果。

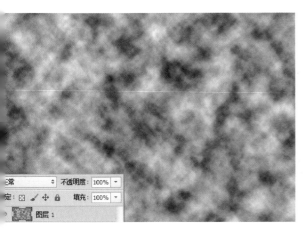

## ≫ 浓郁黄昏

**01** 执行"文件>打开"命令，打开"素材\Part 2\
Media\04\渔舟唱晚.jpg"照片文件。复制"背
景"图层生成"背景 副本"图层。然后设置其混合模式为
"滤色"，"不透明度"为60%，以提亮画面色调。

**02** 单击"创建新的填充或调整图层"按钮 ◎ ，应
用"色彩平衡"命令，在"属性"面板中依次设置
"中间调"、"阴影"和"高光"选项的参数，以调整画
面色调。

**03** 新建"图层1"，设置前景色为黑色，使用较透
明的画笔工具 ✔ ，在画面四周多次涂抹以绘制图
像，然后设置该图层的混合模式为"叠加"，使其与画面
色调相融合，从而加深该区域的色调效果。

**04** 单击"创建新的填充或调整图层"按钮 ◎ ，应
用"照片滤镜"命令，并在"属性"面板中设置
"滤镜"为"加温滤镜（85）"，"浓度"为40%，然后调
整该图层的混合属性和蒙版效果，以增强画面浓郁色调。

---

**▶技术拓展** **使用"叠加"混合模式增强画面浓郁色调**

"强光"混合模式属于光源叠加效果混合模式的一种，该模式还包括"叠加"，"柔光"、"亮光"、"线性光"、
"点光"和"实色混合"几种混合模式。本例中除了使用"强光"混合模式外，同样可以采用"叠加"混合模式强化画
面色调，达到同样的效果。

▲先创建一个"照片滤镜"调整图层。

▲设置该调整图层的混合模式为"叠加"，以加
深画面色调。

▲设置"不透明度"为40%，并使用画笔工具
在蒙版中涂抹，以恢复局部色调。

## » 阴郁天空

**01** 执行"文件>打开"命令，打开"素材\Part 2\Media\04\渔舟唱晚.jpg"照片文件。复制"背景"图层生成"背景 副本"图层。然后设置其混合模式为"滤色"，以提亮画面色调。

**02** 复制"背景副本"图层生成"背景 副本2"图层。然后设置其混合模式为"柔光"，单击"添加图层蒙版"按钮 □ 为该图层添加图层蒙版，并使用较透明的黑色画笔在画面下方多次涂抹，以恢复局部色调。

**03** 单击"创建新的填充或调整图层"按钮 ●.，应用"黑白"命令，在弹出的"属性"面板中保持各选项参数不变，并按快捷键Ctrl+[将其下移一层。再次单击"创建新的填充或调整图层"按钮 ●.，应用"色彩平衡"命令，并在"属性"面板中依次设置"中间调"和"阴影"选项的参数，然后按快捷键Ctrl+]将其上移一层，以调整画面冷色调。

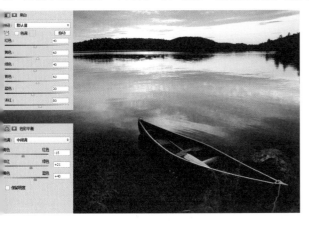

**04** 再次单击"创建新的填充或调整图层"按钮 ●.，应用"曲线"命令，并在"属性"面板中设置各选项的参数，以稍微提亮画面色调。然后新建"图层1"，单击画笔工具，并在属性栏中设置其参数，在画面上方多次涂抹以绘制图像，然后设置该图层的混合模式为"叠加"，以加暗该区域的色调。

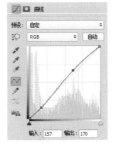

## » 艺术海报

**01** 执行"文件>打开"命令，打开"素材\Part 2\Media\04\渔舟唱晚.jpg"照片文件。复制"背景"图层生成"背景 副本"图层。然后设置其混合模式为"滤色"，"不透明度"为60%，以提亮画面色调。

**02** 按快捷键Ctrl+Shift+Alt+E盖印可见图层，生成"图层1"，执行"滤镜>滤镜库"命令，在弹出的对话框中选择"艺术效果"选项组中的"木刻"滤镜，并设置其参数，完成后单击"确定"按钮，以应用该滤镜效果。

**03** 设置"图层1"的混合模式为"划分"，使画面呈现艺术效果。再次按快捷键Ctrl+Shift+Alt+E盖印可见图层，生成"图层2"，并设置其混合模式为"正片叠底"，以加深画面色调。

**04** 再次按快捷键Ctrl+Shift+Alt+E盖印可见图层，生成"图层2"，执行"滤镜>滤镜库"命令，在弹出的对话框中选择"艺术效果"选项组中的"海报边缘"滤镜，并设置其参数，使画面呈现艺术效果。单击对话框右下角"新建效果图层"按钮 ，然后选择"胶片颗粒"滤镜并设置其参数，完成后单击"确定"按钮，以应用该滤镜效果。

**05** 按快捷键Ctrl+J复制"图层1"得到"图层1副本"，并设置其混合模式为"正片叠底"，"不透明度"为50%。然后执行"滤镜>滤镜库"命令，在弹出的对话框中选择"艺术效果"选项组中的"绘画涂抹"滤镜，并设置其参数，使画面呈现艺术效果。

06 再次执行"滤镜>滤镜库"命令，在弹出的对话框中选择"艺术效果"选项组中的"调色刀"滤镜，并设置其参数，使画面呈现艺术效果。单击对话框右下角的"新建效果图层"按钮，然后选择"木刻"滤镜并设置其参数，完成后单击"确定"按钮，以应用该滤镜效果，使画面的艺术效果更加强烈。

07 按快捷键Ctrl+J复制"图层2"得到"图层2副本"，并设置其混合模式为"柔光"。然后为该图层添加图层蒙版，并使用较透明的黑色画笔在画面四周多次涂抹，以恢复该区域色调，使画面呈现较朦胧的暗角效果。

08 单击"创建新的填充或调整图层"按钮，在弹出的菜单中选择"渐变"命令，并在"属性"面板中设置相应的渐变样式和其他各项属性，然后设置该图层的混合模式为"柔光"，使画面呈现出丰富的色彩效果。使用相同的方法，创建一个"图案"填充图层，并相应调整其混合模式。然后使用直排文字工具在画面右侧输入文字。

## 05　江面渔家

相机型号：NIKON D80　曝光时间：1/250秒　光圈值：f/8

▌摄影技巧：照片采用水平视角，将远处的山峰和天空背景带入深邃的透视画面，整体画面的空间构图显得更加宽阔，同时将背景进行虚化处理，能够更好地突出画面前方的木筏和主题人物。

▌后期润色：本案例通过调色的方式分别实现照片的渔家风采、清秀山水民风和劳作速写风格，分别体现出画面的不同光影色调氛围，呈现出多种丰富的画面特质。

▌光盘路径：素材\Part 2\Media\05\江面渔家.jpg

渔家风采

| 魔法指数 | ★★★☆☆ |
| --- | --- |
| 风格解析 | 画面整体以绿色调和淡黄色调为主，画面四周的颜色浅淡且层次丰富，能够鲜明的突出画面中心的主题人物和风景，整体呈现出清新独特的渔家风采。 |
| 光盘路径 | 素材\Part 2\Complete\05\渔家风采.psd |

清秀山水民风

| 魔法指数 | ★★★☆☆ |
| --- | --- |
| 风格解析 | 画面中万里晴空、白云飘飘，湖水清澈且景色优美，整体给人以心旷神怡、舒适自然的心里感受，传递出山水清秀、民风淳朴的感情。 |
| 光盘路径 | 素材\Part 2\Complete\05\清秀山水民风.psd |

劳作速写

| 魔法指数 | ★★★★★ |
| --- | --- |
| 风格解析 | 画面从绘画的角度作为切入点，将景物和人物的线条进行提取，笼罩在淡淡的青色调之中，渲染出悠然自得、惬意无比的速写风情。 |
| 光盘路径 | 素材\Part 2\Complete\05\劳作速写.psd |

## » 渔家风采

**01** 执行"文件>打开"命令，打开"素材\Part 2\Media\05\江面渔家.jpg"照片文件。复制"背景"图层生成"背景 副本"图层。然后设置其混合模式为"正片叠底"，"不透明度"为50%，以调暗画面色调。

**02** 单击"创建新的填充或调整图层"按钮 ，在弹出的菜单中选择"曝光度"命令，并在"属性"面板中依次设置"曝光度"、"位移"和"灰度系数校正"选项的参数，然后选择其蒙版，并使用较透明的黑色画笔在画面上方多次涂抹，以恢复局部色调。

**03** 单击"创建新的填充或调整图层"按钮 ，在弹出的菜单中选择"可选颜色"命令，并在"属性"面板中依次设置"黄色"、"绿色"和"中性色"选项的参数，以调整画面绿色调。

**04** 再次单击"创建新的填充或调整图层"按钮 ，应用"照片滤镜"命令，并在"属性"面板中设置"滤镜"为"冷却滤镜（LBB）"，"浓度"为25%，然后设置该图层的混合模式为"强光"，"不透明度"为80%，使画面呈现色调融合效果，选择其蒙版，并使用黑色画笔在天空和湖面上多次涂抹以恢复该区域的色调。

**05** 使用相同的方法，再次创建一个"照片滤镜"调整图层，并在"属性"面板中设置"滤镜"为黄，"浓度"为25%，从而为画面增添一些黄色调。

**06** 按快捷键Ctrl+Shift+Alt+E盖印图层，生成"图层1"，设置该图层的混合模式为"正片叠底"，"不透明度"为60%，以加暗画面色调。然后结合图层蒙版和画笔工具 恢复湖面和山峰的局部色调。

**07** 单击"创建新的填充或调整图层"按钮 ●，在弹出的菜单中选择"色阶"命令，并在"属性"面板中设置"输入色阶"的"阴影"、"中间调"和"高光"的参数值分别为30、1.26和222，以增强画面的色调对比度。然后选择其蒙版，并使用较透明的黑色画笔在天空和湖面上多次涂抹，以恢复该区域的色调。

**08** 再次按快捷键Ctrl+Shift+Alt+E盖印可见图层，生成"图层 2"，使用减淡工具 ● 在山峰图像上多次涂抹，以提亮其色调。使用加深工具 ● 在木筏左侧的油面上多次涂抹以加深该区域色调。然后结合图层蒙版和画笔工具 ● 隐藏画面四周局部色调。最后为该图层添加投影图层样式。

**09** 单击"创建新的填充或调整图层"按钮 ●，应用"纯色"命令，并设置颜色为米黄色（R255，G252，B240）。然后设置该图层的"不透明度"为50%，并按快捷键Ctrl+[将其下移一层，以增强画面四周的朦胧质感。

**10** 单击"创建新的填充或调整图层"按钮 ●，应用"照片滤镜"命令，并在"属性"面板中设置"滤镜"为"加温滤镜（85）"，"浓度"为25%，以调整画面色调。然后按快捷键Ctrl+]将其上移一层后选择其蒙版，并使用黑色画笔在画面中多次涂抹，以恢复局部色调。

**11** 再次按快捷键Ctrl+Shift+Alt+E盖印可见图层，生成"图层 3"，然后设置该图层的混合模式为"柔光"，"不透明度"为30%，从而稍微柔化画面整体色调效果。

**12** 再次盖印可见图层，生成"图层 4"，然后执行"滤镜>渲染>镜头光晕"命令，在弹出的对话框中设置其参数，完成后单击"确定"按钮，为画面添加光晕效果。

**13** 单击"创建新的填充或调整图层"按钮  ，在弹出的菜单中选择"色彩平衡"命令，并在"属性"面板中设置"中间调"选项的参数，以增强画面的清新色调效果。

## » 清秀山水民风

**01** 执行"文件>打开"命令，打开"素材\Part 2\Media\05\江面渔家.jpg"照片文件。复制"背景"图层生成"背景 副本"图层。然后设置其混合模式为"正片叠底"，"不透明度"为80%，以加暗画面色调。

**02** 单击"添加图层蒙版"按钮  ，为"背景 副本"图层添加图层蒙版，单击画笔工具 ，并在"画笔预设"选取器中设置画笔参数，在属性栏中设置画笔的"不透明度"为10%，在画面下方多次涂抹以恢复该区域色调，设置较小的画笔继续在人物上涂抹，以恢复其细节。

**03** 单击"创建新的填充或调整图层"按钮 ，在弹出的菜单中选择"色彩平衡"命令，并在"属性"面板中设置"中间调"选项的参数，以调整画面绿色调。

**04** 再次单击"创建新的填充或调整图层"按钮 ，在弹出的菜单中选择"色阶"命令，并在"属性"面板中依次设置"红"、"绿"和"蓝"通道的参数，然后设置该调整图层的"不透明度"为80%，使画面色调更加清新和自然。

**05** 按快捷键Ctrl+Shift+Alt+E盖印可见图层，生成"图层 1"。然后设置该图层的混合模式为"正片叠底"，"不透明度"为50%，稍微增强画面的色调。然后结合图层蒙版和画笔工具隐藏画面下方的局部色调，以恢复水面和木筏的细节。

**06** 新建"图层2"，设置前景色为天蓝色（R29，G148，B203），单击画笔工具，并在属性栏中设置画笔参数，在画面上方多次涂抹颜色并相应调整该图层的混合模式，以增强天空的蓝色调。打开"云朵.png"文件，将其拖动至当前图像文件中并调整其位置，以丰富画面层次和效果。

**07** 单击"创建新的填充或调整图层"按钮，应用"曝光度"命令，并在"属性"面板中依次设置"曝光度"、"位移"和"灰度系数校正"选项的参数，以增强画面亮度。然后按快捷键Ctrl+Shift+Alt+E盖印可见图层，生成"图层 4"。并设置其混合模式为"柔光"，"不透明度"为30%，从而柔化画面色调，增强画面清新度。

**08** 再次单击"创建新的填充或调整图层"按钮，在弹出的菜单中选择"色彩平衡"命令，并在"属性"面板中依次设置"中间调"和"高光"选项的参数，以调整湖面、木筏和草丛的黄色调，使画面更加富有层次感。

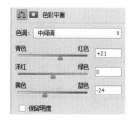

## 劳作速写

**01** 执行"文件>打开"命令，打开"素材\Part 2\Media\05\江面渔家.jpg"照片文件。单击"创建的填充或调整图层"按钮 ⊙，应用"黑白"命令，在弹出的"属性"面板中保持各选项的参数不变，以调整画面黑白色调效果。

**03** 设置"图层1"的混合模式为"柔光"，使其与画面色调呈现融合效果。然后再次盖印可见图层生成"图层2"，执行"滤镜>滤镜库"命令，在弹出的对话框中选择"素描"选项组中的"炭笔"滤镜，并在对话框侧设置其参数。

**05** 按快捷键Ctrl+J复制"图层1"得到"图层1副本"，按快捷键Ctrl+Shift+]将其置为顶层，并设该图层的混合模式为"叠加"，"不透明度"为70%，微增强画面色调对比度。

**02** 按快捷键Ctrl+Shift+Alt+E盖印可见图层，生成"图层1"，执行"滤镜>其他>高反差保留"命令，在弹出的"高反差保留"对话框中设置"半径"为30像素，完成后单击"确定"按钮，以应用该滤镜效果。

**04** 设置完成后单击"确定"按钮，以应用该滤镜效果。然后设置该图层的混合模式为"强光"，使其与画面色调相融合。

**06** 单击"创建新的填充或调整图层"按钮 ⊙，应用"色阶"命令，并在"属性"面板中依次设置"输入色阶"的"阴影"、"中间调"和"高光"选项的参数，以增强画面的色调对比度。

**07** 按快捷键Ctrl+J复制"图层1副本"得到"图层1副本2",按快捷键Ctrl+]将其上移一层,并设置该图层的混合模式为"线性加深"。然后执行"滤镜>滤镜库"命令,在弹出的对话框中选择"素描"选项组中的"影印"滤镜,并在对话框右侧设置其参数,完成后单击"确定"按钮,以增强画面的速写质感。

**08** 单击"创建新的填充或调整图层"按钮 ●|,应用"图案"命令,并在弹出的对话框中设置各选项参数,完成后单击"确定"按钮。然后设置该图层的混合模式为"正片叠底","不透明度"为60%,使其与画面色调呈现融合效果,从而增强画面的质感。

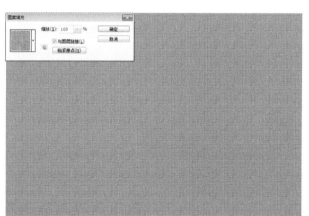

**09** 单击"创建新的填充或调整图层"按钮 ●|,应用"纯色"命令,并设置颜色为淡蓝色(R199,G244,B251),然后设置该图层的混合模式为"正片叠底","不透明度"为50%,以调整画面色调。使用相同的方法,创建一个"亮度/对比度"调整图层,以增强画面的亮度和对比度。

# 06 梦幻沙滩

■ 摄影技巧：照片中采用较为单纯的木船作为画面主体物，摒弃多余元素，影像简洁有力，体现出单纯、直接而清新的画面。

■ 后期润色：本案例通过调色的方式分别实现照片的清爽海滩、浪漫温馨、忧伤色调和古老电影海报风格，分别体现出画面的不同光影色调氛围，呈现出丰富的画面特质。

■ 光盘路径：素材\Part 2\Media\06\梦幻沙滩.jpg

| ℹ | 相机型号：NIKON D300 | 曝光时间：1/400秒 | 光圈值：f/9 |

清爽海滩

魔法指数 ★★★☆☆

风格解析 画面整体以淡蓝色、白色和土黄色为主要色调，通过对画面影调进行均化处理，来增强画面色调质感，使画面呈现出清新爽快的优雅海滩效果。

光盘路径 素材\Part 2\Complete\06\清爽海滩.psd

浪漫温馨

魔法指数 ★★★☆☆

风格解析 画面整体色调柔美且温馨，停泊在沙滩的小船以深紫色调为主，与沙滩相映成趣，大面积的淡蓝色天空给人以心旷神怡的感觉，整体浪漫且温馨。

光盘路径 素材\Part 2\Complete\06\浪漫温馨.psd

忧伤色调

魔法指数 ★★★★☆

风格解析 画面以青色和黄色为主要色调，通过对画面进行色调调整，增强其忧伤气质。

光盘路径 素材\Part 2\Complete\06\忧伤色调.psd

古老电影海报

魔法指数 ★★★☆☆

风格解析 画面中添加了层叠的白云图像，增强了层次质感，色调的处理上则尽显古朴和沉着，颗粒化的纹理更加勾起了封存的记忆，给人以无尽的遐想。

光盘路径 素材\Part 2\Complete\06\古老电影海报.psd

## ≫ 清爽海滩

**01** 执行"文件>打开"命令，打开"素材\Part 2\Media\06\梦幻沙滩.jpg"照片文件。复制"背景"图层生成"背景 副本"图层。然后设置其混合模式为"滤色"，"不透明度"为80%，以提亮画面色调。

**02** 执行"滤镜>模糊>高斯模糊"命令，在弹出的"高斯模糊"对话框中设置"半径"为20像素，完成后单击"确定"按钮，将该图像进行模糊处理。

**03** 打开"云朵.png"文件，将其拖曳到当前图像文件中，调整其大小和位置。盖印可见图层，并应用"色调均化"命令，以均化图像色调。然后设置该图层的混合模式为"柔光"，并结合图层蒙版和画笔工具在区域中涂抹，以恢复该区域的细节。

**04** 单击"创建新的填充或调整图层"按钮，在弹出的菜单中选择"色阶"命令，设置参数值，并使用较透明的黑色画笔在画面中多次涂抹，以恢复局部区域的色调，从而增强沙滩的光感效果。

**05** 盖印可见图层，生成"图层3"，并执行"滤镜>锐化>USM锐化"命令，在弹出的对话框中设置参数值，以增强画面轮廓细节。然后创建"曲线1"调整图层，分别在各个通道中设置参数值，以调整画面色调。

**06** 单击"创建新的填充或调整图层"按钮，在弹出的菜单中选择"可选颜色"命令，并在"属性"面板中依次设置参数，以调整画面指定色调，使画面更加富有层次感。

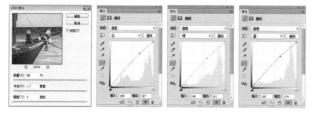

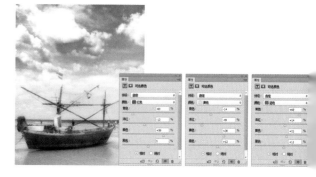

**07** 单击"创建新的填充或调整图层"按钮 ◯., 在弹出的菜单中选择"照片滤镜"命令, 并在"属性"面板中设置参数值, 然后设置其混合模式, 并选择其蒙版, 并使用较明的黑色画笔在沙滩上多次涂抹, 以恢复该区域的细节。

**08** 分别创建"颜色填充1"和"选取颜色2"填充（调整）图层, 设置相应的填充颜色和参数值, 然后设置其混合模式, 并结合图层蒙版和画笔工具在天空区域涂抹, 以恢复该区域色调。

**09** 单击"创建新的填充或调整图层"按钮 ◯., 在弹出的菜单中选择"色彩平衡"命令, 在"属性"面板中, 分别在"阴影"、"中间调"和"高光"选项中设置参数值, 使画面更加清爽。

▶**技术拓展** 使用"色阶"调整图层提亮画面色调

通过在"属性"面板中设置色阶调整图层的输入色阶参数, 即可调整画面的亮度和对比度。使用该调整图层只需单击"创建新的填充或调整图层"按钮 ◯., 在弹出的菜单中选择"色阶"命令即可。本例中除使用亮度/对比度调整图层调整画面亮度外, 同样可以采用色阶调整图层来增强画面的亮度和对比度。

◀创建一个"色阶"调整图层, 并设置"输入色阶"的参数为12、1.0、234。

◀使用较透明的黑色画笔在画面局部涂抹。

▲"图层"面板中的"色阶"调整图层。

## » 浪漫温馨

**01** 执行"文件>打开"命令,打开"素材\Part 2\ Media\ 06\梦幻沙滩.jpg"照片文件。参照"清爽海滩"图像文件,结合"高斯模糊"命令、"色调均化"命令和图层混合模式等增强画面的光感效果,并使用多个调整图层调整画面色调。

**02** 单击"创建新的填充或调整图层"按钮 ◐, 应用"色相/饱和度"命令,并在"属性"面板中依次设置"全图"和"蓝色"选项的参数,以调整画面色调。

**03** 单击"创建新的填充或调整图层"按钮 ◐, 应用"色彩平衡"命令,并在"属性"面板中依次设置"中间调"、"阴影"和"高光"选项的参数,进一步调整画面色调。

**04** 再次单击"创建新的填充或调整图层"按钮 ◐, 应用"色相/饱和度"命令,并在"属性"面板中设置各选项参数,以调整画面的色相和饱和度。使用相同的方法创建一个"曲线"调整图层,并在"属性"面板中设置"蓝"通道的参数,使画面呈现出较为浪漫的艺术色调效果。

**05** 再次单击"创建新的填充或调整图层"按钮 ◐, 应用"亮度/对比度"命令,并在"属性"面板中设置各选项的参数,以增强画面的亮度。然后按快捷键Ctrl+Shift+Alt+E盖印可见图层,生成"图层2",并设置其混合模式为"柔光","不透明度"为60%,以增强化画面的柔美温馨效果。

**06** 单击椭圆工具 ◯, 并在属性栏中设置其参数,在画面中绘制多个正圆形状,并在"属性"面板中设置"羽化"为3像素。然后设置该图层的混合模式为"色相和度","不透明度"为70%,使其与画面色调相融合。复制该图层并调整其大小、位置和颜色后,设置其混合模式为"柔光",以增强画面的浪漫效果。

**07** 新建图层并填充为黑色，执行"滤镜>渲染>镜头光晕"命令，在弹出的对话框中设置其参数，完成后单击"确定"按钮，以应用该滤镜效果。然后设置该图层的混合模式为"滤色"，使画面呈现出梦幻的光影效果。

**08** 新建图层并设置前景色为白色，单击画笔工具，并在属性栏中设置其参数，在画面右上角多次涂抹以绘制图像。然后设置该图层的混合模式为"柔光"，使其与光晕图像色调相融合，从而增强其朦胧质感效果。

# 忧伤色调

**01** 执行"文件>打开"命令，打开"素材\Part 2\Media\06\梦幻沙滩.jpg"照片文件。复制"背景"图生成"背景 副本"图层，然后执行"图像>调整>色调均"命令，以均化图像色调。

**02** 设置"背景 副本"图层的混合模式为"滤色"，"不透明度"为60%，以提亮画面色调。

**TIPS** 设置滤色混合模式

　　"滤色"混合模式主要是将混合色的互补色与基色进行正片叠底，形成较亮的结果色，一般可以用于提亮画面色调。

**03** 按快捷键Ctrl+Shift+Alt+E盖印可见图层，生成"图层1"，并设置该图层的混合模式为"叠加"，以增强画面色调层次。然后为该图层添加图层蒙版，并使用画笔工具在较暗区域涂抹，以恢复其细节。

**04** 执行"文件>打开"命令，打开"云朵.png"素材件，将其拖曳到当前图像文件中，生成"图层2"应用"自由变换"命令调整前其大小和位置。

**05** 在"通道"面板中选择"绿"通道，执行"图像>调整>应用图像"命令，在弹出的对话框中设置混合模式为"叠加"，"不透明度"为80%，完成后单击"确定"按钮，以应用其色调效果。

**06** 在"通道"面板中选择"蓝"通道，执行"图像>调整>应用图像"命令，在弹出的对话框中设置混合模式为"叠加"，勾选"反相"复选框，完成后单击"确定"按钮，以应用其色调效果。

**07** 按快捷键Ctrl+Shift+Alt+E盖印可见图层，生成"图层4"，在"通道"面板中按住Ctrl键的同时单击选择"绿"道并复制，然后选择"蓝"通道，粘贴该选区。并设置其混合模式为"正片叠底"，"不透明度"为60%，从柔化画面整体色调，使其更加梦幻。

08 单击"创建新的填充或调整图层"按钮 ⊙，在弹出的快捷菜单中选择"色阶"命令，并在"属性"面板中设置参数，以调整画面的亮度层次。

09 新建"图层5"，设置前景色为黑色，单击渐变工具，在属性栏中设置属性，并在画面四周从外向内拖动鼠标，以填充画面。然后设置其混合模式为"正片叠底"，"不透明度"为50%，以增强其色调效果。

## 古老电影海报

01 打开"素材\Part 2\Media\06\梦幻沙滩.jpg"照片文件。然后依次打开"云朵1.png"和"云朵2.png"图像文件，分别拖动至当前图像文件中并调整其位置。

02 按快捷键Ctrl+J复制"背景"图层，生成"背景副本"图层，然后设置其混合模式为"正片叠底"，"不透明度"为30%，并按快捷键Ctrl+]将其上移一层，以加深画面色调。

**03** 按快捷键Ctrl+Shift+Alt+E盖印可见图层，生成"图层3"，执行"图像>调整>色调均化"命令，以均化图像色调。然后设置其混合模式为"柔光"，"不透明度"为52%，使画面呈现较为清新的色调效果。

**04** 单击"创建新的填充或调整图层"按钮，应用"曲线"命令，并在"属性"面板中依次设置"红"、"绿"和"蓝"通道的参数，以调整画面色调。使用相同的方法创建一个"渐变"填充图层，在"属性"面板中设置相应的渐变样式和其他各项属性，以调整其混合模式。

**05** 按快捷键Ctrl+Shift+Alt+E盖印可见图层，生成"图层4"，应用"颗粒"滤镜，为画面添加纹理质感效果，并设置该图层的"不透明度"为80%，形成质感十足的旅游海报设计效果。

# 07 | 原野

相机型号：Canon EOS 5D　曝光时间：1/1250秒　光圈值：f/4

▌**摄影技巧**：由于曝光过度导致该照片发白，明暗对比弱，色彩也不够饱和。通过为画面添加发散光效果可以增强画面光线的透气性并增强图像明暗对比效果。

▌**后期润色**：本案例通过调色的方式分别实现照片的天地融合、神话光影和魔幻原野的神奇风格，分别体现出画面的不同光影色调氛围。

▌**光盘路径**：素材\Part 2\Media\07\原野.jpg

天地融合

| 魔法指数 | ★★★☆☆ |
|---|---|
| 风格解析 | 添加照片浓厚的云层效果，结合蓝色天空背景与草地色调进行调整，将天空与地面紧密融合。 |
| 光盘路径 | 素材\Part 2\Complete\07\天地融合.psd |

神话光影

| 魔法指数 | ★★★★☆ |
|---|---|
| 风格解析 | 为了表现神话光影效果，光影的照射是重要的表现方式，通过添加光影增强阳光的照射感，从而赋予画面神话般的氛围气息。 |
| 光盘路径 | 素材\Part 2\Complete\07\神话光影.psd |

魔幻原野

| 魔法指数 | ★★★★★ |
|---|---|
| 风格解析 | 对画面影调进行色调调整，并增添不同的色调效果，表现画面的魔幻色彩。通过添加光斑效果，加深魔幻色彩。 |
| 光盘路径 | 素材\Part 2\Complete\07\魔幻原野.psd |

## » 天地融合

**01** 执行"文件>打开"命令,打开"素材\Part 2\Media\ 07\原野.jpg"照片文件。新建"组1"图层组,复制"背景"图层并设置混合模式为"正片叠底",以加深天空层次。然后使用画笔工具 ✐ 在原野上涂抹,以恢复原野色调。

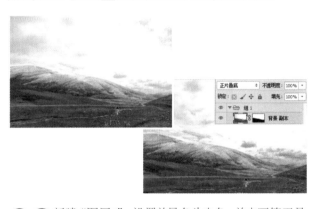

**02** 新建"图层1",设置前景色为深蓝色(R110, G127, B160),并使用线性渐变 ■ 填充天空图像,设置其混合模式为"颜色加深","不透明度"为70%,以加深天空颜色。然后复制"图层1",并设置其混合模式为"正片叠底","不透明度"为80%,以增强天空颜色。

**03** 新建"图层2",设置前景色为白色,单击画笔工具 ✐ 在"画笔预设"选取器中选择云朵笔刷,设置画笔大小,并然后在画面中涂抹,以添加云朵效果。新建"图层3",使用相同方法添加云朵,并结合图层蒙版和橡皮擦工具 ✐ 隐藏多余图像,设置其"不透明度"为80%,以减淡图像颜色。

**04** 单击"创建新的填充或调整图层"按钮 ◑ ,在弹出的快捷菜单中选择"色彩平衡"选项,分别在"阴影"、"中间调"和"高光"选项中设置各个选项中的参数值,以调整画面整体色调,并使用柔角橡皮擦工具 ✐ 在天空中涂抹,以恢复天空色调,然后设置该图层的"不透明度"为80%,以减淡图像色调颜色。

**05** 单击"创建新的填充或调整图层"按钮 ◑ ,在弹出的快捷菜单中选择"色彩平衡"选项,设置参数值,并使用柔角橡皮擦工具 ✐ 在天空中涂抹,以恢复天空色调层次,调整原野的亮度层次。

**06** 单击"创建新的填充或调整图层"按钮 ◑ ,在弹出的快捷菜单中选择"可选颜色"选项,分别在"黄色"和"绿色"主色中设置各个选项参数值,以调整原野色调。然后设置该图层的"不透明度"为50%,以减淡原野色调,使其效果更自然。

**07** 单击"创建新的填充或调整图层"按钮 ，在弹出的快捷菜单中选择"照片滤镜"选项，设置相应的滤镜和参数值，并设置该图层的混合模式为"柔光"，"不透明度"为80%，以增强画面的色调层次。

**08** 单击"创建新的填充或调整图层"按钮 ，在弹出的快捷菜单中选择"色彩平衡"选项，分别在"中间调"和"高光"选项中设置各个选项参数值，以调整画面整体色调。然后按快捷键Ctrl+Shift+Alt+E盖印可见图层，生成"图层4"，设置该图层的混合模式为"柔光"，"不透明度"为60%，以增强画面色调层次。至此，本实例制作完成。

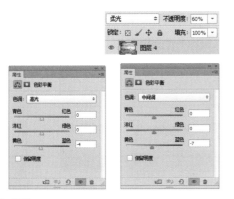

## » 神话光影

**01** 打开"素材\Part 2\Media\07\原野.jpg"照片文件，使用相同的方法，新建"组1"图层组，复制"背景"图层生成"背景 副本"图层，并设置相应的混合模式。结合图层蒙版和画笔工具隐藏多余图像，并使用云朵笔刷和渐变工具添加云朵图像和天空，以丰富画面效果。

**02** 新建"图层4"，继续使用云朵笔刷在画面中添加云朵图像，并执行"滤镜>模糊>径向模糊"命令，在弹出的对话框中设置参数值，完成后单击"确定"按钮，即可应用其径向模糊效果。

**03** 单击"创建新的填充或调整图层"按钮 ◎.,在弹出的快捷菜单中选择"色彩平衡"选项,设置参数值,并使用柔角橡皮擦工具 ◢ 在天空中涂抹,以恢复天空色调层次,调整原野的亮度层次。

**04** 新建"组2"图层组,创建"色彩平衡1"调整图层,分别在"阴影"、"中间调"选项中设置各个选项参数值,并使用画笔工具 ◢ 在天空区域涂抹,以恢复天空色调。

**05** 按快捷键Ctrl+Shift+Alt+E盖印可见图层,设置其混合模式为"正片叠底","不透明度"为60%。并为该图层添加图层蒙版,使用渐变工具 ▣ 中的径向渐变按钮 ▣ 在蒙版中较亮的区域拖动鼠标,以恢复图像原色调。

**06** 单击"创建新的填充或调整图层"按钮 ◎.,在弹出的快捷菜单中选择"渐变填充"选项,在弹出的"属性"面板中设置渐变填充样式和参数值等,完成后单击"确定"按钮。然后在"图层"面板中设置图层的混合模式为"柔光","不透明度"为80%,并使用径向渐变 ▣ 在原野上涂抹,以恢复其色调。

**07** 新建"图层5",设置前景色为黑色,使用渐变工具 ▣ 在画面四周拖动鼠标,然后其混合模式为"正片叠底","不透明度"为80%,并结合图层蒙版和径向渐变 ▣ 在蒙版中拖动鼠标,以恢复图像细节,制作在原野上普照的光斑效果。

**08** 单击椭圆工具 ◉,在属性栏中设置属性,并在画面中绘制,在"属性"面板中设置该图像的羽化值。然后应用"动感模糊"滤镜,并在"图层"面板中设置该图层的混合模式为"叠加",结合图层蒙版和画笔工具隐藏多余图像,以增强光束的照耀效果。

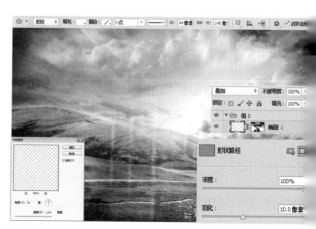

**09** 新建"图层6"，设置前景色为白色，使用画笔工具 在天空中涂抹，制作光照效果，并继续使用相同方法，使用淡黄色画笔在天空涂抹，以增强光照颜色。然后在"画笔预设器"面板中设置画笔选项，以制作光斑。

**10** 单击"创建新的填充或调整图层"按钮 ，在弹出的快捷菜单中选择"亮度/对比度"选项，在弹出的"属性"面板中设置参数值，以增强画面神秘的光影层次。至此，本实例制作完成。

## 》 魔幻原野

**01** 打开"素材\Part 2\Media\07\原野.jpg"照片文件，使用相同的方法，复制"背景"图层生成"背景 副本"图层，并设置相应的混合模式，结合图层蒙版和画笔工具隐藏多余图像，并使用云朵笔刷和渐变工具添加云朵图像和天空，以丰富画面效果。

**02** 单击"创建新的填充或调整图层"按钮 ，应用"渐变映射"命令，并设置渐变样式。然后在"图层"面板中设置图层的混合模式为"饱和度"，"不透明度"为60%，并使用画笔工具在较暗区域稍微涂抹，以恢复其细节。

**03** 选择"渐变映射1"调整图层的同时按快捷键Ctrl+J复制图层，设置该图层的混合模式为"滤色"，"不透明度"为50%，并结合径向渐变▣在蒙版中拖动鼠标，以恢复图像部分色调。再次复制该图层，并设置其混合模式为"颜色"，"不透明度"为50%，以丰富画面色调。

**04** 单击"创建新的填充或调整图层"按钮 ◯，在弹出的快捷菜单中选择"照片滤镜"选项，在弹出的"属性"面板中设置滤镜颜色和浓度。然后在"图层"面板中设置图层的混合模式为"颜色"，"不透明度"为80%，并使用画笔工具在原野上涂抹，以恢复其色调。

**05** 单击"创建新的填充或调整图层"按钮 ◯，在弹出的快捷菜单中选择"渐变填充"选项，在弹出的对话框中设置渐变样式后单击"确定"按钮。然后设置该图层的混合模式为"颜色"，"不透明度"为60%，并使用径向渐变工具在原野和天空边缘涂抹，以恢复其色调。

**06** 单击"创建新的填充或调整图层"按钮 ◯，在弹出的快捷菜单中选择"渐变填充"选项，在弹出的对话框中设置渐变样式后单击"确定"按钮。然后设置该图层的混合模式为"正片叠底"，"不透明度"为80%，并使用柔角画笔工具在画面中心区域涂抹，以制作边缘暗角效果。

**07** 新建"组3"图层组，单击椭圆工具 ◯，在属性栏中设置属性，并在画面中绘制一个正圆图形，设置其混合模式为"柔光"，以制作光斑效果。

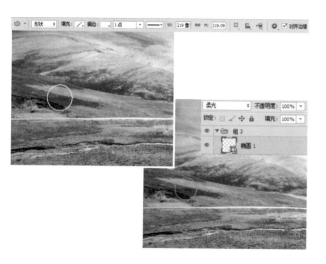

**08** 选择"椭圆1"形状图层单击"添加图层样式"按钮 fx，在弹出的快捷菜单中选择"外发光"选项，并在弹出的"图层样式"对话框中设置相应的参数及选项，完成后单击"确定"按钮。为光斑添加外发光，从而增强其效果。

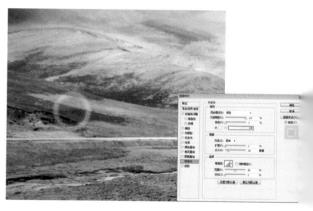

TIPS 不透明度和填充不透明度的区别

在"图层"面板中可以设置图层不透明度，通过设置该参数可以改变当前图层看到下层图层效果的清晰度，数值越大，其清晰度越高；数值越小，其清晰度越低。在"图层"面板中还可以为图层设置填充不透明度，填充透明度影响图层中绘制的像素或图层上绘制的形状，但不影响应用于该图层的任何图层效果的不透明度。

**09** 按快捷键Ctrl+J复制"椭圆1"形状图层两次，生成"椭圆1 副本"和"椭圆1副本2"图层，并分别设置填充透明度和"外发光"图层样式的参数值及选项，从而丰富画面效果

**10** 单击椭圆工具，在属性栏中设置属性，并在画面中绘制一个圆形，生成"椭圆2"形状图层，设置"填充"为8%，以减淡光斑效果。然后为该图层添加"外发光"图层样式，并设置"填充"为8%，以增加魔幻光斑效果。

**11** 使用快捷键Ctrl+J多次复制"椭圆2"形状图层，并设置不同的填充不透明度和图层混合模式，应用"自由变换"命令分别调整其大小和位置。然后分别为其添加"外发光"和"内发光"图层样式，设置相应的参数值及选项，以添加光斑效果。

**12** 新建"图层4"，设置前景色为白色，并单击画笔工具，在"画笔"面板中设置各个选项和参数值，然后在画面中拖动鼠标，即可添加星光效果。然后按快捷键Ctrl+Shift+Alt+E盖印图层，生成"图层5"，设置其混合模式为"柔光"、"不透明度"为30%，以增强画面魔幻光影的层次感。至此，本实例制作完成。

# 08 | 寂寞公路

▌ **摄影技巧**：照该照片在拍摄时，以大光圈拍摄公路照片，呈现景深效果，并突出公路的寂寞心情。该照片色调层次丰富，给人以清新明亮的感觉。

▌ **后期润色**：本案例通过调色的方式分别实现照片的阴郁天空、清新文艺和灰色心情风格，分别体现悠长的公路的各种心情。

▌ **光盘路径**：素材\Part 2\Media\08\寂寞公路.jpg

**i** 相机型号：Canon EOS 5D　　曝光时间：1/125秒　　光圈值：f/5.6

阴郁天空

| 魔法指数 | ★★★★☆ |
|---|---|
| 风格解析 | 阴郁天空以青色和黄色为主，画面颜色暗沉，给人沉郁的感觉。为了突出阴郁的天空色调，可增强画面氛围，表现其特质。 |
| 光盘路径 | 素材\Part 2\Complete\08\阴郁天空.psd |

清新文艺

| 魔法指数 | ★★★★☆ |
|---|---|
| 风格解析 | 朗朗的清爽色调是体现清新明媚的阳光的表现方式，通过淡化图像边缘，展现画面的柔美气息，从而突出画面的清新颜色，富有婉约柔美的文艺气质。 |
| 光盘路径 | 素材\Part 2\Complete\08\清新文艺.psd |

灰色心情

| 魔法指数 | ★★★★☆ |
|---|---|
| 风格解析 | 先对画面影调进行去色处理，再对细节色调进行处理，表现画面阴晦的灰色心情。以拟人的手法表现寂寞的心情，突出该照片的心声，从而在细节上体现其感染效果。 |
| 光盘路径 | 素材\Part 2\Complete\08\灰色心情.psd |

# 阴郁天空

**01** 执行"文件>打开"命令，打开"素材\Part 2\Media\08\寂寞公路.jpg"照片文件。复制"背景"图层，生成"背景 副本"图层，执行"图像>调整>色调均化"命令，以调整图像色调层次。

**02** 单击"创建新的填充或调整图层"按钮，在弹出的菜单中选择"渐变填充"命令。在"属性"面板中设置渐变样式和各个参数值，完成后单击"确定"按钮，设置该图层的混合模式为"颜色"，"不透明度"为40%，以调整图像色调。

**03** 单击"创建新的填充或调整图层"按钮，在弹出的菜单中选择"色阶"命令，并在"属性"面板中设置参数值，然后使用渐变工具中的径向渐变在蒙版中天空区域拖动鼠标，以恢复天空色调。

**04** 单击"创建新的填充或调整图层"按钮，在弹出的菜单中选择"渐变填充"命令，并在"属性"面板中设置渐变样式和各个选项参数值，完成后单击"确定"按钮。然后在"图层"面板中设置该图层的混合模式为"柔光"，"不透明度"为30%，以增强画面色调层次。

**05** 单击"创建新的填充或调整图层"按钮，在弹出的菜单中选择"色彩平衡"命令，在"属性"面板中分别设置"阴影"、"中间调"和"高光"选项的参数值，以调整画面的颜色。

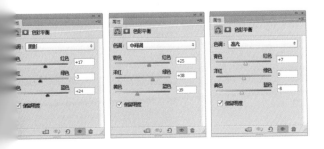

**06** 选择"渐变填充2"调整图层，并按快捷键Ctrl+J拷贝图层，生成"渐变填充2副本"图层，并设置该图层的混合模式为"正片叠底"，"不透明度"为60%。然后使用径向渐变工具在蒙版中拖动鼠标，以恢复图像中间区域的细节。

**07** 单击"创建新的填充或调整图层"按钮 ◐.，应用"渐变填充"命令，设置渐变样式和各个选项参数值。然后在"图层"面板中设置该图层的混合模式为"亮光"，"不透明度"为40%，以增强画面色调。

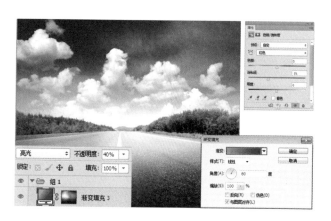

**08** 单击"创建新的填充或调整图层"按钮 ◐.，应用"照片滤镜"命令，设置各个选项和数值，并使用画笔工具在画面中间区域涂抹，以绘制其色调。然后创建"曲线1"调整图层，设置参数值，以调整画面整体色调。至此，本实例制作完成。

## ≫ 清新文艺

**01** 执行"文件>打开"命令，打开"素材\Part 2\Media\08\寂寞公路.jpg"照片文件。复制"背景"图层，生成"背景 副本"图层，执行"图像>调整>色调均化"命令，以调整图像色调层次。然后新建"组1"图层组，并创建"选取颜色1"调整图层，分别设置各个选项参数值，以调整天空和树木色调。

**02** 单击"创建新的填充或调整图层"按钮 ◐.，在弹出的菜单中选择"纯色"命令，并弹出的"拾色器"对话框中设置填充颜色，完成后单击"确定"按钮。使用较透明的画笔工具 ✎ 在画面中涂抹，保留右上角的图像效果，以制作光源效果。

**03** 单击"创建新的填充或调整图层"按钮 ◐.，在弹出的菜单中选择"通道混合器"命令，并在"属性"中设置"红"通道选项的参数值。完成后在"图层"面板中设置其混合模式为"柔光"，"不透明度"为60%，以增强画面色调层次感。

**04** 单击"创建新的填充或调整图层"按钮 ◐.，在弹出的快捷菜单中选择"渐变填充"选项，在弹出的对话框中设置渐变样式后单击"确定"按钮。然后设置该图层的混合模式为"柔光"，并使用径向渐变工具在图像边缘稍微拖动鼠标涂抹，以恢复其色调。

05 单击"创建新的填充或调整图层"按钮 ● |,在弹出的快捷菜单中选择"渐变填充"选项,在弹出的对话框中设置渐变样式后单击"确定"按钮。然后设置该图层的混合模式为"叠加","不透明度"为48%,并使用径向渐变工具在公路和天空边缘涂抹,以丰富画面色调。

06 在"组1"图层组上方,创建"颜色填充2"填充图层,在弹出的对话框中设置填充颜色后单击"确定"按钮。然后设置该图层的"不透明度"为80%,并使用柔角画笔工具在画面中间区域涂抹,以隐藏边缘图像。

07 单击"创建新的填充或调整图层"按钮 ● |,在弹出的快捷菜单中选择"颜色填充"选项,在弹出的对话框中设置填充颜色后单击"确定"按钮。然后设置该图层的混合模式为"柔光","不透明度"为50%,并使用柔角画笔工具在画面中间区域涂抹,以丰富画面色调。

08 按快捷键Ctrl+Shift+Alt+E盖印可见图层,生成"图层1",并设置该图层混合模式为"柔光","不透明度"为30%,以增强画面色调层次感。至此,本实例制作完成。

TIPS 盖印图层的作用

　　在图层面板中包含了各种不同类型的图层。选择最上方的一个图层进行盖印图层,可以在保证原有图层不变的情况下,编辑盖印图层也不会影响下层图层的效果。

## » 灰色心情

**01** 执行"文件>打开"命令,打开"素材\Part 2\Media\ 08\寂寞公路.jpg"照片文件。复制"背景"图层,生成"背景 副本"图层,应用"色调均化"命令,均化图像色调。然后按快捷键Ctrl+Shift+Alt+E盖印可见图层,生成"图层1",并应用"去色"命令。设置"不透明度"为80%,以减淡图像色调。

**02** 单击"创建新的填充或调整图层"按钮 ◯.,在弹出的菜单中选择"色彩平衡"命令,并在"属性"面板中分别设置"中间调"和"高光"选项的参数值。然后继续创建"色彩平衡2"调整图层,设置参数值,以调整画面色调。

**03** 单击"创建新的填充或调整图层"按钮 ◯.,在弹出的快捷菜单中选择"渐变填充"选项,在弹出的对话框中设置渐变样式后单击"确定"按钮。然后设置该图层的混合模式为"柔光","不透明度"为60%,以丰富画面色调。

**04** 分别创建"渐变填充2"和"渐变填充3"填充图层,设置相应的混合模式和不透明度,并使用柔角画笔工具在画面中涂抹,以恢复其色调,从而完善色调调整。至此,本实例制作完成。

# 09 快乐公交

相机型号：Canon EOS 5D 　曝光时间：1/80秒　光圈值：f/4

■ **摄影技巧**：该照片由于光线不足或相机设置等原因，导致色调沉闷，从而不能表现出快乐公交的愉快心情。明媚的阳光色调可表现出公交的快乐气氛，给人以心情美好的快乐感受。

■ **后期润色**：本案例通过调色的方式分别实现照片的小树林、林间透进的阳光、蹉跎岁月和金色季节风格，分别体现出快乐公交不同时间、不同心情的色调氛围。

■ **光盘路径**：素材\Part 2\Media\09\快乐公交.jpg

小树林

魔法指数 ★★★★☆

风格解析　小树林以青色和黄色为主，画面颜色单纯简洁，给人以清新色调气息。通过调整画面，使之呈现清新色调，给人以柔美的美感受。

光盘路径　素材\Part 2\Complete\09\小树林.psd

林间透进的阳光

魔法指数 ★★★★☆

风格解析　明媚的阳光是阳光透进林间的重要表现，柔光在画面顶部添加光影以增强阳光的照射感。柔光使用形状工具添加阳光照射的效果，给人以一种温暖幸福的感觉。

光盘路径　素材\Part 2\Complete\09\林间透进的阳光.psd

蹉跎岁月

魔法指数 ★★★☆

风格解析　对画面影调进行色调处理，再对细节添加光照质感，以映射经过岁月的蹉跎，照片布满沧桑效果。应用"颗粒"滤镜添加纹理质感，突出岁月的历练效果。

光盘路径　素材\Part 2\Complete\09\蹉跎岁月.psd

金色季节

魔法指数 ★★★☆

风格解析　以橙红色、黄色为主色调，添加明媚的阳光以表现画面的灿烂效果。温暖的颜色和阳光结合，体现画面灿烂明媚的光影影调，从而渲染绚美的氛围。

光盘路径　素材\Part 2\Complete\09\金色季节.psd

## » 小树林

**01** 执行"文件>打开"命令，打开"素材\Part 2\Media\09\快乐公交.jpg"照片文件。复制"背景"图层，生成"背景 副本"图层，并设置其混合模式为"滤色"，"不透明度"为50%，以减淡图像颜色。

**02** 按快捷键Ctrl+Shift+Alt+E盖印可见图层，生成"图层1"，执行"图像>调整>色调均化"命令，并设置该图层的混合模式为"不透明度"为40%，以减淡图像色调。

**03** 单击"创建新的填充或调整图层"按钮 ◎，在弹出的快捷菜单中选择"曲线"选项，设置参数值，以调整画面亮度层次。

TIPS 添加曲线节点

在"曲线"调整面板中的直方图中添加一个节点可调整图像的整体亮度，添加两个节点可调整图像的亮度层次，添加多个节点可调整图像不同色调。

**04** 按快捷键Ctrl+Shift+Alt+E盖印可见图层，生成"图层2"。切换至"通道"面板中，按住Ctrl键的同时单击"绿"通道载入其选区，并粘贴到"蓝"通道中，按快捷键Ctrl+D取消选区即可。

**05** 单击"创建新的填充或调整图层"按钮 ◎，在弹出的快捷菜单中选择"曲线"选项，并在"蓝"通道中设置参数值，以调整画面整体色调。

**06** 单击"创建新的填充或调整图层"按钮 ◎，在弹出的快捷菜单中选择"纯色"选项，在弹出的"拾色器"对话框中设置填充颜色，完成后单击"确定"按钮。设置该图层的混合模式为"滤色"，"不透明度"为37%，然后使用画笔工具隐藏多余图像，以制作光效果。

07 单击"创建新的填充或调整图层"按钮 ⊙.，在弹出的快捷菜单中选择"色彩平衡"选项，分别在"中间调"和"高光"选项中设置各个选项参数值，以调画面整体色调。

08 按快捷键Ctrl+Shift+Alt+E盖印可见图层，生成"图层3"，执行"滤镜>其他>高反差保留"命令，在弹出的对话框中设置参数值，完成后单击"确定"按钮，以增强图像细节层次。然后设置该图层的混合模式为"叠加"，"不透明度"为50%，并结合画笔工具和图层蒙版恢复树林的模糊效果。

09 单击"创建新的填充或调整图层"按钮 ⊙.，在弹出的快捷菜单中选择"色彩平衡"选项，分别在"中间调"和"高光"选项中设置各个选项参数值，以调画面清新色调。至此，本实例制作完成。

## 林间透进的阳光

01 执行"文件>打开"命令,打开"素材\Part 2\Media\ 09\快乐公交.jpg"照片文件。复制"背景"图层，生成"背景 副本"图层，并设置其混合模式为"滤色"，"不透明"为60%，以减淡图像颜色。

02 单击"创建新的填充或调整图层"按钮 ⊙.，应用"曲线"命令，设置参数值，以调整画面亮度层次。然后使用画笔工具 ✐ 在蒙版缩览图中角暗区域涂抹，以恢复其细节。

**03** 单击"创建新的填充或调整图层"按钮 ◎.，在弹出的快捷菜单中选择"渐变填充"选项，在弹出的对话框中设置渐变样式。设置其混合模式为"正片叠底"，"不透明度"为60%，并结合径向渐变 ▣在蒙版中拖动鼠标，以恢复图像部分色调。

**04** 单击"创建新的填充或调整图层"按钮 ◎.，在弹出的快捷菜单中选择"纯色"选项，在弹出的"拾色器"对话框中设置填充颜色为黄色，完成后单击"确定"按钮，并在"图层"面板中设置该图层的混合模式为"滤色"，"不透明度"为55%，以减淡图像颜色。然后使用画笔工具 ✎在画面中涂抹，以制作光照效果。最后复制该图层，并设置其混合模式为"柔光"，以增强光照强度。

**05** 单击"创建新的填充或调整图层"按钮 ◎.，在弹出的快捷菜单中选择"色彩平衡"选项，在"属性"面板中分别设置"中间调"和"高光"选项中各个选项的参数值，以调整画面整体色调。

**06** 单击"创建新的填充或调整图层"按钮 ◎.，在弹出的快捷菜单中选择"照片滤镜"选项，在弹出的"属性"面板中设置"滤镜"选项为"加温滤镜（81）"，"浓度"值为30%，以调整画面整体色调。

**07** 单击自定形状工具 ☑，在属性栏中设置"形状"为"靶标2"，在画面中拖动鼠标绘制图形，并在"属性"面板中设置"羽化"值为30px，使其光斑效果更自然。然后应用"自由变换"命令调整其大小和位置，并设置其混合模式为"叠加"，以制作阳光透过的效果。

**08** 新建"图层1"，设置前景色为橘色（R253，G205，B7）。单击渐变工具 ▣，在属性栏中设置属性，完成后在画面中拖拽鼠标，即可填充空白图层。然后设置该图层的混合模式为"滤色"，"不透明度"为29%，使其光照效果更自然。至此，本实例制作完成。

**技术拓展** 画笔工具涂抹图像

画笔工具不仅可以用于绘制图像，还可以用于为图像的部分区域上色。结合属性栏中的混合模式，可快速为人物更换肤色、发色、唇色、去除反光和添加阳光照射效果等。

在"图层"面板中盖印可见图层，单击画笔工具，在属性栏中设置属性，并直接在画面中单击鼠标，即可为指定区域添加阳光照射效果。

# 》 蹉跎岁月

**01** 执行"文件>打开"命令，打开"素材\Part 2\Media\ 09\快乐公交.jpg"照片文件。复制"背景"图层，生成"背景 副本"图层，应用"色调均化"命令，并设置其"不透明度"为50%。然后结合图层蒙版和画笔工具在较暗区域涂抹，以恢复其细节。

**02** 单击"创建新的填充或调整图层"按钮，应用"可选颜色"命令，在"属性"面板中设置"黄色"主色的参数值，以调整树木色调。然后使用画笔工具在公交车上涂抹，以恢复其色调。

**03** 单击"创建新的填充或调整图层"按钮，在弹出的快捷菜单中选择"色相/饱和度"命令，在"属性"面板中勾选"着色"复选框，并调整各个选项参数值，以呈现经过岁月的蹉跎的色调。

**04** 单击"创建新的填充或调整图层"按钮，在弹出的快捷菜单中选择"渐变填充"选项，并在弹出的对话框中设置渐变样式。然后在"图层"面板中设置其混合模式为"柔光"，"不透明度"为46%，并使用画笔工具在较亮区域涂抹，以恢复其细节。

在使用画笔工具涂抹的过程中，为了使涂抹效果更均匀，可以采用层叠式涂抹方式。按住鼠标不放，可进行整体涂抹；按住Shift键的同时在两端创建起始点，可绘制一条直线。

**05** 单击"创建新的填充或调整图层"按钮 ⚪.|，在弹出的快捷菜单中选择"照片滤镜"选项，在弹出的"属性"面板中设置"滤镜"选项为"加温滤镜（85）"，"浓度"值为78%，以调整画面整体色调。

**06** 创建"颜色填充1"填充图层，设置填充颜色后在"图层"面板中设置该图层的混合模式为"柔光"，"不透明度"为60%，并使用画笔工具在画面中涂抹，以恢复其色调。

**07** 单击"创建新的填充或调整图层"按钮 ⚪.|，在弹出的快捷菜单中选择"曲线"选项，在"属性"面板中设置参数值，以调整画面亮度层次。

**08** 创建"颜色填充2"填充图层，设置相应的混合模式和不透明度，并使用画笔工具隐藏多余图像色调。

**09** 按快捷键Ctrl+Shift+Alt+E盖印可见图层，生成"图层1"，执行"滤镜>艺术效果>颗粒"命令，在弹出的对话框中设置参数值，完成后单击"确定"按钮。然后结合图层蒙版和画笔工具在较亮区域涂抹，以恢复其色调。至此，本实例制作完成。

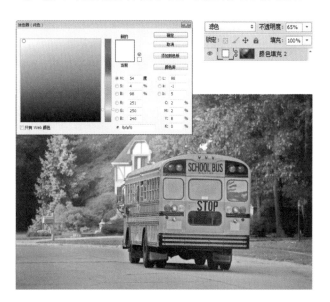

# 金色季节

**01** 执行"文件>打开"命令，打开"素材\Part 2\Media\09\快乐公交.jpg"照片文件。复制"背景"图层，生成"背景 副本"图层，应用"色调均化"命令，并设置其"不透明度"为50%，然后结合图层蒙版和画笔工具在较暗区域涂抹，以恢复该区域细节。

**02** 单击"创建新的填充或调整图层"按钮 ◎.，在弹出的快捷菜单中选择"曲线"选项，并在"属性"面板中设置参数值，以调整画面亮度层次。

**03** 单击"创建新的填充或调整图层"按钮 ◎.，在弹出的快捷菜单中选择"可选颜色"选项，并在"属性"面板中分别设置"黄色"和"绿色"主色选项的参数值，以调整画面树木色调。然后复制该图层，并设置该图层"不透明度"为50%，以制作金秋季节色调效果。

**04** 创建"色彩平衡1"调整图层，设置参数值，并盖印可见图层，设置该图层混合模式和不透明度，以增强画面色调层次。

**05** 创建"颜色填充1"填充图层，并设置该图层的混合模式和不透明度，然后使用画笔工具在森林上涂抹，以制作光照效果。至此，本实例制作完成。

# 10 | 婉约词

相机型号：NIKON D300　曝光时间：1/100秒　光圈值：f/5

▌**摄影技巧**：该照片通过景深来表现婉约的花卉效果，在朦胧中透着一股清莹、独立的气质，映着柔和的背景，散发出婉约柔美的魅力，表现出花卉的坚强的气质。

▌**后期润色**：本案例通过调色的方式分别实现照片的柔美婉约、恬静清莹、暖意怀旧和复古写意风格，分别体现出画面的不同特质的色调气氛。

▌**光盘路径**：素材\Part 2\Media\10\婉约词.jpg

| 魔法指数 | ★★★★★ |
| --- | --- |
| 风格解析 | 柔美婉约以黄色和青色为主，画面颜色色调层次分明，在画面中透着那一抹红，表现出柔美中的坚强，并呈现柔美婉约的效果。 |
| 光盘路径 | 素材\Part 2\Complete\10\柔美婉约.psd |

| 魔法指数 | ★★★★☆ |
| --- | --- |
| 风格解析 | 恬静清莹是以清新舒爽的色调来表现的，同时添加镜头光晕来增添阳光的照射感，不与争艳的色调表现出清新爽朗的气质，以达到恬静气息效果。 |
| 光盘路径 | 素材\Part 2\Complete\10\恬静清莹.psd |

| 魔法指数 | ★★★★☆ |
| --- | --- |
| 风格解析 | 先对画面影调进行色调处理，再对细节上的色调进调整，从而完善怀旧色调效果。同时添加光晕照耀的质感，从而突出在怀旧效果中的温暖气息。 |
| 光盘路径 | 素材\Part 2\Complete\10\暖意怀旧.psd |

| 魔法指数 | ★★★★☆ |
| --- | --- |
| 风格解析 | 复古写意是以淡紫色、红色和黄色为主色调，表现其复古气息。同时添加颗粒质感，体现画面复古中灿烂明媚的光影色调，从而渲染绚美的氛围。 |
| 光盘路径 | 素材\Part 2\Complete\10\复古写意.psd |

## » 柔美婉约

**01** 执行"文件>打开"命令，打开"素材\Part 2\Media\ 10\ 婉约词.jpg"照片文件。复制"背景"图层，生成"背景 副本"图层，执行"图像>调整>色调均化"命令，并设置该图层的"不透明度"为50%，以减淡图像色调。

**02** 单击"创建新的填充或调整图层"按钮，在弹出的快捷菜单中选择"可选颜色"选项，并在"属性"面板中分别设置"黄色"和"洋红"主色选项的参数值，以调整花朵图像色调。

**03** 单击"创建新的填充或调整图层"按钮，在弹出的快捷菜单中选择"可选颜色"选项，并在"属性"面板中分别设置"红色"和"黄色"主色选项的参数值，以调整花朵图像色调。然后使用画笔工具在蒙版中涂抹，以恢复荷叶色调。

**04** 单击"创建新的填充或调整图层"按钮，在弹出的快捷菜单中选择"纯色"选项，在弹出的"拾色器"对话框中设置填充颜色为橙色，完成后单击"确定"按钮，并设置该图层的混合模式为"柔光"，"不透明度"为44%。使用柔角橡皮擦工具在画面中涂抹，以恢复部分色调，丰富画面效果。

**05** 单击"创建新的填充或调整图层"按钮，应用"纯色"命令，在弹出的对话框中设置填充颜色为蓝色，完成后单击"确定"按钮。设置该图层的混合模式为"柔光"，并使用柔角橡皮擦工具在画面中涂抹，以恢复部分色调，丰富画面效果。

**06** 单击"创建新的填充或调整图层"按钮，在弹出的快捷菜单中选择"渐变填充"选项，设置渐变样式后单击"确定"按钮。然后设置该图层的混合模式为"柔光"，以丰富画面色调。并使用柔角橡皮擦工具在画面中涂抹，以恢复部分色调，

**07** 单击"创建新的填充或调整图层"按钮 ●，在弹出的快捷菜单中选择"照片滤镜"选项，设置相应的滤镜和参数值，并使用柔角画笔工具 ✎ 在图像边缘稍微涂抹，以恢复其色调。

**08** 按快捷键Ctrl+Shift+Alt+E盖印可见图层，生成"图层1"，执行"滤镜>模糊>高斯模糊"命令，在弹出的对话框中设置参数值，完成后单击"确定"按钮。设置该图层的混合模式为"滤色"，"不透明度"为30%，以增强画面色调层次。

**09** 单击"创建新的填充或调整图层"按钮 ●，在弹出的快捷菜单中选择"色彩平衡"选项，在"属性"面板中设置"中间调"选项中设置参数值，并使用画笔工具在蒙版中涂抹，以恢复部分区域色调，从而表现柔美婉约效果。至此，本实例制作完成。

## ➤➤ 恬静清莹

**01** 执行"文件>打开"命令，打开"素材\Part 2\Media\ 10\婉约词.jpg"照片文件。复制"背景"图层，生成"背景 副本"图层，执行"图像>调整>色调均化"命令，并设置该图层的"不透明度"为50%，以减淡图像色调。

**02** 单击"创建新的填充或调整图层"按钮 ●，应用"可选颜色"命令，在"属性"面板中分别设置"黄色"和"洋红"主色选项中的各个参数值，以调整花朵图像的色调。

**03** 单击"创建新的填充或调整图层"按钮 ，应用"可选颜色"命令，在"属性"面板中分别设置"黄色"和"绿色"主色选项中各个参数值，并使用画笔工具在花朵区域稍微涂抹，以恢复其原色调。

**04** 单击"创建新的填充或调整图层"按钮 ，在弹出的快捷菜单中选择"纯色"选项，在弹出的"拾色器"对话框中设置填充颜色为粉色，完成后单击"确定"按钮。然后在"图层"面板中设置其混合模式为"柔光"，"不透明度"为29%，以调整画面色调。

TIPS **在蒙版中恢复图像可以使用的工具**

　　在对图像编辑时，常用的工具有画笔工具、铅笔工具、油漆桶工具、渐变工具、橡皮擦工具、仿制图章工具、图案图章工具、加深工具、减淡工具、海绵工具、模糊工具、锐化工具和涂抹工具。通过使用不同的工具，可以在创建的蒙版中形成不同的图像效果，从而恢复蒙版图层中的图像效果。

**05** 单击"创建新的填充或调整图层"按钮 ，在弹出的快捷菜单中选择"色彩平衡"选项，在弹出为"属性"面板中，分别在"中间调"和"高光"选项中设置参数值，并使用柔角画笔工具在花朵和图像边缘稍微涂抹，以恢复其色调。

**06** 单击"创建新的填充或调整图层"按钮 ，在弹出的快捷菜单中选择"纯色"选项，在弹出的"拾色器"对话框中设置填充颜色，完成后单击"确定"按钮。然后在"图层"面板中设置其混合模式为"柔光"，以调整画面色调，并使用画笔工具在画面中涂抹，以隐藏局部色调。

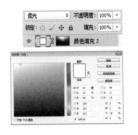

**07** 继续创建"颜色填充3"填充图层，在弹出的"拾色器"对话框中设置填充颜色为绿色，完成后单击"确定"按钮。然后在"图层"面板中设置其混合模式为"柔光"，以调整画面色调，并使用画笔工具在画面中涂抹，以隐藏局部色调，丰富画面色调。

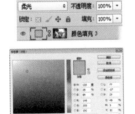

**08** 按快捷键Ctrl+Shift+Alt+E盖印可见图层，生成"图层1"，并设置该图层的混合模式为"柔光"，"不透明度"为30%，以增强画面色调层次。

**09** 按快捷键Ctrl+Shift+Alt+E盖印图层，生成"图层 2"，执行"滤镜>渲染>镜头光晕"命令，在弹出的对话框中设置选项和参数值，生成后单击"确定"按钮，即可为图像添加光晕效果，从而制作恬静色调。至此，本实例制作完成。

## » 暖意怀旧

**01** 打开"素材\Part 2\Media\10\婉约词.jpg"照片文件。复制图层，应用"色调均化"命令，并设置其不透明度。然后创建"照片滤镜1"调整图层，设置相应的参数值，并设置其混合模式为"颜色"，结合画笔工具和图层蒙版稍微恢复花朵图像色调。

**02** 单击"创建新的填充或调整图层"按钮 ，在弹出的快捷菜单中选择"可选颜色"选择，并在"属性"面板中，选择"洋红"、"中性色"选项，在对应的文本框中设置各个参数值，以调整画面花朵色调。

**03** 单击"创建新的填充或调整图层"按钮 ，应用"纯色"命令，在弹出的"拾色器"对话框中设置填充颜色为紫色。然后设置该图层的混和模式为"柔光"，"不透明度"为80%，以调整画面暖色调气氛。

**04** 创建"渐变填充"填充图层，设置相应的渐变样式，设置其混合模式为"叠加"，"不透明度"为40%。然后创建"颜色填充2"填充图层，设置填充颜色和相应的混合模式，使用柔角橡皮擦工具 在画面中涂抹，以恢复部分色调，丰富画面效果。

**05** 单击"创建新的填充或调整图层"按钮 ⚫.，应用"照片滤镜"命令，在"属性"面板中设置填充颜色为橙色及参数值，以丰富画面整体效果。至此，本实例制作完成。

## ▶ 复古写意

**01** 打开"素材\Part 2\Media\10\婉约词.jpg"照片文件。复制图层，应用"色调均化"命令，并设置不透明度。然后盖印可见图层，生成"图层1"并复制，执行"滤镜>画笔描边>喷溅"命令，在弹出的对话框中设置参数值，完成后单击"确定"按钮即可。

**02** 复制"背景 副本"，生成"背景 副本2"图层，调整该图层至最顶层，并执行"滤镜>风格化>查找边缘"命令，即可查找图像边缘。然后应用"去色"命令，以去除图像颜色信息。

**03** 单击"创建新的填充或调整图层"按钮 ⚫.，在弹出的快捷菜单中选择"色阶"选项，参数值后并按下Ctrl+Alt+G创建剪贴蒙版，以调整下方图层层次。然后设置"背景 副本2"图层的混合模式为"正片叠底"，"不透明度"为80%，减淡其颜色。

**04** 创建"色相/饱和度1"和"照片滤镜1"调整图层，设置选项和参数值，并设置混合模式为"滤色"，"不透明度"为30%。然后使用画笔工具在"照片滤镜1"图层蒙版缩览图中边缘四周涂抹，以恢复其色调。

**05** 单击"创建新的填充或调整图层"按钮 ⊙.，在弹出的快捷菜单中选择"可选颜色"选项，在"属性"面板中，分别在"黄色"、"绿色"和"中性色"主色选项中设置各个参数值，以调整画面中指定区域色调。

**06** 创建"渐变填充1"调整图层，设置相应的参数值后，设置该图层的混合模式为"柔光"。然后创建"色相/饱和度1"调整图层，设置相应的参数值，最后设置该图层的"不透明度"为30%，以减淡图像色调。

**07** 单击"创建新的填充或调整图层"按钮 ⊙.，在弹出的快捷菜单中选择"照片滤镜"选项，在"属性"面板中设置滤镜颜色和参数值，并在"图层"面板中设置该图层的混合模式为"滤色"，"不透明度"为30%。

**08** 创建"颜色填充1"填充图层，在弹出的"拾色器"对话框中设置填充颜色。然后设置该图层的混合模式为"排除"，"不透明度"为30%，应用其色调，并使用画笔工具在花朵区域涂抹，以恢复其色调。

**09** 单击"创建新的填充或调整图层"按钮 ⊙.，在弹出的快捷菜单中选择"照片滤镜"选项，在"属性"面板中设置滤镜颜色为橙色，"浓度"30%，并结合画笔工具和图层蒙版对花朵区域涂抹，以恢复其色调。

**10** 创建"颜色填充2"填充图层，在"拾色器"对话框中设置填充颜色为淡黄色。然后设置其混合模式为"变亮"，"不透明度"为62%，并结合图层蒙版和画笔工具在画面中涂抹，以隐藏部分区域颜色。最后盖印可见图层，生成"图层2"，并设置相应的混合模式，以增强画面色调层次。

# 11 | 我的单车

相机型号：Canon EOS 5D　曝光时间：1/400秒　光圈值：f/4

- **摄影技巧**：在拍摄静物时，由于光线或拍摄方式不合适，可能会呈现图像灰蒙蒙或暗沉的色调效果。由此可见，在拍摄静物时，柔和的光线有利于物体的表现。
- **后期润色**：本案例通过调色的方式分别实现照片的清新花园一角、唯美浪漫风和忧伤怀旧情怀风格，分别体现出画面的不同光影色调氛围情怀。
- **光盘路径**：素材\Part 2\Media\11\我的单车.jpg

清新花园一角

| 魔法指数 | ★★★☆☆ |
|---|---|
| 风格解析 | 清新花园一角是以蓝色和橙色为主，画面颜色单纯简洁；而远处的绿叶淡雅而清爽，表现公园清晰明媚的效果。 |
| 光盘路径 | 素材\Part 2\Complete\11\清新花园一角.psd |

唯美浪漫风

| 魔法指数 | ★★★★☆ |
|---|---|
| 风格解析 | 阳光是重要的表现方式，通过光影折射增添阳光的照射效果；通过调整画面色调，增强其光影效果，从而表现清新富有唯美浪漫柔和的气质。 |
| 光盘路径 | 素材\Part 2\Complete\11\唯美浪漫风.psd |

忧伤怀旧情怀

| 魔法指数 | ★★★★☆ |
|---|---|
| 风格解析 | 淡蓝色情怀可表现照片的忧伤效果，通过对画面光影层次的处理，再添加以光照质感增添照耀感。通过改变画面整体色调，可展现画面的不同气质，从而表现忧伤怀旧的情怀。 |
| 光盘路径 | 素材\Part 2\Complete\11\忧伤怀旧情怀.psd |

## » 清新花园一角

**01** 打开"素材\Part 2\Media\11\我的单车.jpg"照片文件。新建"图层1"，设置前景色为蓝色（R127，G194，B254），使用渐变工具在天空中涂抹，并设置其混合模式为"颜色加深"，以增强天空色调。

**02** 单击"创建新的填充或调整图层"按钮 ◎.，在弹出的快捷菜单中选择"可选颜色"选项，在"属性"面板中的"黄色"、"绿色"主色选项中分别设置各个选项的参数值，以调整树木色调，从而使树木更加繁荣昌盛。

**03** 分别创建"亮度/对比度1"和"色彩平衡1"调整图层，在"属性"面板中分别设置各个选项的参数值，以调整画面亮度层次色调。

**04** 单击"创建新的填充或调整图层"按钮 ◎.，在弹出的快捷菜单中选择"照片滤镜"选项，在"属性"面板中设置滤镜颜色为黄色，"浓度"为25%，然后设置该图层的混合模式为"柔光"，"不透明度"为40%，以增加阳光色调效果。

**05** 按快捷键Ctrl+Alt+Shift+E盖印可见图层，生成"图层2"，执行"滤镜>渲染>镜头光源"命令，在弹出的对话框中设置光晕位置、选项和参数值，完成后单击"确定"按钮，以应用该滤镜，从而增强画面光晕效果。至此，本实例制作完成。

## » 唯美浪漫风

**01** 执行"文件>打开"命令,打开"素材\Part 2\Media\11\我的单车.jpg"照片文件。单击"创建新的填充或调整图层"按钮 ◑.,在弹出的快捷菜单中选择"色相/饱和度"选项,在"属性"面板中设置参数值,以降低图像饱和度。

**02** 盖印可见图层,生成"图层1",切换至"通道"面板中,选择"绿"通道,按住Ctrl键的同单击该通道,载入其选区并复制选区粘贴到"蓝"通道中,按快捷键Ctrl+D取消选区,单击RGB通道即可显示图像效果。

**03** 单击"创建新的填充或调整图层"按钮 ◑.,在弹出的快捷菜单中选择"可选颜色"选项,在弹出的"属性"面板中分别设置"黄色"和"绿色"主色选项中各个选项的参数值,以调整画面色调。

**04** 单击"创建新的填充或调整图层"按钮 ◑.,在弹出的快捷菜单中选择"曲线"选项,在弹出的"属性"面板中设置其参数值,然后使用画笔工具在蒙版缩览图中涂抹,以恢复较亮图像区域色调。

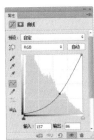

**TIPS** **"可选颜色"调整命令的应用**

在使用"可选颜色"调整命令时,可根据需要添加的补色进行选色调整,从而改变图像的颜色。"可选颜色"调整命令是通过减少主色中的其他颜色占比以对图像的色调做调整。可以细微调整,也可以较大范围的调整。中性色也是图像中的一种主色,针对图像中较灰区域进行该主色成分的调整可有效的改善图像的饱和度或色调。

**05** 创建"照片滤镜1"和"亮度/对比度1"调整图层,在"属性"面板中,分别设置各个选项参数值,以调整画面亮度层次。

**06** 单击"新的填充或调整图层"按钮 ◑.,在弹出的快捷菜单中选择"可选颜色"选项,在"属性"面板中分别设置"黄色"和"绿色"主色中各个选项的参数值,以调整指定颜色区域色调。

**07** 按快捷键Ctrl+Shift+Alt+E盖印图层，生成"图层2"，执行"滤镜>模糊>高斯模糊"命令，在弹出的对话框中设置参数值完成后单击"确定"按钮。然后设置该图层的混合模式，结合图层蒙版和画笔工具恢复细节，以增强画面浪漫的梦幻效果。

TIPS 形状路径"属性"面板

使用形状工具后，可执行"窗口>属性"命令，在弹出的"属性"面板中可设置形状图形的羽化值。设置的参数值越小，形状图形越清晰；设置参数值越大，形状图形的边缘越柔和。

**09** 创建"可选颜色3"调整图层，在"属性"面板中分别设置"黄色"和"绿色"主色中各选项的参数值，以调整指定颜色区域色调。然后设置该图层的"不透明度"为60%，并结合图层蒙版和画笔工具恢复细节。

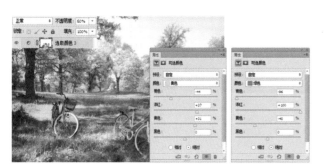

**11** 复制"渐变填充1"调整图层，并在"渐变填充"对话框中勾选"反向"复选框，完成后单击"确定"按钮。然后结合图层蒙版和画笔工具在画面中涂抹，以恢复个别区域色调。

**08** 单击自定形状工具，在属性栏中设置"形状"为"靶标2"，在画面中拖动鼠标绘制图形，并在"属性"面板中设置"羽化"值为60px，使其光斑效果更自然。然后应用"自由变换"命令调整其大小和位置，并设置其混合模式为"叠加"，"不透明度"为50%，使制作阳光透过的效果更自然。

**10** 单击"新的填充或调整图层"按钮，在弹出的快捷菜单中选择"渐变填充"选项，在"属性"面板中设置完成各个选项后，在"图层"面板中设置相应的混合模式，并恢复个别区域图像色调。

**12** 按快捷键Ctrl+Shift+Alt+E盖印图层，生成"图层3"，执行"滤镜>渲染>镜头光晕"命令在弹出的对话框中设置参数值，完成后单击"确定"按钮，以应用光晕效果。至此，本实例制作完成。

**技术拓展** 通过混合模式添加镜头光晕

应用"镜头光晕"滤镜时,可以直接应用到当前图层中,也可以新建一个黑色图层,并结合混合模式应用到图像中。当在黑色图层中应用该滤镜时,可通过结合"滤色"混合模式,查看图像效果,并可以调整图层位置,改变镜头光晕的位置效果。本例中可以采用新建图层然后调整图像位置的方式也可达到同样的效果。

◀ 在"图层"面板中设置"图层3"的混合模式为"滤色"。

▲ 即可在图像中显示添加的镜头光晕效果。

▲ 应用"自由变换"命令,调整图层角度、位置和大小,确定其效果后按Enter键即可。

▲ 新建图层,填充为黑色,应用"镜头光晕"滤镜。

## 忧伤怀旧情怀

**01** 打开"素材\Part 2\Media\11\我的单车.jpg"照片文件。创建"渐变填充1"填充图层,在弹出的对话框中设置渐变样式后单击"确定"按钮,并设置该图层的混合模式为"色相","不透明度"为50%,以减淡图像色调。

**02** 单击"创建新的填充或调整图层"按钮 ◑.,在弹出的快捷菜单中选择"可选颜色"选项,在"属性"面板中,在"红色"主色选项中设置参数值,以调整图像中指定颜色区域的色调。

**03** 盖印可见图层，生成"图层1"，切换至"通道"面板中，按住Ctrl键的同时单击载"红"通道，以载入其选区，并切换至"图层"面板中新建"图层2"，填充选区为土黄色（R208，G165，B108），然后设置相应混合模式和不透明度，以增强画面色调层次。

**04** 创建"渐变填充"填充图层，在弹出的对话框中设置渐变样式完成后单击"确定"按钮。然后在"图层"面板中设置图层的混合模式为"柔光"，"不透明度"为64%，以减淡图像色调。

**05** 单击"创建新的填充或调整图层"按钮，在弹出的快捷菜单中选择"可选颜色"选项，在"属性"面板中，在"红色"、"黄色"和"白色"主色选项中设置参数值，以调整图像中指定颜色区域的色调。

**06** 单击"创建新的填充或调整图层"按钮，应用"纯色"命令，在弹出的对话框中设置填充颜色为橙色后单击"确定"按钮。设置该图层的混合模式为"滤色"，并使用线性渐变工具在蒙版中拖动鼠标，以隐藏部分色调，制作光照效果。

**07** 单击"创建新的填充或调整图层"按钮，应用"纯色"命令，在弹出的对话框中设置填充颜色为蓝色后单击"确定"按钮。设置该图层的混合模式为"滤色"，并使用线性渐变工具在蒙版中拖动鼠标，以隐藏部分色调，制作光照效果。

**08** 单击"创建新的填充或调整图层"按钮，在弹出的快捷菜单中选择"色彩平衡"选项，在"属性"面板中设置"高光"选项中的参数值，以调整图像高光区域的色调。

**09** 单击"创建新的填充或调整图层"按钮 ◑ ，在弹出的快捷菜单中选择"曲线"选项，在"属性"面板中设置"蓝"通道选项中的参数值，以调整图像整体色调为蓝色调气氛，表现图像的忧伤气息。

**10** 盖印可见图层，生成"图层3"，执行"滤镜>纹理>颗粒"命令，在弹出的对话框中设置参数值，完成后单击"确定"按钮，并结合图层蒙版和画笔工具在较暗区域涂抹，以恢复其细节。

**11** 单击"创建新的填充或调整图层"按钮 ◑ ，在弹出的快捷菜单中选择"色相/饱和度"选项，在"属性"面板中，分别设置"全图"和"洋红"选项中的参数值，以调整图像色调。

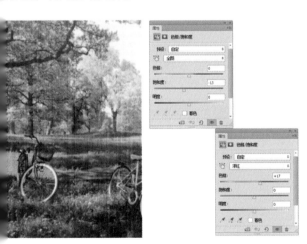

**12** 单击"创建新的填充或调整图层"按钮 ◑ ，在弹出的快捷菜单中选择"照片滤镜"选项，在"属性"面板中设置滤镜颜色和参数值，并设置该图层的混合模式为"变暗"，以应用滤镜效果。

**13** 按快捷键Ctrl+Shift+Alt+E盖印可见图层，生成"图层4"，并设置该图层的混合模式为"柔光"，"不透明度"为40%，以增强画面色调层次。至此，本实例制作完成。

## ▶技术拓展 渐变映射填充图层

"渐变映射"填充图层是作用于其下图层的一种调整控制，它将不同亮度映射到不同的颜色上。使用渐变映射工具可以通过渐变重新调整图像，与渐变填充所产生的效果差不多。"渐变填充"调整图层也是作用于其下图层的一种调整控制，在"渐变填充"对话框中可以设置多种渐变样式。本例中除使用渐变填充调整图像外，同样可以采用渐变映射对图像渐变色进行填充，也能够达到同样的效果。

▲应用"渐变映射"调整图层命令，在"属性"面板中设置渐变样式为"蓝色紫色"渐变。

▲在"图层"面板中设置图层混合模式为"叠加"，"不透明度"为30%。

◀在"图层"面板中生成"渐变映射"调整图层。

# 12 | 碧水清影

**i** 相机型号：NIKON D300　曝光时间：1/320秒　光圈值：f/10

▌**摄影技巧**：该照片透着一股清莹通透的气质，映着舒适柔和的背景，散发出温柔婉约的魅力，然而该风景照拍摄的并不尽如人意，灰蒙蒙的色调影响了照片中的颜色表现。

▌**后期润色**：本案例通过调整色彩影调的方式，分别实现照片的镜水清莹、恬静淡雅风和缤纷花树风格，分别体现出画面的不同色彩影调，表现不同的气质。

▌**光盘路径**：素材\Part 2\Media\12\碧水清影.jpg

镜水清莹

| 魔法指数 | ⭐⭐⭐⭐⭐ |
|---|---|
| 风格解析 | 以蓝色调来表现画面的简洁、典雅气质。通过调整该照片的色彩影调，增强画面的光影层次，以突出镜水清莹的通透质感。 |
| 光盘路径 | 素材\Part 2\Complete\12\镜水清莹.psd |

恬静淡雅风

| 魔法指数 | ⭐⭐⭐⭐⭐ |
|---|---|
| 风格解析 | 清新淡雅的色调可表现恬静的温婉气息，同时通过添加光斑增添画面效果，从而突出犹如镜中花水中月的淡雅风格。 |
| 光盘路径 | 素材\Part 2\Complete\12\恬静淡雅风.psd |

缤纷花树

| 魔法指数 | ⭐⭐⭐⭐⭐ |
|---|---|
| 风格解析 | 通过调整画面中颜色的表现，可增强画面的光影色调层次，从而丰富照片颜色。通过增强画面的艳丽的色调，可表现照片的缤纷色彩。 |
| 光盘路径 | 素材\Part 2\Complete\12\缤纷花树.psd |

## » 镜水清莹

**01** 打开"素材\Part 2\Media\12\碧水清影.jpg"照片文件。复制"背景"图层，应用"色调均化"命令，并设置该图层的"不透明度"为50%，以减淡图像色调。然后将"云朵.png"文件拖拽到当前图像文件中，并调整其大小和位置。

**02** 创建"选取颜色1"调整图层，分别设置各个选项的参数值，以调整图像中指定颜色区域的色调。

**03** 新建"图层3"，设置前景色为蓝色（R 27，G109，B136），使用渐变工具填充天空区域图像，设置"不透明度"为10%。然后复制该图层两次，分别设置不同的混合模式和不透明度，并填充"图层3副本2"图层为黑色。

**04** 单击"创建新的填充或调整图层"按钮 ●|，在弹出的快捷菜单中选择"可选颜色"选项，在"属性"面板中设置各个选项的参数值，以调整画面中指定区域色调。

**05** 单击"创建新的填充或调整图层"按钮 ●|，在弹出的快捷菜单中选择"曲线"选项，在"属性"面板中设置参数值，以调整画面色调亮度。然后使用柔角画笔工具 ✐在较亮区域涂抹，以恢复其细节。

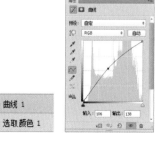

**06** 盖印可见图层，应用"去色"命令，并设置其混合模式，以增强画面色调层次。然后创建"亮度对比度1"调整图层，设置参数值，以调整画面亮度层次。然后使用柔角画笔工具 ✐在较亮区域涂抹，以恢复该区域细节。

07 单击"创建新的填充或调整图层"按钮 ，在弹出的快捷菜单中选择"照片滤镜"选项，在弹出的"属性"面板中设置"滤镜"选项为"水下"，"浓度"值为25%，以调整画面色调气氛。

09 单击"创建新的填充或调整图层"按钮 ，在弹出的快捷菜单中选择"色彩平衡"选项，在"中间调"选项中设置各个选项参数值，以调整画面整体色调。然后使用柔和画笔工具 在图像边缘涂抹，以恢复该区域色调。

08 单击"创建新的填充或调整图层"按钮 ，在弹出的快捷菜单中选择"通道混合器"选项，在"属性"面板中，分别在"红"、"绿"和"蓝"通道中设置参数值，以调整画面的蓝色调。然后设置该图层的"不透明度"为60%，以减淡图像色调。

10 分别创建"渐变填充"和"颜色填充1"填充图层，并设置该图层的混合模式和不透明度，以完善色调调整。至此，本实例制作完成。

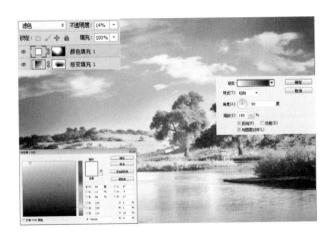

## » 恬静淡雅风

01 执行"文件>打开"命令，打开"素材\Part 2\Media\12\碧水清影.jpg"照片文件。参考"镜水青莹"文件添加云朵图像，并结合混合模式和"色阶"命令调整图像文件亮度层次。

02 按快捷键Ctrl+Shift+Alt+E盖印可见图层，生成"图层3"，切换至"通道"面板中，按快捷键Ctrl+A载入"绿"通道选区并复制，然后粘贴至"蓝"通道中，即可调整图像色调。

# 03
单击"创建新的填充或调整图层"按钮 ●.，在弹出的快捷菜单中选择"色彩平衡"选项，在弹出的"属性"面板中，在"中间调"选项中设置各个参数值，以调整画面色调。

# 04
单击"创建新的填充或调整图层"按钮 ●.，在弹出的快捷菜单中选择"亮度/对比度"选项，在弹出的"属性"面板中，设置各个参数值，以调整画面亮度层次。

# 05
单击"创建新的填充或调整图层"按钮 ●.，在弹出的快捷菜单中选择"通道混合器"选项，在弹出的"属性"面板中分别设置"红"、"绿"和"蓝"通道的参数值，并使用画笔工具在天空上涂抹，以恢复其细节。

# 06
在"图层"面板中，创建"颜色填充1"填充图层，并在"图层"面板中设置该图层的混合模式为"柔光"，"不透明度"为30%，以减淡填充图层颜色。

# 07
单击"创建新的填充或调整图层"按钮 ●.，在弹出的快捷菜单中选择"曲线"命令，在"属性"面板中选择"蓝"通道，设置其参数值，以调整画面暖色调效果。

# 08
单击"创建新的填充或调整图层"按钮 ●.，在弹出的快捷菜单中选择"可选颜色"命令，在"属性"面板中，分别在"红色"、"黄色"和"绿色"主色选项中设置参数值，以调整指定区域色调。

**09** 分别创建"渐变填充1"和"渐变填充2"填充图层，设置相应混合模式，以增强色调层次。然后分别使用柔角画笔工具在蒙版中涂抹，以恢复部分细节色调。

**10** 按快捷键Ctrl+Shift+Alt+E盖印可见图层，生成"图层4"，并设置该图层的混合模式为"柔光"，"不透明度"为50%，以增强画面色调层次。然后使用椭圆工具 在画面中绘制图形，并设置其混合模式为"柔光"，以制作光斑效果。至此，本实例制作完成。

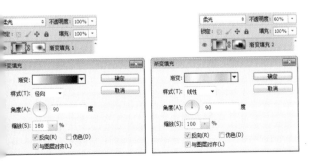

## 》 缤纷花树

**01** 执行"文件>打开"命令，打开"素材\Part 2\Media\ 12\碧水清影.jpg"照片文件。参考"镜水青莹"文件添加云朵图像，并结合混合模式和"色阶"命令调整图像文件亮度层次。新建"图层3"，并填充相应颜色，结合混合模式增强天空色调。

**02** 单击"创建新的填充或调整图层"按钮 ，在弹出的快捷菜单中分别选择"可选颜色"选项，在"属性"面板中分别设置"蓝色"和"白色"主色选项中的参数值，以调整指定区域色调。

**03** 分别创建"自然饱和度1"、"亮度/对比度1"和"色彩平衡1"调整图层，分别设置参数值，以调整画面色调层次。然后使用画笔工具在蒙版中涂抹，以恢复其细节。

**04** 单击"创建新的填充或调整图层"按钮 ，在弹出的快捷菜单中选择"渐变填充"选项，在弹出的对话框中设置选项后单击"确定"按钮。然后设置该图层的混合模式为"叠加"，"不透明度"为38%，以减淡图像色调。

**05** 新建图层，分别使用黄色和洋红色画笔工具在画面中涂抹，并设置其混合模式为"柔光"，以应用其效果。然后设置前景色为黑色，使用渐变工具 ，在画面边缘四周拖动鼠标制作暗影效果，设置其混合模式为"叠加"，使其效果更自然。至此，本实例制作完成。

# 13 清明时节

i 相机型号：NIKON D300　曝光时间：1/100秒　光圈值：f/4.5

▎摄影技巧：清新柔美的风景照片会给人美好的感受，该照片色调暗沉，不能表现画面的色调层次，从而不能表现清明时节的阴云效果。

▎后期润色：本案例通过调色的方式分别实现照片的花间明媚、阴郁天和雨纷纷风格，分别体现清明时节的不同色调效果。

▎光盘路径：素材\Part 2\Media\13\清明时节.jpg

花间明媚

| 魔法指数 | ★★★★☆ |
|---|---|
| 风格解析 | 花间明媚以清新明朗的色调为主，画面颜色层次丰富。通过调整枯枝上树叶的色调，表现花卉效果，从而突出花间明媚的气氛。 |
| 光盘路径 | 素材\Part 2\Complete\13\花间明媚.psd |

阴郁天

| 魔法指数 | ★★★★☆ |
|---|---|
| 风格解析 | 增强照片暗黄色调，同时加强明暗对比效果，充分体现画面雨后暗淡忧伤的阴郁效果。 |
| 光盘路径 | 素材\Part 2\Complete\13\阴郁天.psd |

雨纷纷

| 魔法指数 | ★★★★☆ |
|---|---|
| 风格解析 | 调整画面色调为阴雨色调，可表现阴雨天气效果。通过滤镜制作飘雨效果，从而在基础色调上突出雨纷纷的细节质感。 |
| 光盘路径 | 素材\Part 2\Complete\13\雨纷纷.psd |

# 花间明媚

**01** 执行"文件>打开"命令，打开"素材\Part 2\Media\13\清明时节.jpg"照片文件。复制"背景"图层，生成"背景 副本"图层，设置该图层的混合模式为"滤色"，并结合图层蒙版和画笔工具在天空区域涂抹，以恢复天空细节。

**02** 盖印可见图层，生成"图层1"，应用"色调均化"命令。然后复制"图层1"，生成"图层1 副本"图层，并设置该图层的混合模式为"滤色"，"不透明度"为35%。然后结合图层蒙版和画面工具恢复天空细节。

**03** 创建"色阶1"调整图层，在"属性"面板中单击"在图像中取样以设置白场"按钮，并在天空中灰色区域单击取样，即可自动调整图像色调。然后使用柔白色橡皮擦工具在田野中涂抹，以恢复田野色调。

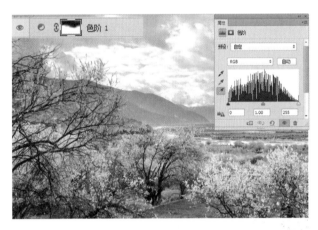

**04** 单击"创建新的填充或调整图层"按钮，在弹出的快捷菜单中选择"可选颜色"选项，分别在"红色"和"黄色"选项中设置参数值，以调整画面指定颜色色调。

**05** 单击"创建新的填充或调整图层"按钮，在弹出的快捷菜单中选择"色相/饱和度"选项，在"黄色"选项中设置"色相"和"饱和度"的参数值，以调整画面指定颜色饱和度。

**06** 单击"创建新的填充或调整图层"按钮 ●., 在弹出的快捷菜单中选择"亮度/对比度"命令, 在"属性"面板中分别设置"亮度"和"对比度"参数值, 以增强画面的亮度层次。然后使用画笔工具在天空较亮区域涂抹, 以恢复其细节。

**07** 创建"渐变填充1"填充图层, 设置相应的渐变样式并设置该图层的混合模式为"颜色加深", "不透明度"为50%, 以增强天空颜色。然后使用画笔工具在天空以外区域涂抹, 以恢复其色调。

**08** 单击"创建新的填充或调整图层"按钮 ●., 在弹出的快捷菜单中选择"曲线"选项, 在"属性"面板中设置参数值, 并使用柔角画笔工具在较亮区域涂抹, 以恢复其细节。

**09** 单击"创建新的填充或调整图层"按钮 ●., 在弹出的快捷菜单中选择"色彩平衡"选项, 分别设置各个选项参数值, 以调整画面整体色调。然后使用画笔工具在画面中涂抹, 以丰富画面色调。

TIPS　　**使用渐变工具编辑图层蒙版**

　　使用渐变工具对图层蒙版做隐藏处理, 可将隐藏与显示的图像之间做成更自然的过渡效果。通过在渐变工具 ■ 属性栏中的渐变类型的设置, 可调整图层蒙版渐变隐藏的效果, 包括"线性渐变"、"径向渐变"、"对称渐变"和"菱形渐变"等。

**10** 盖印可见图层, 生成"图层2", 并执行"滤镜>渲染>镜头光晕"命令, 在弹出的对话框中设置参数值, 完成后单击"确定"按钮即可。至此, 本实例制作完成。

## 阴郁天

**01** 执行"文件>打开"命令,打开"素材\Part 2\Media\ 13\清明时节.jpg"照片文件。使用"花间娇"的操作步骤调整图像色调层次,并收纳在"组1"图层组中。

**02** 按快捷键Ctrl+Shift+Alt+E盖印可见图层,生成"图层",执行"滤镜>风格化>查找边缘"命令,以查找图像的边缘。再次执行"图像>调整>去色"命令,以去除图像颜色信息。

**03** 分别创建"照片滤镜1"和"照片滤镜2"调整图层,在"属性"面板中分别设置"滤镜"颜色和参数值,并在"图层"中设置不同的混合模式和不透明度。然后使用渐变工具恢复部分区域色调,以调整画面浓郁气氛。

**04** 创建"照片滤镜3"调整图层,设置参数值,以调整画面色调。然后在蒙版缩览图中拖动鼠标,以隐藏多余图像色调。最后设置相应的混合模式和不透明度,以增强画面色调。

**05** 创建"渐变填充1"填充图层,设置渐变样式后单击"确定"按钮。然后设置该图层的混合模式为"柔光","不透明度"为50%,以调整画面色调层次。至此,本实例制作完成。

**TIPS 融合型混合模式**

"柔光"混合模式是融合型混合模式中一种,其他还有"叠加"、"强光"、"亮光"、"线性光"、"点光"和"实色混合"共7种混合模式,应用相应的混合模式可融合不同的效果。

## » 雨纷纷

01 执行"文件>打开"命令，打开"素材\Part 2\Media\ 13\ 清明时节.jpg"照片文件。使用"花间明媚"的操作步骤调整图像色调层次，并收纳在"组1"图层组中。

02 单击"创建新的填充或调整图层"按钮 ◐.，在弹出的快捷菜单中选择"亮度/对比度"选项，在"属性"面板中分别在"亮度"和"对比度"选项中设置参数值，以调整画面亮度层次。

03 单击"创建新的填充或调整图层"按钮 ◐.，在弹出的快捷菜单中选择"色彩平衡"选项，在"属性"面板中分别在"阴影"、"中间调"选项中设置参数值，以统一画面色调。

04 新建"图层1"并填充为黑色，执行"滤镜>像素化>点状化"命令，在弹出的对话框中设置参数值，完成后单击"确定"按钮。然后应用"阈值"调整命令，以调整图像亮度层次。

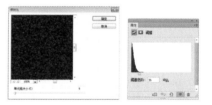

TIPS 创建"阈值"命令方式

除了在"图层"面板中创建调整图层外，还可以执行"图层>新建调整图层>阈值"命令，在弹出的对话框单击"确定"按钮即可。

05 按快捷键Ctrl+Shift+Alt+E盖印可见图层，生成"图层3"，并单击"图层2"和"阈值 1"调整图层前方的"指示图层可视性"按钮 ●，以隐藏着两个图层便于后面操作。

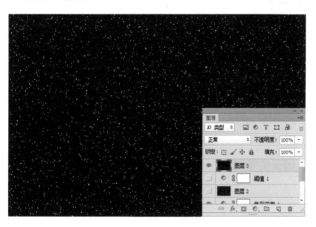

06 选择"图层3"的同时，执行"滤镜>模糊>动感模糊"命令，在弹出的对话框中设置参数值，完成后单击"确定"按钮，以制作细雨纷纷的动感效果。然后执行"滤镜>模式>高斯模糊"命令，在弹出的对话框中设置参数值，完成后单击"确定"按钮，以应用该滤镜效果。

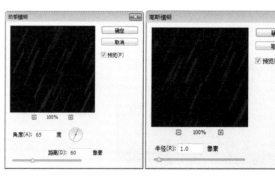

07 设置"图层3"的混合模式为"滤色",以显示雨纷纷效果。然后复制该图层,生成"图层3 副本"图层,以增强细雨纷纷效果。

08 新建"图层4",设置前景色为黑色,单击渐变工具 ■■,在属性栏中设置属性,并在画面边缘四周拖动鼠标,以绘制暗影效果。然后设置该图层的混合模式为"叠加",从而增强画面层次。至此,本实例制作完成。

▶技术拓展 "点状化"滤镜

执行"滤镜>像素化>点状化"命令,即可打开"点状化"对话框,在该对话框中通过设置"单元格大小"文本框的参数值,可制作倾盆大雨、雪花或多种细雨效果。

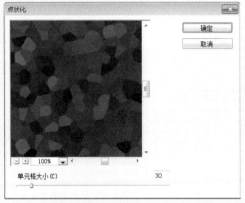

▲ 应用"点状化"滤镜,在弹出的对话框中设置"单元格大小",并应用"阈值"调整命令。

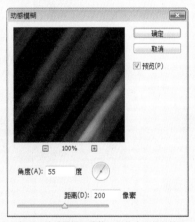

▲ 应用"动感模糊"滤镜,制作大雨纷纷效果。

▲ 在"图层"面板中设置当前图层的混合模式为"滤色",即可显示大雨纷纷效果。

# 14 | 港湾

> **相机型号:** Canon EOS 5D　**曝光时间:** 1/1250秒　**光圈值:** f/4

▌ **摄影技巧:** 照片中的港湾色调暗沉,层次不够丰富。通过横画幅的效果展现港湾,有利于表现其宽阔内容,凸显周围环境所衬托的氛围。

▌ **后期润色:** 本案例通过调色的方式分别实现照片的动人黄昏、魔幻海港和夜之灯塔的特效色调,从而体现出不同时间段的画面的光影色调氛围。

▌ **光盘路径:** 素材\Part 2\Media\14\港湾.jpg

| 魔法指数 | ★★★☆ |
|---|---|
| 风格解析 | 表现落日余晖的色调效果,可通过在增强照片色调对比层次的同时调整余晖的色彩浓度来实现,使照片色调在视觉上富有冲击感染力,从而营造动人的黄昏效果。 |
| 光盘路径 | 素材\Part 2\Complete\16\动人黄昏.psd |

| 魔法指数 | ★★★★★ |
|---|---|
| 风格解析 | 明媚的阳光是重要的表现方式,同时添加顶部光影以增添阳光的照射感。画面的清新颜色富有婉约柔和的气质。 |
| 光盘路径 | 素材\Part 2\Complete\16\魔幻海港.psd |

| 魔法指数 | ★★★★★ |
|---|---|
| 风格解析 | 对画面色彩影调进行模调整,表现黑夜灯塔上的灯光照耀效果。通过在灯塔上添加灯光照射效果和相应的图层样式,以在光影的基础上突出照耀细节的质感。 |
| 光盘路径 | 素材\Part 2\Complete\16\夜之灯塔.psd |

## » 动人黄昏

**01** 执行"文件>打开"命令,打开"素材\Part 2\Media\14\动人黄昏.jpg"照片文件。复制"背景"图层,生成"背景 副本"图层。执行"图像>调整>色调均化"命令,并设置该图层的"不透明度"为80%,以减淡图像色调。

**02** 按快捷键Ctrl+Shift+Alt+E盖印可见图层,生成"图层1",并设置该图层的混合模式为"正片叠底","不透明度"为54%。为该图层添加图层蒙版,使用画笔工具 在天空以外区域涂抹,以保留天空色调。

**03** 单击"创建新的填充或调整图层"按钮 ,在弹出的快捷菜单中选择"色彩平衡"选项,在"中间调"选项中设置各个选项参数值,以调整画面整体色调。

**04** 单击"创建新的填充或调整图层"按钮 ,在弹出的快捷菜单中选择"色阶"选项,设置参数值,以调整画面亮度层次,并使用柔角橡皮擦工具 在天空中涂抹,以恢复天空色调。

**05** 单击"创建新的填充或调整图层"按钮 ,在弹出的快捷菜单中选择"照片滤镜"选项,在弹出的"属性"面板中设置"滤镜"选项为"加温滤镜(85)","浓度"值为48%,并设置该图层的混合模式为"叠加","不透明度"为67%,以增强暖色调气氛层次。

**TIPS** **选择色阶调整方式**

在"色阶"调整面板中单击RGB右侧的下拉按钮,在弹出的下拉菜单中包括"RGB"、"红"、"绿"、"蓝"四个颜色通道,通过对不同的颜色通道进行选择,可以调整该颜色的明暗对比效果。

**06** 单击"创建新的填充或调整图层"按钮 ⊙., 在弹出的快捷菜单中选择"渐变填充"选项, 设置渐变样式后单击"确定"按钮。然后设置该图层的混合模式为"滤色", "不透明度"为33%, 并使用柔角橡皮擦工具 ⊘ 在天空中涂抹, 以恢复图像细节。

**07** 单击"创建新的填充或调整图层"按钮 ⊙., 应用"纯色"命令, 在弹出的对话框中设置填充颜色为淡黄色, 完成后单击"确定"按钮。设置该图层的混合模式为"滤色", "不透明度"为33%, 并使用柔角橡皮擦工具 ⊘ 在画面中涂抹, 以完善黄昏色调。至此, 本实例制作完成。

▶**技术拓展**　使用渐变工具填充图像效果

渐变工具主要针对图层进行渐变颜色填充, 与渐变填充所产生的效果差不多。在渐变工具属性栏中可设置渐变样式和混合模式, 通过设置混合模式直接应用到当前图层中。本例中除使用渐变填充调整图像外, 同样可以采用渐变工具对图像渐变色进行填充。

◀盖印一个可见图层, 在渐变工具 ▣ 属性栏中设置混合模式为"柔光", "不透明度"为48%, 并在画面中拖动鼠标。

◀释放鼠标后, 即可应用设置的混合模式和样式填充当前图像。

◀在"图层"面板中生成"图层2", 结合图层蒙版和画笔工具隐藏多余图像, 其最终效果相同。

## ≫ 魔幻海港

**01** 打开"素材\Part 2\Media\14\动人黄昏.jpg"照片文件。复制"背景"图层, 生成"背景 副本"图层, 并设置该图层的混合模式为"正片叠底", "不透明度"为80%, 结合图层蒙版和画笔工具在较暗区域涂抹, 以恢复其色调。

**02** 新建"图层1", 设置前景色为白色, 单击画笔工具 ☑ 在"画笔预设"选取器中选择云朵笔刷, 设置画笔大小, 并在画面中单击。然后使用相同方法设置不同的大小添加云朵, 以增强天空效果。

**03** 单击"创建新的填充或调整图层"按钮 ⊙.，在弹出的快捷菜单中选择"渐变填充"选项，设置渐变样式及各个选项参数值，完成后单击"确定"按钮。然后设置该图层的混合模式为"颜色"，"不透明度"为0%，以丰富画面色调。

**04** 单击"创建新的填充或调整图层"按钮 ⊙.，在弹出的快捷菜单中选择"渐变填充"选项，设置渐变样式及各个选项参数值，完成后单击"确定"按钮。然后设置该图层的混合模式为"叠加"，"不透明度"为25%，并使用线性渐变工具 图像边缘拖动鼠标，以恢复边缘色调。

**05** 单击"创建新的填充或调整图层"按钮 ⊙.，在弹出的快捷菜单中选择"纯色"选项，在弹出的"拾色器"对话框中设置填充颜色为橙色，完成后单击"确定"按钮。设置该图层的混合模式为"滤色"，"不透明度"为60%，并使用柔角橡皮擦工具 ✐ 在画面中涂抹，以隐藏多余图像色调。

**06** 单击"创建新的填充或调整图层"按钮 ⊙.，在弹出的快捷菜单中选择"渐变映射"选项，设置渐变样式后，在"图层"面板中设置该图层的混合模式为"颜色"，"不透明度"为40%。然后使用径向渐变 □ 在画面中拖动鼠标，以隐藏部分色调，从而丰富画面效果。

**07** 新建"图层2"，单击渐变工具 ■，在"工具预设"选取器中选择"圆形彩虹"选项，然后在画面中拖动鼠标创建一个彩虹图像，并设置相应的混合模式和不透明度，结合画笔工具和图层蒙版隐藏多余图像，最后复制该图层，并调整其大小和位置，以增强画面效果。

**08** 单击自定形状工具 ⚙，在属性栏中设置"形状"为"靶标2"，在画面中拖动鼠标绘制图形，并在"属性"面板中设置"羽化"值为"15.0像素"，使其光斑效果更自然。然后应用"自由变换"命令调整其大小和位置，并设置其混合模式为"叠加"，以制作光斑照耀效果。

**09** 新建"组2"图层组,单击椭圆工具 ◯,在属性栏中设置属性,并在画面中绘制一个正圆图形,设置其混合模式为"柔光",以制作光斑效果。然后复制多个图层,调整其大小和位置以丰富画面效果。最后是以相同方法继续绘制图形,并添加"外发光"和"内发光"图层样式,设置相应的混合模式和不透明度,以增强画面魔幻效果。

**10** 新建"图层3",设置前景色为白色,单击画笔工具 ✐,在"画笔预设"选取器中选择各种精灵,在画面中单击鼠标,即可添加精灵效果,并为该图层添加"外发光"图层样式,使其效果更自然。

**11** 在"组1"图层组下方新建"图层4",单击画笔工具 ✐,并在"画笔预设"选取器中选择笔刷缩览图,然后在画面中单击鼠标,即可添加光线效果,使用相同方法继续添加,并结合图层蒙版和径向渐变隐藏图像边缘,使其效果更自然。

**12** 在"图层3"上方新建"图层5",设置前景色为黑色。单击渐变工具 ▥,在属性栏中设置属性,并在画面中从外向内拖动鼠标填充空白图层,以增强画面氛围效果。然后设置前景色为白色,继续使用径向渐变在图像中拖动,并设置该图层的混合模式为"柔光",以增强画面魔幻光影效果。至此,本实例制作完成。

## 》 夜之灯塔

**01** 执行"文件>打开"命令,打开"素材\Part 2\Media\14\动人黄昏.jpg"照片文件。使用相同方法复制图层,设置混合模式和不透明度,并结合画笔工具和图层蒙版隐藏多余图像。然后新建图层,添加云朵图像,以丰富天空效果。

**02** 单击"创建新的填充或调整图层"按钮 ◑,在弹出的快捷菜单中选择"通道混合器"选项,分别在"红"、"绿"和"蓝"通道中设置参数值,以调整画面整体色调。

**03** 单击"创建新的填充或调整图层"按钮 ◎.|,在弹出的菜单中选择"渐变填充"命令,设置渐变样式和各个参数值。然后在"图层"面板中设置该图层的混合模式为"正片叠底","不透明度"为72%,并使用径向渐变◎恢复图像局部色调,制作光照效果。

**04** 单击"创建新的填充或调整图层"按钮 ◎.|,在弹出的快捷菜单中选择"色彩平衡"选项,分别在"阴影"、"中间调"选项中设置各个选项中的参数值,以调整画面整体色调,并使用柔角橡皮擦工具 ◢ 在较亮区域涂抹,以恢复天空色调。

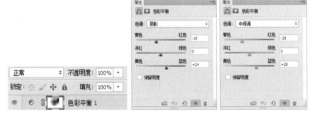

**05** 按快捷键Ctrl+Shift+Alt+E盖印可见图层,生成"图层2",执行"滤镜>渲染>光照效果"命令,在弹出的对话框中设置各个选项参数值及光照颜色,完成后单击"确定"按钮。结合图层蒙版和画笔工具在蒙版中涂抹,使光照效果更自然。

**06** 按快捷键Ctrl+Shift+Alt+E盖印可见图层,生成"图层3",执行"滤镜>渲染>镜头光晕"命令,在弹出的对话框中设置选项、参数值和光晕位置,完成后单击"确定"按钮,以应用其效果。再次应用"镜头光晕"滤镜,在弹出的对话框中设置选项、参数值和光晕位置,完成后单击"确定"按钮,以完善夜色灯塔的光照效果。

**07** 单击矩形工具 ▭,在属性栏中设置属性,在画面中绘制矩形图形,并调整其位置和角度,然后在"属性"面板中设置"羽化"为"20.0像素",结合图层蒙版和径向渐变隐藏多余图像,并设置该图层的混合模式为"柔光",使其光线效果更自然。最后多次复制该图层,并调整其角度和位置,以完善光照效果。

**08** 按快捷键Ctrl+Shift+Alt+E盖印可见图层,生成"图层4",设置该图层的混合模式为"柔光","不透明度"为40%,以增强画面色调层次。至此,本实例制作完成。

# 15 | 黛峰云涧

相机型号：D-LUX 5　曝光时间：1/640秒　光圈值：f/4

▌**摄影技巧**：拍摄山峰局部，可表现其细节，使观者看到其秀丽绝佳的一面，照片中的山峰色调层次不够分明，若能够表现黛峰云涧的风光效果，则在视觉上可以给人可以带来朗朗舒爽的感受，彷如置身天外仙境之中。

▌**后期润色**：本案例通过调色的方式分别实现照片的仙人居、佛光普照和写意仙境风格，体现黛峰云涧的风光效果。

▌**光盘路径**：素材\Part 2\Media\15\黛峰云涧.jpg

---

仙人居

| 魔法指数 | ★★★☆☆ |
|---|---|
| 风格解析 | 仙人居是通过添加云朵图像，制作仿佛置身在仙境中的效果。画面颜色简洁，通过添加的云朵图像表现山峰若隐若现的缥缈效果。 |
| 光盘路径 | 素材\Part 2\Complete\15\仙人居.psd |

佛光普照

| 魔法指数 | ★★★★☆ |
|---|---|
| 风格解析 | 佛光普照中的光照是重要的表现方式，通过在建筑顶部添加光照来增添阳光的照射效果。除此之外，调整画面色调为清新、阳光普照的效果也可以更好地表现其气质。 |
| 光盘路径 | 素材\Part 2\Complete\15\佛光普照.psd |

写意仙境

| 魔法指数 | ★★★★★ |
|---|---|
| 风格解析 | 对画面影调进行模糊处理，再对细节进行锐化以添加朦胧云彩质感。朦胧的质感是为了表现婉约的气质，通过调整其色调，以表现水墨效果，进而突出写意仙境的氛围。 |
| 光盘路径 | 素材\Part 2\Complete\15\写意仙境.psd |

# 仙人居

01 执行"文件>打开"命令，打开"素材\Part 2\ Media\15\黛峰云涧.jpg"照片文件。复制"背景"图层，生成"背景 副本"图层，并应用"色调均化"命令，设置"不透明度"为80%。然后使用画笔工具在图像上涂抹，以恢复局部色调。

02 按快捷键Ctrl+Shift+Alt+E盖印可见图层，生成"图层1"，执行"滤镜>其他>高反差保留"命令，在弹出的对话框中设置参数值，完成后单击"确定"按钮。在"图层"面板中设置其混合模式为"叠加"，结合图层蒙版和画笔工具在山峰边缘涂抹，使其效果更自然。

03 单击"创建新的填充或调整图层"按钮，在弹出的快捷菜单中选择"可选颜色"选项，在"属性"面板中，分别在"黄色"、"绿色"和"蓝色"主色选项中设置参数值，以调整画面中指定颜色的色调。

04 单击"创建新的填充或调整图层"按钮，在弹出的快捷菜单中选择"亮度/对比度"选项，在"属性"面板中设置参数值，以调整画面亮度层次。然后新建"图层2"，设置前景色为蓝色（R98，G179，B251），使用渐变工具天空天空颜色，并设置其混合模式为"线性加深"，"不透明度"为47%，以增强天空颜色。

05 新建"图层3"，设置前景色为白色，使用云朵笔刷画面中单击添加云朵效果。新建"图层4"，使用渐变工具在天空区域拖动鼠标，并设置该图层的混合模式为"叠加"，以增强天空色调。然后复制该图层并设置相应的混合模式。

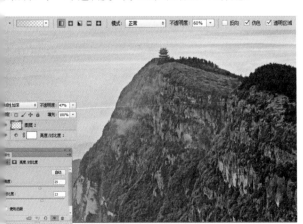

**06** 按快捷键Ctrl+Shift+Alt+E盖印可见图层，生成"图层5"，并设置该图层的混合模式为"柔光"，"不透明度"为60%，以画面色调层次。

**07** 新建图层，执行"滤镜>渲染>云彩"命令，并设置其混合模式为"滤色"，并结合画笔工具和图层蒙版隐藏多余图像，以调整画面朦胧的效果。然后创建"渐变填充1"填充图层，设置相应的渐变样式和混合模式。

▶**技术拓展** 应用"USM锐化"滤镜锐化图像

"USM锐化"滤镜主要对图像细节进行锐化，与"高反差保留"滤镜所产生的效果差不多。使用"USM锐化"滤镜锐化图像时，是直接锐化当前图像，即可看到锐化后的效果；"高反差保留"滤镜是通过应用混合模式来展现锐化后的图像效果。本例中除使用"高反差保留"滤镜外，同样可以使用"USM锐化"滤镜锐化图像。

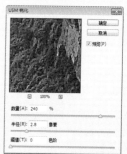

▲盖印一个可见图层，生成"图层2"，执行"滤镜>锐化>USM锐化"命令，在弹出的对话框中设置参数值。

**08** 创建"颜色填充1"填充图层，设置填充颜色为淡黄色，并设置该图层的混合模式为"叠加"，"不透明度"为30%，然后使用白色柔角橡皮擦工具在画面中涂抹，以丰富画面效果。至此，本实例制作完成。

▲完成后单击"确定"按钮，即可显示锐化效果。

# 佛光普照

**01** 执行"文件>打开"命令，打开"素材\Part 2\Media\15\黛峰云涧.jpg"照片文件。新建"组1"图层组通过前面使用的方法，为图像添加云朵图层，并结合混合模式增强天空色调，增强画面效果。

**02** 单击"创建新的填充或调整图层"按钮 ⊙.，在弹出的快捷菜单中选择"曲线"选项，并在"属性"面板中设置参数值，以调整画面亮度。

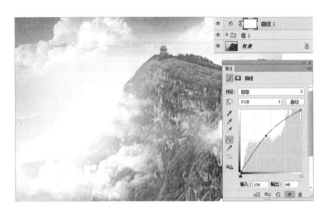

**03** 单击"创建新的填充或调整图层"按钮 ⊙.，在弹出的快捷菜单中选择"渐变填充"选项，设置渐变样式后单击"确定"按钮。然后设置该图层的混合模式为"柔光"，"不透明度"为42%，以丰富画面色调。

**04** 新建"图层7"，执行"滤镜>渲染>云彩"命令，即可填充空白图层，然后应用"高斯模糊"滤镜，并设置该图层的混合模式为"滤色"，结合图层蒙版和画笔工具隐藏多余图像，以减制作朦胧效果。

**05** 新建"图层8"，设置前景色为黑色，单击渐变工具 ▣.，在属性栏中设置属性，并在画面中从下往上拖动鼠标填充图层，并设置该图层的混合模式和不透明度，以增强画面色调层次。

**06** 创建"色彩平衡"和"渐变填充"命令，然后设置"渐变填充2"图层的混合模式和不透明度，并使用柔角橡皮擦工具 ▨.在该图层蒙版天空区域涂抹，以恢复天空色调层次。

**07** 单击"创建新的填充或调整图层"按钮 ●，在弹出的快捷菜单中选择"渐变填充"选项，分别在"属性"面板中设置不同的渐变样式和参数值，完成后单击"确定"按钮。然后分别设置不同的混合模式和不透明度，并使用画笔工具在蒙版中涂抹，以恢复局部色调。

**08** 按快捷键Ctrl+Shift+Alt+E盖印可见图层，生成"图层9"，设置该图层的混合模式为"正片叠底"，"不透明度"为60%，并使用柔角画笔工具在蒙版缩览图中涂抹，以恢复该区域以增强画面色调。

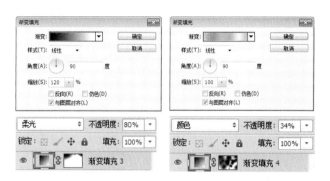

**09** 按快捷键Ctrl+Shift+Alt+E盖印可见图层，生成"图层10"，执行"滤镜>模糊>高斯模糊"命令，在弹出的对话框中设置参数值，完成后单击"确定"按钮，并结合图层蒙版和画笔工具恢复局部图像细节。

**10** 按快捷键Ctrl+Shift+Alt+E盖印可见图层，生成"图层11"，执行"滤镜>渲染>镜头光晕"命令，在弹出的对话框中设置选项、参数值和光晕位置，完成后单击"确定"按钮，即可应用光晕效果。

**11** 新建"组2"图层组，单击钢笔工具 ，在属性栏中设置属性，并在画面中绘制形状路径，在"属性"面板中设置属性。然后使用相同方法继续绘制图形，以制作光照效果。

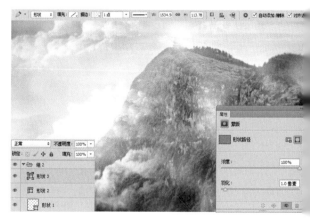

**12** 单击"创建新的填充或调整图层"按钮 ◎ ，应用"渐变填充"命令，设置渐变样式后单击"确定"按钮。然后设置该图层的混合模式为"柔光"，使用画笔工具隐藏部分图像。然后选择"组2"图层组，单击"添加图层样式"按钮 *fx.* ，应用"内发光"命令，设置参数值，以增强该组的图形效果。

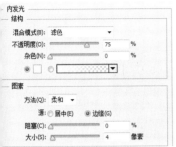

**13** 新建"图层12"，填充为黑色，并执行"滤镜>渲染>镜头光晕"命令，在弹出的对话框中设置参数值，应用其效果。然后调整该图层的大小和角度，结合图层蒙版和径向渐变隐藏多余图像，使其效果更自然，从而完善佛光普照的效果。至此，本实例制作完成。

**技术拓展** 使用"光圈模糊"滤镜模糊图像

使用"光圈模糊"滤镜，可在弹出的对话框中设置模糊区域的大小范围，单击"确定"按钮即可应用其效果。该滤镜方便、快捷，还可以在画面中创建多个模糊区域。本例中除使用"高斯模糊"滤镜外，同样可以使用"光圈模糊"滤镜模糊图像。

▲ 执行"滤镜> 模糊>光圈模糊"命令，在弹出的对话框中设置参数值和光圈大小。

▲ 完成后单击"确定"按钮即可应用其效果。

## » 写意仙境

**01** 打开"素材\Part 2\Media\15\黛峰云涧.jpg"照片文件。使用相同方法复制图层，应用"色调均化"命令和"高反差保留"滤镜，设置相应的混合模式和不透明度，并结合图层蒙版和画笔工具隐藏多余图像。

**02** 盖印可见图层，生成"图层2"，执行"滤镜>艺术效果>水彩"命令，在对话框中设置参数值，完成后单击"确定"按钮，以应用其效果。然后设置混合模式为"滤色"，结合图层蒙版和画笔工具在天空区域涂抹，以恢复天空区域色调。

**03** 盖印可见图层，生成"图层3"，在"通道"面板中全选"绿"通道选区并复制粘贴到"蓝"通道，然后设置该图层的混合模式为"正片叠底"，"不透明度"为80%，并结合图层蒙版和画笔工具恢复局部色调。

**04** 盖印可见图层，生成"图层4"，并复制该图层，应用"去色"命令，去除图像颜色信息，然后调整图层顺序至"图层4"下方，并设置该图层的"不透明度"为61%，以减淡图像色调。

**05** 单击"创建新的填充或调整图层"按钮 ◯，分别应用"色彩平衡"和"曲线"命令，分别设置参数值，以调整画面整体色调亮度。然后使用柔角橡皮擦工具 ◢ 在"曲线1"蒙版缩览图中涂抹，以恢复天空色调。

**06** 单击"创建新的填充或调整图层"按钮 ◯，在弹出的快捷菜单中选择"曲线"和"渐变填充"选项，分别设置参数值，然后设置"渐变填充1"填充图层的混合模式为"正片叠底"，"不透明度"为60%，并使用柔角橡皮擦工具 ◢ 在该图层蒙版缩览图中涂抹，以恢复局部色调层次。

07 创建"照片滤镜1"调整图层，设置选项和参数值，以调整图像整体色调。然后盖印可见图层，生成"图层5"，应用"高斯模糊"滤镜，并恢复局部细节。

08 创建"颜色填充1"填充图层，并设置混合模式为"柔光"，"不透明度"为39%，使用柔角画笔工具隐藏多余图像，恢复其色调。

09 新建"图层6"，应用"云彩"滤镜后再次执行"滤镜>模糊>高斯模糊"命令，在弹出的对话框中设置参数值，完成后单击"确定"按钮，并结合图层蒙版和画笔工具云彩多余图像，以制作烟雾弥漫效果。

10 使用横排文字工具在左上角区域添加相应文字，并使用套索工具绘制一个红色图像，完善文字效果。然后使用黑色画笔工具在画面中绘制鸟儿图像，以丰富画面效果。至此，本实例制作完成。

# 16 爱上普罗旺斯

■ 摄影技巧：照片中是一片紫色的花海，通过使用小光圈表现一望无际的花海效果，仿佛身在花丛中，透着一股如诗般的、清新舒爽的世外桃源的感觉。

■ 后期润色：本案例通过调色的方式分别实现照片的烂漫天空下、清新光晕和暗黑主义风格，体现出画面的中普罗旺斯的不同光影色调氛围特质。

■ 光盘路径：素材\Part 2\Media\16\爱上普罗旺斯.jpg

相机型号：NIKON D2Xs　曝光时间：1/60秒　光圈值：f/8.0

| 烂漫天空下 | |
|---|---|
| 魔法指数 | ★★★◐☆ |
| 风格解析 | 烂漫天空下主要以晴朗清爽色调为主，画面颜色简洁而不失淡雅。通过添加光斑效果，表现画面清爽柔美，以突出烂漫天空下的通透感。 |
| 光盘路径 | 素材\Part 2\Complete\16\烂漫天空下.psd |

| 清新光晕 | |
|---|---|
| 魔法指数 | ★★★★◐ |
| 风格解析 | 运用柔和的光线表现花卉温婉柔美的特质，并微妙地展现出画面的细节，使得花卉精神面貌和神态皆得以表现，从而突出清新、柔美的特质。 |
| 光盘路径 | 素材\Part 2\Complete\16\清新光晕.psd |

| 暗黑主义 | |
|---|---|
| 魔法指数 | ★★★★★ |
| 风格解析 | 对画面影调进行色调处理，再对细节进行深入的处理，以表现夜色来临之际花卉的效果，通过光影层次的处理，突出暗黑主义的细节质感。 |
| 光盘路径 | 素材\Part 2\Complete\16\暗黑主义.psd |

## 烂漫天空下

01 执行"文件>打开"命令，打开"素材\Part 2\Media\16\爱上普罗旺斯.jpg"照片文件。复制"背景"图层，应用"色调均化"命令，并设置其"不透明度"为80%，以减淡图像色调。

02 单击"创建新的填充或调整图层"按钮，在弹出的快捷菜单中选择"可选颜色"选项，在"属性"面板中的"黄色"主色选项中设置参数值，以调整指定颜色色调。

03 单击"创建新的填充或调整图层"按钮，在弹出的快捷菜单中选择"渐变填充"选项，设置渐变样式后单击"确定"按钮。然后设置该图层的混合模式为"柔光"，并使用画笔工具在天空中涂抹，以恢复天空色调。

04 单击"创建新的填充或调整图层"按钮，在弹出的快捷菜单中选择"通道混合器"选项，在"属性"面板中的"红"通道选项中设置参数值，并使用画笔在中间区域涂抹，以恢复其色调。

05 创建"渐变填充2"填充图层，并设置其混合模式为"柔光"，以丰富画面色调。

06 单击"创建新的填充或调整图层"按钮，在弹出的快捷菜单中选择"照片滤镜"选项，设置参数值，并使用柔角橡皮擦工具在画面中间区域涂抹，以恢复其色调。

**07** 按快捷键Ctrl+Shift+Alt+E盖印可见图层，生成"图层1"，设置该图层的混合模式为"正片叠底"，"不透明度"为45%，并结合画笔工具和图层蒙版在画面中间区域涂抹，以恢复其亮度层次。

**08** 新建"图层2"，设置前景色为黑色，单击渐变工具，在属性栏中设置属性，并从外向内拖动鼠标填充空白图层四周边缘。然后设置该图层的混合模式为"叠加"，"不透明度"为80%，以增强画面的色调层次。

**09** 单击椭圆工具，在属性栏中设置属性，并在画面中绘制多个正圆图形，然后在"图层"面板中设置该图层的混合模式为"柔光"，"填充"为55%，并添加"外发光"图层样式，以丰富光斑效果。

**10** 创建"颜色填充1"填充图层，并设置其相应的混合模式，然后结合图层蒙版和画笔工具隐藏多余图像，并复制该图层，丰富画面效果。至此，本实例制作完成。

## ❯❯ 清新光晕

**01** 执行"文件>打开"命令，打开"素材\Part 2\Media\16\爱上普罗旺斯.jpg"照片文件。在"图层"面板中复制"背景"图层，生成"背景 副本"图层。

**02** 在"图层"面板中设置"背景 副本"图层的混合模式为"正片叠底"，"不透明度"为80%，然后为该图层添加图层蒙版，并使用画笔工具在花海区域涂抹，以隐藏该区域色调。

**03** 在"图层"面板中按快捷键Ctrl+Shift+Alt+E盖印可见图层，生成"图层1"，执行"图像>调整>调调均化"命令，设置其"不透明度"为38%，以减淡图色调。

**04** 单击"创建新的填充或调整图层"按钮，在弹出的快捷菜单中选择"色阶"选项，在"属性"面板中设置参数值，以调整画面色调层次。并使用径向渐变在天空中涂抹，以恢复天空色调。

TIPS　　渐变工具在蒙版中的应用

利用渐变工具对图层蒙版做隐藏处理，可将隐藏域显示的图像之间做成更自然的过渡效果。通过渐变工具属性栏中的渐变类型的设置，其中包括"线性渐变"、"径向渐变"、"对称渐变"和"菱形渐变"等。可调整图层蒙版缩览图中渐变隐藏局部不需要的效果。

**05** 单击"创建新的填充或调整图层"按钮，在弹出的快捷菜单中选择"照片滤镜"，并使用画笔工具在较暗区域涂抹，以恢复其细节。

**06** 单击"创建新的填充或调整图层"按钮，在弹出的快捷菜单中选择"可选颜色"选项，在"属性"面板中的"中性色"主色中设置各个选项参数值，以调整画面灰度图像色调。然后使用柔角橡皮擦工具在天空和较暗区域涂抹，以恢复该区域细节。

**07** 单击"创建新的填充或调整图层"按钮，在弹出的快捷菜单中选择"渐变填充"选项，设置渐变式后单击"确定"按钮。然后设置该图层的混合模式为颜色"，"不透明度"为22%，以减淡图像色调。然后使柔角橡皮擦工具在画面中涂抹，以恢复该区域色调。

**08** 单击"创建新的填充或调整图层"按钮，在弹出的快捷菜单中选择"曲线"选项，在"属性"面板中，分别在"RGB"和"蓝"通道选项中设置参数值，以调整画面整体色调层次。

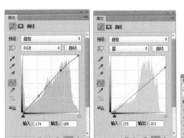

**09** 单击"创建新的填充或调整图层"按钮 ◯.，在弹出的快捷菜单中选择"渐变填充"选项，设置渐变样式后单击"确定"按钮。然后设置该图层的混合模式为"柔光"，"不透明度"为45%，以减淡图像色调。然后使用柔角橡皮擦工具 ✐ 在画面中涂抹，以恢复该区域色调。

**10** 按快捷键Ctrl+Shift+Alt+E盖印图层，生成"图层2"，执行"滤镜>渲染>镜头光晕"命令，在弹出的对话框中设置选项和参数值，完成后单击"确定"按钮，即可为图像添加光晕效果，从而完善清新的光晕恬静色调。

▶**技术拓展** 使用"照片滤镜"调整命令制作彩色滤镜效果

"照片滤镜"调整是通过模仿在相机镜头前面加彩色滤镜，调整通过镜头传输的光的色彩平衡和色温。而"曲线"命令是通过调整"蓝"通道的高光值，使整体偏暖调。本例中除使用"曲线"滤镜外，同样可以使用"照片滤镜"调整命令，达到同样的效果。

▲单击"创建新的填充或调整图层"按钮 ◯.，在弹出的快捷菜单中选择"照片滤镜填充"选项。

◀在"属性"面板中设置滤镜选项和参数

**11** 单击"创建新的填充或调整图层"按钮 ◯.，应用"纯色"命令，设置填充颜色为白色，完成后单击"确定"按钮。然后设置该图层的"不透明度"为50%，以统一画面色调。最后使用画笔工具 ✐ 在画面中间涂抹，以丰富画面色调。至此，本实例制作完成。

▲即可在画面中显示应用滤镜后效果。

## » 暗黑主义

**01** 执行"文件>打开"命令，打开"素材\Part 2\Media\16\爱上普罗旺斯.jpg"照片文件。复制"背景"图层，设置该图层的混合模式为"正片叠底"，然后结合图层蒙版和画笔工具在天空意外区域涂抹，并设置该图层，以增强天空色调层次。

**02** 单击"创建新的填充或调整图层"按钮，在弹出的快捷菜单中选择"通道混合器"选项，在弹出的"属性"面板中设置参数值，并使用柔角画笔工具在角暗区域涂抹，以恢复其色调层次。

**03** 单击"创建新的填充或调整图层"按钮，应用"渐变填充"命令，然后设置该相应的混合模式和不透明度，并使用柔角画笔工具在角暗区域涂抹，以恢复其色调层次。

**04** 复制"渐变填充1"填充图层，生成"渐变填充1副本"图层，并设置其混合模式为"差值"，"不透明度"为63%，然后使用画面工具在花田中涂抹，以隐藏该区域色调。

**05** 创建"渐变填充2"填充图层，并设置该相应的混合模式和不透明度，然后使用柔角画笔工具在小树上涂抹，以恢复其色调层次。

**06** 单击"创建新的填充或调整图层"按钮 ◎.，应用"色阶"命令，设置参数值，并使用柔角橡皮擦工具 ✐ 在角暗区域涂抹，以恢复其细节。

**07** 新建"图层1"，设置前景色为黑色，单击渐变工具 ■，在属性栏中设置属性，并在图像四周从外向内填充空白图层，设置该图层的混合模式为"正片叠底"，"不透明度"为60%，然后结合图层蒙版和画笔工具隐藏多余图像，以增强画面色调层次。

**08** 单击"创建新的填充或调整图层"按钮 ◎.，在弹出的快捷菜单中选择"色相/饱和度"选项，在弹出的"属性"面板中设置参数值，并使用柔角画笔工具 ✐ 在角暗区域涂抹，以恢复其色调层次。

**09** 单击"创建新的填充或调整图层"按钮 ◎.，在弹出的快捷菜单中选择"照片滤镜"选项，在弹出的"属性"面板中设置选项和参数值，并设置该图层的混合模式为"强光"，"不透明度"为27%，以增强画面光照效果层次。至此，本实例制作完成。

**TIPS** 使用"曲线"调整命令与"色阶"调整命令的区别

　　"曲线"调整命令与"色阶"调整命令基本相似，可通过设置图像的黑白色场取样，自动调整图像整体色调，也可以分别对图像的各个通道进行单独调整。不同的是"曲线"命令在调整图像时，更大程度上保留了图像的颜色细节。

# 17 | 红墙内外

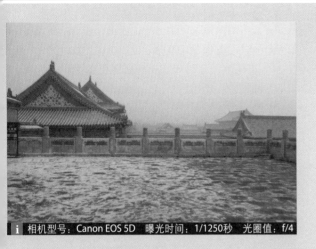

**i** 相机型号：Canon EOS 5D　曝光时间：1/1250秒　光圈值：f/4

▌**摄影技巧**：该照片是一张建筑局部图像，由于阴天或相机曝光不当等原因，导致照片色调暗沉，使照片给人一种郁闷气息。

▌**后期润色**：本案例通过调色的方式分别实现照片的朗朗色调、月明星稀和地产招贴风格，分别体现出画面的不同时间所表现的不同图像效果，从而增强画面视觉效果。

▌**光盘路径**：素材\Part 2\Media\17\红墙内外.jpg

朗朗色调

| 魔法指数 | ★★★☆☆ |
|---|---|
| 风格解析 | 朗朗色调是表现晴朗的天空下，该图像的画面效果，通过增强该照片的色调层次，并添加天空和云朵图像，以表现画面颜色单纯简洁的气息。 |
| 光盘路径 | 素材\Part 2\Complete\17\朗朗色调.psd |

月明星稀

| 魔法指数 | ★★★★☆ |
|---|---|
| 风格解析 | 月明星稀是表现夜晚的色调气息，通过调整画面色调为夜晚气氛，表现月明效果。除此之外，添加星光和云朵效果，使其更具天高云淡、夜晚寒冷的气质。 |
| 光盘路径 | 素材\Part 2\Complete\17\月明星稀.psd |

地产招贴

| 魔法指数 | ★★★★★ |
|---|---|
| 风格解析 | 对画面影调进行色调处理，再对细节进行锐化以添加朦胧光晕质感；同时在右上角的空白区域添加相应的文字，以制作地产标题文字，从而突出主题，并在画面底部添加地址和联系电话，从而吸引消费者眼球。 |
| 光盘路径 | 素材\Part 2\Complete\17\地产招贴.psd |

## » 朗朗色调

**01** 执行"文件>打开"命令，打开"素材\Part 2\Media\17\红墙内外.jpg"照片文件。复制"背景"图层，生成"背景 副本"图层，并应用"色调均化"命令，以调整画面色调层次。

**02** 单击"创建新的填充或调整图层"按钮，在弹出的快捷菜单中选择"色阶"选项，在"属性"面板中单击"在图像中取样以设置白场"按钮，在天空上灰色区域取样，即可自动调整画面亮度层次。

**03** 在"图层"面板中，单击"创建新的填充或调整图层"按钮，在弹出的快捷菜单中选择"曲线"命令，在"属性"面板中设置参数值，以调整画面亮度层次。

**04** 新建"图层1"，设置前景色为蓝色（R83，G179，B234），使用渐变工具填充天空颜色，并复制该图层，设置混合模式为"正片叠底"，"不透明度"为62%，以增强天空色调。

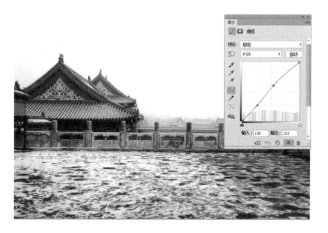

**05** 新建"图层2"，设置前景色为白色，并使用画笔工具添加云朵图像。然后创建"色彩平衡1"调整图层，设置各个选项参数值，以调整画面色调。至此，本实例制作完成。

## » 月明星稀

**01** 执行"文件>打开"命令，打开"素材\Part 2\Media\17\红墙内外.jpg"照片文件。通过前面的方式应用"色阶"和"曲线"命令调整图像亮度层次，使用渐变工具和混合模式添加天空色调，并使用画笔工具在"画笔预设"选取器中选择云朵笔刷，添加相应的云朵图像，从而增强画面效果。

**02** 单击"创建新的填充或调整图层"按钮，在弹出的快捷菜单中选择"纯色"选项，在弹出的"拾色器"对话框中设置填充颜色为深蓝色，完成后单击"确定"按钮，然后在"图层"面板中设置其混合模式为"差值"，"不透明度"为48%，以调整画面色调。

**03** 单击"创建新的填充或调整图层"按钮，在弹出的快捷菜单中选择"纯色"选项，在弹出的"拾色器"对话框中设置填充颜色为暗黄色，完成后单击"确定"按钮，然后在"图层"面板中设置其混合模式为"叠加"，以调整画面色调。

**04** 单击"创建新的填充或调整图层"按钮，在弹出的快捷菜单中选择"色相/饱和度"选项，在弹出的"属性"面板中，设置参数值，并使用柔角画笔工具在天空区域涂抹，以恢复其色调。

**05** 单击"创建新的填充或调整图层"按钮，在弹出的快捷菜单中选择"色相/饱和度"选项，设置参数值，并使用柔角橡皮擦工具在天空以外区域中涂抹，以恢复建筑色调。

**06** 新建"图层3"，设置前景色为黑色，单击渐变工具，在属性栏中设置属性，并从外向内拖动鼠标填充空白图层。在"图层"面板中设置该图层的混合模式为"正片叠底"，以增强画面色调层次，从而达到夜晚的色调效果。

**07** 新建"图层4"，设置前景色为白色，单击画笔工具 ✐，在属性中单击"切换画笔面板"按钮 ☑，在弹出的"画笔"面板中分别勾选"形状动态"和"散布"复选框，并在对应的选项面板中设置各个选项和参数值，然后在画面中的天空区域单击拖动鼠标，即可添加星光图像，以制作夜晚天空的星光效果。

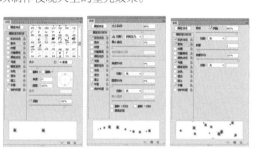

**08** 在"图层"面板中单击"添加图层样式"按钮，在弹出的快捷菜单中选择"外发光"选项，弹出的"图层样式"对话框中设置选项和参数值，完成后单击"确定"按钮，即可应用该图层样式。至此，本实例制作完成。

TIPS 绘制暗角的多种方式

为照片添加暗角晕影效果，除了使用了渐变工具填充暗角；也可以通过"镜头校正"滤镜添加照片的暗角晕影效果；还可以通过应用一些调整命令调整按画面，然后对蒙版做径向渐变填充，以恢复画面中心色调的方式添加暗角晕影效果。

## ≫ 地产招贴

**01** 执行"文件>打开"命令，打开"素材\Part 2\Media\ 17\红墙内外.jpg"照片文件。通过前面的方式应用"色阶"和"曲线"命令调整图像亮度层次，使用渐变工具和混合模式添加天空色调，并使用画笔工具在"画笔预设"选取器中选择云朵笔刷，添加相应的云朵图像，从而增强画面效果。

**02** 在"图层"面板中，单击"创建新的填充或调整图层"按钮，在弹出的快捷菜单中选择"曲线"命令，在"属性"面板中"蓝"通道中调整曲线位置，以调整画面色调层次。

**03** 按快捷键Ctrl+Shift+Alt+E盖印可见图层，生成"图层3"，执行"滤镜>渲染>镜头光晕"命令，在弹出的对话框中设置参数值和光晕位置，完成后单击"确定"按钮，即可应用该滤镜效果。

**04** 新建"组2"，使用自定形状工具 在右上角空区域绘制图形。单击横排文字工具 T，在属性栏单击在"字符"面板中分别设置字体样式、字号大小和字颜色为深红色（R151，G5，B5），然后在绘制的图形上添"宫殿"文字，并调整其大小，以制作招贴的标题文字。

**05** 选择文字图层，并单击"添加图层样式"按钮 fx，应用"描边"命令，并在弹出的对话框中设置参数值和描边颜色。然后为"形状1"图层添加图层蒙版，并隐藏多余的图形。

**06** 单击横排文字工具 T，在属性栏中单击，在"字符"面板中分别设置字体样式、字号大小和字体颜色，在标题文字下方输入相应的文字，以对地产进行宣传介绍。

**07** 新建"组3"图层组，使用矩形选框工具 在画面底部创建一个矩形选区，并填充为淡黄色（R243，G247，B209）。然后结合矩形选框工具 和椭圆选框工具 在左下方区域绘制路线图，并填充为深红色。

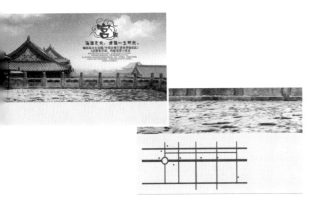

**08** 使用横排文字工具 T 在路线图上输入相应地址，并选择"形状1"图层复制，结合自由变换命令调整其大小和位置，以制作该地产标志。然后继续选择"形状1"和"宫殿"文字图层复制，并删除多余文字。

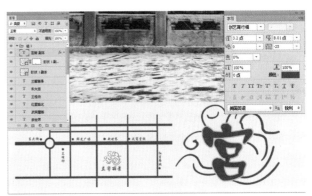

**09** 单击横排文字工具 T，在属性栏中单击，在"字符"面板中分别设置字体样式、字号大小和字体颜色，继续在画面中相应位置添加文字，以完善地产招贴效果。至此，本实例制作完成。

**TIPS** 按Shift键应用"自由变换"命令的调整方式

　　应用"自由变换"命令，必须要了解Shift键的使用，同时可快速地帮我们实现变化命令效果。拖动变形框四角任一角点时，对角点位置不变，图像会比例放大或缩小，也可翻转图形。鼠标左键在变形框外弧形拖动时，图像可做15°增量旋转，也可做90°、180°顺逆旋转。

## 18 秋风红叶

> ▌ **摄影技巧**：照片中的深林风景图像层次分明、俯视着山下一望无际的山脉，从而突出了画面宽广。初春的阳光的照射散发出画面的清新婉约的魅力，表现了大自然的清新气息。
>
> ▌ **后期润色**：面对如此美丽的风景，不由联想到清爽风、梦幻风、写意风和蜡笔画等风格，分别体现大自然的不同色调氛围效果。
>
> ▌ **光盘路径**：素材\Part 2\Media\18\秋风红叶.jpg

相机型号：NIKON D200　曝光时间：1/80秒　光圈值：f/14

清爽风

| 魔法指数 | ★★★☆☆ |
|---|---|
| 风格解析 | 风格解析：清爽风是以青色和黄色为主，画面颜色单纯简洁。为了表现初春的晨曦，万物经过阳光的洗礼，从而展现婉约柔美大自然的生机气息。 |
| 光盘路径 | 素材\Part 2\Complete\18\清爽风.psd |

梦幻风

| 魔法指数 | ★★★★★ |
|---|---|
| 风格解析 | 梦幻风是以粉色为主，以该色系表现图像梦一样的色调效果。应用模糊滤镜表现画面的柔美梦幻效果，同时添加多个光斑增添梦幻的照射感。 |
| 光盘路径 | 素材\Part 2\Complete\18\梦幻风.psd |

写意风

| 魔法指数 | ★★★★☆ |
|---|---|
| 风格解析 | 对画面影调进行艺术效果滤镜处理，再对色调的掌控进行调整，以达到写意的钢笔画效果。在写意的基础上调整画面的温暖淡雅色调，从而突出其效果。 |
| 光盘路径 | 素材\Part 2\Complete\18\写意风.psd |

蜡笔画

| 魔法指数 | ★★★★★ |
|---|---|
| 风格解析 | 对画面影调进行干画笔、绘画涂抹和阴影线等滤镜的处理，以表现画面的蜡笔画效果质感。通过对画面的色调进行调整，从而突出蜡笔画的质感细节。 |
| 光盘路径 | 素材\Part 2\Complete\18\蜡笔画.psd |

## 清爽风

**01** 执行"文件>打开"命令，打开"素材\Part 2\Media\18\秋风红叶.jpg"照片文件。单击"创建新的填充或调整图层"按钮，应用"色彩平衡"命令，设置各个选项的参数值，以调整画面整体色调。

**02** 单击"创建新的填充或调整图层"按钮，在弹出的快捷菜单中选择"色相/饱和度"选项，在"属性"面板中设置各个选项参数值，以调整画面整体饱和度。

**03** 按快捷键Ctrl+Shift+Alt+E盖印可见图层，生成"图层1"，并设置该图层的混合模式为"正片叠底"，"不透明度"为50%，以增强画面色调层次效果。

**04** 单击"创建新的填充或调整图层"按钮，在弹出的快捷菜单中选择"曲线"选项，在"红"、"绿"和"蓝"通道选项中设置参数值，并使用白色柔角橡皮擦工具在画面边缘上涂抹，以恢复其色调。

**05** 单击"创建新的填充或调整图层"按钮，在弹出的快捷菜单中选择"渐变填充"选项，在"属性"面板中设置混合模式为"柔光"，并恢复部分色调。至此，本实例制作完成。

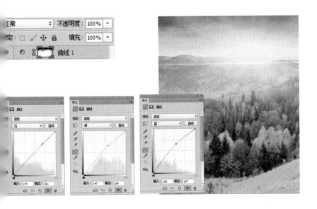

## » 梦幻风

**01** 执行"文件>打开"命令,打开"素材\Part 2\Media\18\秋风红叶.jpg"照片文件。单击"创建新的填充或调整图层"按钮 ⊙.,在弹出的快捷菜单中选择"色相/饱和度"选项,在"属性"面板中设置参数值,以增强画面饱和度。

**02** 按快捷键Ctrl+Shift+Alt+E盖印可见图层,生成"图层1",执行"滤镜>扭曲>扩散亮光"命令,在弹出的对话框中设置参数值,完成后单击"确定"按钮。然后结合图层蒙版和画笔工具在较亮区域涂抹,以恢复其细节。

**03** 单击"创建新的填充或调整图层"按钮 ⊙.,在弹出的快捷菜单中选择"通道混合器"选项,在"属性"面板中的"红"通道选项中设置参数值,以调整画面色调。然后使用画笔工具在天空和花草区域涂抹,以调整图像为梦幻色调效果。

**04** 单击"创建新的填充或调整图层"按钮 ⊙.,在弹出的快捷菜单中选择"通道混合器"选项,在"属性"面板中的"红"和"蓝"通道选项中设置参数值,以调整画面色调。并设置该图层的"不透明度"为30%,然后使用画笔工具在较亮区域涂抹,以恢复其色调效果。

**TIPS** 在"滤镜"菜单中显示所有滤镜列表

在Photoshop CS6中,"滤镜"菜单中的滤镜组都将被隐藏,若要将其进行显示,可执行"编辑>首选项"命令,在弹出的快捷菜单中选择"增效工具"选项,在弹出的对话框中勾选"显示滤镜库的所有组合名称"复选框,单击"确定"按钮即可在"滤镜"菜单中显示所有的滤镜组。

05 在"图层"面板中，单击"创建新的填充或调整图层"按钮，在弹出的快捷菜单中选择"可选颜色"命令，在"属性"面板中设置参数值，以调整指定区域色调。然后使用画笔工具在右下角的草坪区域涂抹，以恢复该区域色调颜色。

06 单击"创建新的填充或调整图层"按钮，在弹出的快捷菜单中选择"渐变填充"选项，设置渐变样式后单击"确定"按钮。然后设置该图层的混合模式为"柔光"，并使用画笔工具在图像四周涂抹，以恢复该区域色调。

07 单击"创建新的填充或调整图层"按钮，在弹出的快捷菜单中选择"曲线"选项，在"属性"面板中，分别在RGB和"蓝"通道选项中设置参数值，以增强画面的色调层次。

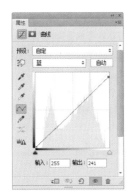

08 单击椭圆工具，在属性栏中属性属性，并在画面中绘制多个大小不同的椭圆形状图形，生成"椭圆1"形状图层。在形状路径"属性"面板中设置羽化值为"30.0像素"，然后在"图层"面板中设置该图层的混合模式为"柔光"，并复制该图层，应用"自由变换"命令调整其大小和位置，以丰富光斑效果。至此，本实例制作完成。

## » 写意风

**01** 执行"文件>打开"命令，打开"素材\Part 2\Media\18\秋风红叶.jpg"照片文件。新建"图层1"，设置前景色为白色，使用画笔工具 ✎ 在画面中添加云朵图像，以丰富画面效果。

**02** 按快捷键Ctrl+Shift+Alt+E盖印可见图层，生成"图层2"，执行"滤镜>艺术效果>水彩"令，在弹出的对话框中设置参数值，完成后单击"确定"按钮，以制作图像水彩效果。

**03** 继续在"图层2"上执行"滤镜>艺术效果>绘画涂抹"命令，在弹出的对话框中设置参数值，并对话框右下角单击"新建效果图层"按钮 ▣，即可新建一个效果图层，并在滤镜样式中单击"干画笔"缩览图，在对的面板中设置参数值，以制作图像干画笔效果，完成后单击"确定"按钮，即可应用该滤镜效果。

**04** 单击"创建新的填充或调整图层"按钮 ◉|，用"曲线"命令，在"属性"面板中，分别"红"和"绿"通道选项中设置参数值，以调整画面指通道色调。然后结合图层蒙版和画笔工具恢复其细节。

**"中性色"主色的应用**

应用"可选颜色"调整命令时，在"属性"面板中的"中色"主色选项中设置参数值，除了可以调整图像的偏色效果外，还可以用于调整图像亮度。

**05** 单击"创建新的填充或调整图层"按钮 ◉|，在弹出的快捷菜单中选择"色阶"和"可选颜色"选项，分别设置各个选项参数值，并使用柔角橡皮擦工具 ✐在花朵上涂抹，以恢复其色调层次。

**06** 复制"背景"图层，生成"背景 副本"图层，移动至最上方，并应用"去色"命令。然后再应用"查找边缘"滤镜，并设置该图层的混合模式为"片叠底"，以制作钢笔画。

**07** 单击"创建新的填充或调整图层"按钮 ⬭.，在弹出的快捷菜单中选择"可选颜色"选项，在"属性"面板中的"黄色"主色选项中设置参数值，以调整画面指定区域色调。

**08** 单击"创建新的填充或调整图层"按钮 ⬭.，应用"可选颜色"命令，在"属性"面板中的"黄色"主色选项中设置参数值，以调整画面指定区域色调。然后使用画笔工具在画面中涂抹，以丰富画面色调。

**09** 盖印可见图层，生成"图层2"，应用"去色"命令，并设置该图层的混合模式为"颜色"、"不透明度"为50%。然后创建"亮度/对比度"调整图层，设置参数值，以调整画面亮度层次。至此，本实例制作完成。

## » 蜡笔画

**01** 执行"文件>打开"命令，打开"素材\Part 2\Media\18\秋风红叶.jpg"照片文件。单击"创建新的填充或调整图层"按钮 ⬭.，在弹出的快捷菜单中选择"色相/饱和度"选项，在"属性"面板中设置参数值，以调整画面饱和度。

**02** 在"图层"面板中，按快捷键Ctrl+Shift+Alt+E盖印可见图层，生成"图层1"并复制，生成"图层1"副本图层，执行"滤镜>艺术效果>绘画涂抹"和"滤镜>艺术效果>水彩"命令，在弹出的对话框中设置参数值，完成后单击"确定"按钮，以制作图像蜡笔效果。

**03** 复制"图层1"，生成"图层1副本2"，将其移动到最上方，应用"干画笔"命令，在弹出的对话框中设置参数值，在对话框右下角单击"新建效果图层"按钮 ⬭，并在滤镜样式中单击"阴影线"和"粗糙蜡笔"预览图，在相应的面板中设置参数值，单击"确定"按钮，即可应用该滤镜效果。

**04** 单击"创建新的填充或调整图层"按钮 ●，在弹出的快捷菜单中选择"纯色"选项，在弹出的"拾色器"对话框中设置填充颜色为深蓝色，完成后单击"确定"按钮，然后在"图层"面板中设置其混合模式为"排除"，"不透明度"为58%，以调整画面色调。

**05** 单击"创建新的填充或调整图层"按钮 ●，应用"纯色"命令，在弹出的"拾色器"对话框中设置填充颜色为橙色，完成后单击"确定"按钮。然后在"图层"面板中设置其混合模式为"线性加深"，"不透明度"为30%，以调整画面色调。

**06** 创建"颜色填充3"填充图层，并设置相应混合模式，然后使用画笔工具隐藏多余图像，以丰富画面效果。

**07** 在"图层"面板中复制"渐变填充3"填充图层，生成"渐变填充3 副本"图层，并设置该图层的混合模式为"柔光"，"不透明度"为23%，以增强画面色调层次。

**08** 创建"渐变填充1"填充图层，并设置该图层的混合模式为"柔光"，"不透明度"为60%，使用画笔工具在左上角区域涂抹，以恢复该区域细节，增强画面色调层次。

**09** 单击"创建新的填充或调整图层"按钮 ●，在弹出的快捷菜单中选择"亮度/对比度"选项，设置参数值，以调整画面亮度层次。至此，本实例制作完成。

# 19 | 破旧古堡

相机型号：NIKON D300　曝光时间：1/4000秒　光圈值：f/4

■ **摄影技巧**：该照片是一张建筑风景照，为了增强照片的色调层次可通过设置曝光度和光圈来改变，从而增强古堡的视觉效果。

■ **后期润色**：本案例的古堡层次不够分明，可通过后期调色的方式分别使照片呈现完美古堡、完美光影、玄幻特效和烈火世界等风格，分别体现出画面的不同光影色调氛围以及古堡玄幻质感效果。

■ **光盘路径**：素材\Part 2\Media\19\破旧古堡.jpg

完美古堡

| 魔法指数 | ★★★☆☆ |
| --- | --- |
| 风格解析 | 完美古堡是通过使用修复画笔工具修正图像中的多余图像，来表现整体的画面效果。通过调整画面颜色和亮度层次来完善画面效果。 |
| 光盘路径 | 素材\Part 2\Complete\19\完美古堡.psd |

完美光影

| 魔法指数 | ★★★★☆ |
| --- | --- |
| 风格解析 | 完美光影色调中的光影层次是重要的表现方式，为建筑丰富光影并添加阳光的照射感。除此之外，画面的气氛可增强画面的光影层次效果。 |
| 光盘路径 | 素材\Part 2\Complete\19\完美光影.psd |

玄幻特效

| 魔法指数 | ★★★★★ |
| --- | --- |
| 风格解析 | 对画面影调进行色调调整，并添加光影的照射效果来突出画面的玄幻效果。在光影梦幻的基础上添加散落的光斑效果可突出画面细节质感。 |
| 光盘路径 | 素材\Part 2\Complete\19\玄幻特效.psd |

烈火世界

| 魔法指数 | ★★★★★ |
| --- | --- |
| 风格解析 | 对画面中建筑和天空的色调分别进行调整可制作出烈火世界的燃烧效果。在画面中添加烟雾和焰火效果可突出世界燃烧的视觉效果。 |
| 光盘路径 | 素材\Part 2\Complete\19\烈火世界.psd |

## » 完美古堡

**01** 执行"文件>打开"命令，打开"素材\Part 2\Media\19\破旧古堡.jpg"照片文件。复制"背景"图层，生成"背景 副本"图层，按快捷键Ctrl++放大图像局部，单击修复画笔工具 ◢，在属性栏中设置属性，并在图像中按住鼠标对多余图像进行涂抹。

**02** 释放鼠标后继续自动修复图像内容，继续使用同方法在建筑多余图像上涂抹，即可消除图像的多余图像，从而完善画面效果。

**03** 按快捷键Ctrl+Shift+Alt+E盖印可见图层，生成"图层1"，并设置该图层的混合模式为"正片叠底"，"不透明度"为60%。然后结合图层蒙版和画笔工具 ◢ 在建筑图像上涂抹，以隐藏该区域色调。

**04** 按快捷键Ctrl+Shift+Alt+E盖印可见图层，生成"图层2"，执行"图像>调整>色调均化"命令，并设置该图层的"不透明度"为86%，以减淡图色调。

**05** 创建"色阶1"调整图层，设置参数值，并使用画笔工具 ◢ 在天空区域涂抹，以恢复该区域色调。至此，本实例制作完成。

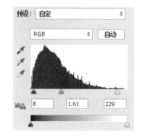

# » 完美光影

**01** 执行"文件>打开"命令，打开"素材\Part 2\Media\19\破旧古堡.jpg"照片文件。新建"组1"图层组，复制"背景"图层，使用修复画笔工具 ✐ 修复图像并通过混合模式和"色阶"调整图层命令调整图像色调层次。

**02** 在"图层"面板中按快捷键Ctrl+Shift+Alt+E盖印可见图层，生成"图层3"，并设置该图层的混合模式为"正片叠底"，"不透明度"为50%，然后为该图层添加图层蒙版，并使用画笔工具 ✐ 在较暗区域涂抹，以恢复图像细节。

**03** 单击"创建新的填充或调整图层"按钮 ◔，在弹出的快捷菜单中选择"渐变填充"选项，设置渐变样式后单击"确定"按钮。然后设置该图层的混合模式为"柔光"，"不透明度"为90%，以增强画面色调层次。

**04** 单击"创建新的填充或调整图层"按钮 ◔，在弹出的快捷菜单中选择"色阶"选项，在"属性"面板中设置参数值，以调整画面整体色调层次。然后使用柔角橡皮擦工具 ✐ 在天空中涂抹，以恢复天空色调。

**05** 按快捷键Ctrl+Shift+Alt+E盖印可见图层，生成"图层4"，单击加深工具 ◉，在属性栏中设置属性，并在画面中灰色区域涂抹，以加深图像层次。然后使用相同方法，使用减淡工具 ◉ 在较亮区域涂抹，以增强图像亮度，从而增强画面的光影效果。

**06** 新建"图层5"，设置前景色为黑色，单击渐变工具 ■，在属性栏中设置属性，并在图像中从下往上拖动鼠标填充空白图层，然后设置该图层的混合模式为"叠加"，以增强画面色调层次。

**07** 单击"创建新的填充或调整图层"按钮 ●，在弹出的快捷菜单中选择"通道混合器"选项，在"属性"面板中，分别在"红"、"绿"和"蓝"通道中设置参数值，以调整画面色调。

**08** 单击"创建新的填充或调整图层"按钮 ●，应用"纯色"命令，设置填充颜色白色，并设置该图层的混合模式为"柔光"。然后使用柔角橡皮擦工具 ■ 在画面中涂抹，以恢复部分色调，制作光照效果。

**09** 创建"照片滤镜1"调整图层，并在"图层"面板中设置相应的混合模式，并隐藏较暗区域图层，以增强画面层次。至此，本实例制作完成。

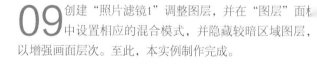

## » 玄幻特效

**01** 执行"文件>打开"命令,打开"素材\Part 2\Media\19\破旧古堡.jpg"照片文件。新建"组1"图层组,复制"背景"图层,使用修复画笔工具 ✐ 修复图像并通过混合模式和"色阶"调整图层命令调整图层色调层次。

**02** 按快捷键Ctrl+Shift+Alt+E盖印可见图层,生成"图层3",并设置该图层的混合模式为"正片叠底","不透明度"为80%,并结合图层蒙版和画笔工具涂抹,以恢复局部色调。

**03** 创建"渐变填充1"填充图层,并设置该图层的混合模式为"叠加","不透明度"为80%,以丰富画面色调。

**04** 复制"渐变填充1"填充图层,生成"渐变填充1 副本"图层,并设置该图层的混合模式为"颜色","不透明度"为40%,然后填充图层蒙版为白色,以丰富画面效果。

**05** 单击"创建新的填充或调整图层"按钮 ●.,应用"照片滤镜"命令,设置相应的滤镜和参数值。然后设置该图层的混合模式为"柔光","不透明度"为80%,以增强画面色调层次。

**06** 单击"创建新的填充或调整图层"按钮 ●.,应用"纯色"命令,并在"图层"面板中设置该图层的混合模式为"浅色","不透明度"为16%,并使用柔角橡皮擦工具 ✐ 在画面中涂抹,以恢复部分色调。

**07** 单击"创建新的填充或调整图层"按钮 ◯.，应用"纯色"命令，并在"图层"面板中设置该图层的混合模式为"柔光"，"不透明度"为37%，并使用柔角橡皮擦工具 ◢ 在画面中涂抹，以制作光照效果。

**08** 单击椭圆工具 ◯.，在属性栏中设置属性，在画面中绘制椭圆图形，按住Shift键的同时在画面中继续绘制多个图形，为制作光影效果做准备。

**09** 执行"窗口>属性"命令，在弹出的"属性"面板中设置参数值"羽化"值为"30.0像素"，当前图形即可羽化其边缘，使其效果更自然。

**TIPS** Shift键的使用

使用椭圆工具 ◯ 在画面中绘制图形时，可以绘制不同样式的椭圆图形；当按住Shift键时可绘制一个正圆图形；继续按住Shift键可在同个图层中绘制多个形状图形。

**10** 复制"椭圆1"形状图层，并隐藏该图层，生成"椭圆1 副本"图层，并栅格化图层，应用"动感模糊"滤镜，然后设置该图层的混合模式为"柔光"，以增强画面的光影效果。最后结合图层蒙版和渐变工具隐藏多余图像，使其效果更自然。

**11** 使用相同方法继续复制"椭圆1 副本"图层，生成"椭圆1 副本2"图层，并设置其混合模式为"叠加"，以增强画面效果。然后再次复制该图层，并调整其大小和位置，以丰富光影效果。

12 新建"图层4"，使用白色画笔工具 ✎ 在画面中涂抹，并执行"滤镜>模糊>动感模糊"命令，在弹出的对话框中设置参数值，完成后单击"确定"按钮，以模糊该图像的动感效果。

13 在"图层"面板中设置"图层4"的混合模式为"叠加"，并为该图层添加图层蒙版，使用黑色画笔工具 ✎ 在天空区域中涂抹，以隐藏该区域图像效果，以使其与画面更融洽。

14 新建"图层5"，使用渐变工具 ▣ 填充图像边缘，并设置相应混合模式，以增强画面层次。然后使用相同方法，新建"图层6"，使用白色径向渐变填充图层，并设置相应混合模式，以增强光照效果。

15 新建"图层7"，使用径向渐变 ▣ 在画面中拖动鼠标，填充图层，并设置该图层的混合模式为"柔光"，以增强该区域光影层次。然后使用画笔工具在图层中绘制光斑，以丰富画面效果。至此，本实例制作完成。

## » 烈火世界

**01** 执行"文件>打开"命令，打开"素材\Part 2\Media\19\破旧古堡.jpg"照片文件。新建"组1"图层组，复制"背景"图层，使用修复画笔工具 ✎ 修复图像并通过混合模式和"色阶"调整图层命令调整图层色调层次。

**02** 按快捷键Ctrl+Shift+Alt+E盖印可见图层，生成"图层3"，并设置该图层的混合模式为"正片叠底"，"不透明度"为80%，以增强画面整体色调。

**03** 单击"创建新的填充或调整图层"按钮 ●.，在弹出的快捷菜单中选择"可选颜色"选项，在"属性"面板中的"中性色"主色选项中设置参数值，以调整画面灰度和整体色调。

**04** 在"图层"面板中，单击"创建新的填充或调整图层"按钮 ●.，在弹出的快捷菜单中选择"色阶"选项，在"属性"面板中设置参数值，以调整画面亮度层次。

**05** 单击"创建新的填充或调整图层"按钮 ●.，在弹出的快捷菜单中选择"色彩平衡"选项，设置参数值，并使用径向渐变在天空中涂抹，以恢复中间色调。

**06** 在"图层"面板中继续单击"创建新的填充或调整图层"按钮 ●.，在弹出的快捷菜单中选择"可选颜色"选项，分别在"蓝色"主色中设置各个选项参数值，以调整天空色调。

**07** 单击"创建新的填充或调整图层"按钮 ◎，在弹出的快捷菜单中选择"渐变填充"选项，设置渐变样式，完成后单击"确定"按钮。然后设置该图层的混合模式为"柔光"，"不透明度"为48%，以增强画面色调层次。

**08** 单击"创建新的填充或调整图层"按钮 ◎，在弹出的快捷菜单中选择"通道混合器"选项，在"属性"面板中，分别在"红"、"绿"和"蓝"通道中设置参数值，以调整画面整体色调。然后结合使用渐变工具隐藏多余色调。

**09** 执行"文件>打开"命令，打开"焰火1.png"素材文件，将其拖曳到当前图像文件中，生成"图层4"，应用"自由变换"命令调整其大小和位置，设置其混合模式为"变亮"，并结合图层蒙版和画笔工具隐藏图象边缘，使其效果更自然。

**10** 执行"文件>打开"命令，打开"焰火2.png"和"焰火3.png"素材文件，将其拖曳到当前图像文件中，分别应用"自由变换"命令调整其大小和位置，设置相应的混合模式，并结合图层蒙版和画笔工具隐藏图像边缘，使其效果更自然。

**11** 单击"创建新的填充或调整图层"按钮 ◎，在弹出的快捷菜单中选择"照片滤镜"选项，设置相应的滤镜和参数值，以统一画面色调。

**12** 新建"图层4"，使用烟雾笔刷在图层中添加烟雾效果，并结合图层蒙版和画笔隐藏图像边缘，使其效果更自然。然后创建"照片滤镜2"调整图层，设置相应的混合模式，以增强画面效果。至此，本实例制作完成。

# 20 | 街巷小店

相机型号：NIKON D80　曝光时间：1/60秒　光圈值：f/8.0

▌**摄影技巧**：在摄影中，数码相机中的拍摄风格选项为拍摄者提供了不同的预设图像风格，摄影者可以在数码相机内选择不同预设风格来拍摄不同感觉的照片。

▌**后期润色**：在这张照片以小店为主体，它复古色调的斑驳墙面，门口的自行车和花盆，让人不由得对店里的陈设产生好奇，想一探究竟。对小店风格也有了很多不同的想法，如清新的、忧伤的、怀旧的甚至是暗夜的，分别体现小店不同的光影色调氛围。

▌**光盘路径**：素材\Part 2\Media\20\街巷小店.jpg

| 魔法指数 | ★★★★☆ |
|---|---|
| 风格解析 | 清新小店篇以粉绿为主，画面颜色单纯简洁，以突出小店清新自然的感觉。 |
| 光盘路径 | 素材\Part 2\Complete\20\清新小店.psd |

| 魔法指数 | ★★★★☆ |
|---|---|
| 风格解析 | 忧伤调的色彩是主要的表现方式，以蓝绿为主要色调，以表达较沉重的忧伤的气息。 |
| 光盘路径 | 素材\Part 2\Complete\20\忧伤小店.psd |

| 魔法指数 | ★★★☆☆ |
|---|---|
| 风格解析 | 在怀旧小店篇中，添加了绿调在里面，增强画面的怀旧效果，从而渲染了小店的历史的氛围。 |
| 光盘路径 | 素材\Part 2\Complete\20\怀旧小店.psd |

| 魔法指数 | ★★★★★ |
|---|---|
| 风格解析 | 运用了渐变填充的方法，突出了小店的木质窗和斑驳的墙体，从而渲染小店暗夜的的风格。 |
| 光盘路径 | 素材\Part 2\Complete\20\暗夜风格.psd |

## » 清新小店

**01** 执行"文件>打开"命令，打开"素材\Part 2\
Media\20\街巷小店.jpg"照片文件。单击"创建
新的填充或调整图层"按钮 ◉，，应用"曲线"命令，在弹
出的对话框中设置其参数，以提亮画面的色调。

**02** 继续单击"创建新的填充或调整图层"按钮 ◉，
，应用"渐变填充"命令，在弹出的调整面板中
设置各项参数，并单击"确定"按钮，生成新图层"曲线
1"，以达到降低色相饱和度，画面统一的效果。并且调整
图层混合模式为"划分"，"不透明度"为22%。

**03** 采用相同的方法打开应用"可选颜色"调整图
层，在弹出的"属性"面板中选择黄色，增加青
色和黄色，使画面色调偏浅绿,偏向小清新的自然感觉。

**04** 调整完成后,再用相同的方式打开"照片滤镜"调
整面板，在弹出的"属性"面板中作调整，使画
面色彩更平衡、色调更偏向滤色。

TIPS **照片滤镜**

照片滤镜是模仿在相机镜头前加彩色滤镜，来调整通过镜头
的光的色彩和色温，使胶片偏重特定颜色的方法。

**05** 再次单击"创建新的填充或调整图层"按钮 ◉，
，应用"渐变填充"命令，在弹出的调整面板中设
置各项参数，单击"确定"按钮，生成新图层"渐变填充
"。调整图层混合模式为"柔光"，使画面色彩更加平
衡，更加自然。

**06** 按快捷键Ctrl+Shift+Alt+E盖印，生成"图层1"，执行"滤镜>滤镜库>扩散高光"命令，在弹出的调整面板中设置各项参数，再次单击"添加图层蒙版"按钮 ▣ ，并使用画笔工具 ✐ ，将前景色设置为黑色，在画面周围稍做涂抹，淡化图像周围颜色。再次调整图层"不透明度"为60%。可以使画面的中心部分更突出。

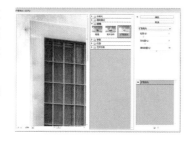

**07** 按快捷键Ctrl+Shift+Alt+E盖印，生成"图层2"，并调整图层混合模式为"柔光"，"不透明度"为30%。使画面光线更柔和，画面效果更协调，至此，本实例制作完成 。

TIPS　柔光

柔光的作用效果如同是在画面上打上一层色调柔和的光。在操作中总是将上层的图像以柔光的方式施加到下层。

## ≫ 忧伤小店

**01** 打开本书配套光盘中"素材\Part 2\Media\20\街巷小店.jpg"文件，生成图层"背景"。单击"创建新的填充或调整图层"按钮 ◑ ，应用"纯色"命令，在弹出的调整面板中设置参数，并单击"确定"按钮，生成新图层"颜色填充 1"。并调整图层混合模式为"变亮"，"不透明度"为70%，使画面偏向浅绿色调。

**02** 复制"颜色填充 1"，生成"颜色填充 1 副本"。在"颜色填充 1 副本"的蒙版中使用画笔工具 ✐ ，将前景色设置为黑色，画面中有物体的部分稍做涂抹，使物体不会被"颜色填充 1 副本"的蒙版所遮盖。并调整图层混合模式为"柔光"，达到柔和画面的效果，使画面色调更暗，更有忧伤的感觉。

03 单击"创建新的填充或调整图层"按钮 ⊙.，应用"色彩平衡"命令，生成新图层"色彩平衡1"，在弹出的调整面板中设置各项参数，设置"色调"为"中间调"，并设置图层混合模式为"柔光"，"不透明度"为50%。这样就可以使画面中的各色彩能够平衡，达到统一和谐的目的。

04 继续单击"创建新的填充或调整图层"按钮 ⊙.，应用"渐变填充"命令，在弹出的调整面板中设置各项参数，并单击"确定"按钮，生成新图层"渐变填充1"。用以降低画面色相饱和度，达到画面统一的效果，并且调整图层混合模式为"柔光"。

05 按快捷键Ctrl+Shift+Alt+E盖印，生成"图层1"，调整其混合模式为"柔光"，"不透明度"为60%。这是为了将"图层1"之前的操作盖印在一个图层上，并且有利于后面的操作。

TIPS  不透明度

不透明度是图像输出的明暗程度。不透明度的变换，直接影响到色彩的RGB值。

06 再次单击"创建新的填充或调整图层"按钮 ⊙.，应用"纯色"命令，在弹出的调整面板中设置各项参数，并单击"确定"按钮，生成新图层"颜色填充2"。调整其混合模式为"叠加"，"不透明度"为42%，使画面中的色彩渐变更加自然和柔和。至此，本实例制作完成。

## ≫ 怀旧小店

**01** 打开"素材\Part 2\Media\20\街巷小店.jpg"文件。单击"创建新的填充或调整图层"按钮 ，应用"色阶"命令，在弹出的调整面板中设置各项参数，达到提亮画面的效果。再次单击"创建新的填充或调整图层"按钮 ，应用"色相/饱和度"命令，在弹出的调整面板中设置各项参数，降低画面色相饱和度，使画面呈灰色，更有种怀旧氛围。

**02** 再次用相同的方法打开"渐变填充"命令，在弹出的调整面板中设置各项参数，并使用画笔工具 ，将画笔前景色调为黑色，在画面中有物体处稍做涂抹，显现该区域的细节，使画面物体不会被渐变颜色所遮盖。最后设置其混合模式为"整片叠底"，"不透明度"为61%。

**03** 再次单击"创建新的填充或调整图层"按钮 ，应用"纯色"命令，在弹出的调整面板中设置各项参数，并调整其混合模式为"颜色"，"不透明度"为16%，使画面中的色彩渐变自然、柔和。

**04** 按快捷键Ctrl+Shift+Alt+E盖印，生成"图层1"，然后单击"添加图层蒙版"按钮 ，并使用画笔工具 ，将画笔前景色调成灰色，在画面稍加涂抹，显现人物细节，使其不会被"图层 3"所遮盖。并设置其混合模式为"柔光"，"不透明度"为61%，至此，本实例制作完成。

# 》暗夜风格

**01** 打开"素材\Part 2\Media\20\街巷小店.jpg"文件。生成背景图层，并复制图层"背景"，生成图层"背景 副本"。在图层"背景 副本"中单击"添加图层蒙版"按钮 ▣，使用画笔工具 ✐，调整画笔前景色为灰色在画面右下角稍做涂抹，然后调整画笔前景色为黑色，在画面左上角稍做涂抹，突出画面中心部位。最后设置其混合模式为"正片叠底"，不透明度"为63%。

**02** 按快捷键Ctrl+Shift+Alt+E盖印图层，生成"图层1"，执行"图像>调整>色调均化"命令，然后单击"添加图层蒙版"按钮 ▣，并使用画笔工具 ✐，将画笔前景色设置为黑色，背景色设置为白色，在画面中窗子部分稍加涂抹，使窗子部分偏亮，其余部分偏暗，这也符合了暗夜的风格。并将"图层 1"重命名为"图层 1 色调均化"，便于明确操作内容。

**03** 单击"创建新的填充或调整图层"按钮 ◉，应用"通道混合器"命令，在弹出的调整面板中设置各项参数，生成图层"通道混合器 1"，然后使用画笔工具 ✐，将画笔前景色设置为黑色，在画面中除窗子部分稍加涂抹，其余部分变暗，窗子变亮。

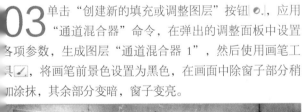

**04** 复制图层"通道混合器 1"，生成新图层"通道混合器 1 副本"，再次使用画笔工具 ✐，将画笔前景色设为黑色，在画面中窗子周围稍加涂抹，使其不自然的色调变暗，最后设置其图层混合模式为"柔光"。

**05** 单击"创建新的填充或调整图层"按钮 ◯，应用 "照片滤镜"命令，在弹出的调整面板中设置各项参数，生成图层"照片滤镜1"，再次使用画笔工具 ✐ ，将画笔前景色设为黑色，在画面中各部分稍加涂抹，使其色调变暗，最后设置其图层混合模式为"正片叠底"，"不透明度"为80%。使画面的色调更加暗沉，更符合暗夜的风格。

**06** 单击"创建新的填充或调整图层"按钮 ◯ ，应用 "照片滤镜"，并在弹出的调整面板中设置各项参数，生成新图层"照片滤镜2"，使画面微微偏向黄色调。

**07** 再次单击"创建新的填充或调整图层"按钮 ◯ ，应用"渐变填充"命令，生成新图层"渐变填充1"，并在弹出的调整面板中设置各项参数，渐变颜色设置为从透明到黑色。然后使用画笔工具 ✐ ，将画笔前景色设为黑色，在画面中各部分稍加涂抹，使其色调变暗，最后设置其图层混合模式为"柔光"，使画面的色调更加暗沉，更符合暗夜的风格，至此，本实例制作完成。

**▶技术拓展** **画笔工具和渐变工具**

在应用"渐变填充"工具后，建立蒙版后使用画笔工具和渐变工具会产生相似的效果。

◀建立"渐变填充"调整图层，在弹出的调整面板中调整各项参数。然后建立蒙版，运用渐变工具，设置渐变颜色是透明色到黑色，在画面中从中心到四周运用。再设置混合模式为"柔光"。

# 21 | 童话城堡

相机型号：CYBERSHOT　曝光时间：1/200秒　光圈值：f/2.8

▌摄影技巧：该照片采用较远的视角拍摄白色城堡，城堡笼罩在绿荫之下，形成一定的艺术美感，画面前方斜置的木船丰富了画面，使碧色的湖面不再单调。

▌后期润色：本案例通过调色的方式分别使照片呈现唯美童话城堡风格、清新斑斓色调风格、转换金秋季节风格和转换寒冬雪夜风格，分别体现出画面的不同光影色调氛围，呈现出丰富的画面特质。

▌光盘路径：素材\Part 2\Media\21\童话城堡.jpg

唯美童话城堡

| 影调指数 | ★★★☆☆ |
| --- | --- |

风格解析　画面以绿色、白色和蓝色为主，近处木船的深色与远处建筑的白色形成一定的深浅对比，画面层次感丰富，光晕的添加更增加了画面的朦胧质感。

光盘路径　素材\Part 2\Complete\21\唯美童话城堡.psd

清新斑斓色调

| 影调指数 | ★★★★☆ |
| --- | --- |

风格解析　画面整体笼罩着淡淡的黄色调，给人清新自然的感觉，不同大小和颜色的圆形光斑叠加在画面中，更加增强了斑斓的感觉。

光盘路径　素材\Part 2\Complete\21\清新斑斓色调.psd

转换金秋季节

| 影调指数 | ★★★☆☆ |
| --- | --- |

风格解析　画面主要以暖色调为主，点缀少量的蓝色和黄绿色，使画面呈现一定的色彩对比，通过对画面中树木色调的调整，来突出金秋季节的格调。

光盘路径　素材\Part 2\Complete\21\转换金秋季节.psd

转换寒冬雪夜

| 影调指数 | ★★★★★ |
| --- | --- |

风格解析　画面整体呈现暗色调，天空和湖面则呈现一定的亮色调，整体色调对比协调且突出，建筑的窗户中透出黄色的灯光，与木船的紫色形成一定的对比。

光盘路径　素材\Part 2\Complete\21\转换寒冬雪夜.psd

## » 唯美童话城堡

**01** 执行 "文件>打开" 命令，打开 "素材\Part 2\Media\21\ 童话城堡.jpg" 照片文件。单击 "创建新的填充或调整 图层" 按钮 ○.，应用 "可选颜色" 命令，并在 "属性" 面板中分 别设置 "黄色" 和 "绿色" 选项的参数，以调整画面色调。

**02** 按快捷键Ctrl+Shift+Alt+E盖印可见图层，生成 "图层1"，执行 "图像>调整>变化" 命令，在 弹出的对话框中依次单击 "加深黄色" 和 "加深红色" 缩 览图，完成后单击 "确定" 按钮，使画面整体色调偏暖。

**03** 按快捷键Ctrl+J复制 "图层1" 得到 "图层1副 本"，执行 "滤镜>模糊>高斯模糊" 命令，在弹 出的 "高斯模糊" 对话框中设置 "半径" 为20像素，完成 后单击 "确定" 按钮，将该图像进行模糊处理。

**04** 设置 "图层1副本" 的混合模式为 "滤色"，"不 透明度" 为66%，使其与画面色调融合。然后为该 图层添加图层蒙版，并使用黑色画笔在画面中多次涂抹， 恢复局部色调，使画面呈现较为动感的效果。

**05** 新建 "图层2"，设置前景色为黑色，按快捷键 Alt+Delete为该图层填充前景色。然后执行 "滤 镜>渲染>镜头光晕" 命令，在弹出的对话框中设置参数， 完成后单击 "确定" 按钮。然后设置该图层的混合模式为 "滤色"，使画面呈现光晕效果。

**06** 单击 "创建新的填充或调整图层" 按钮 ○.，在 弹出的快捷菜单中选择 "可选颜色" 命令，并在 "属性" 面板中设置 "青色" 选项的参数，以调整画面中 天空的色调效果，使其更加清新自然。

**07** 再次按快捷键Ctrl+Shift+Alt+E盖印可见图层，生成"图层3"，然后设置该图层的混合模式为"柔光"，"不透明度"为80%，使其与画面色调相融合，进而柔化画面效果，使其更加唯美。至此，本实例制作完成。

---

**技术拓展** 使用"色相/饱和度"调整图层来调整图像中的单独颜色

单击"创建新的填充或调整图层"按钮，在弹出的菜单中选择"色相/饱和度"命令，通过在"属性"面板中单击全图右侧下拉按钮，在弹出的菜单中选择颜色，即可有针对性地调整图像中的相应颜色区域。本例中除使用可选颜色调整图层来调整图像中的青色外，同样可以采用色相/饱和度调整图层来调整单独的颜色，达到同样的效果。

▲在"属性"面板中设 ▲有针对性地调整天空 ▲"图层"面板中的"色
置"青色"的参数。 的蓝色调。 相/饱和度"调整图层。

---

## » 清新斑斓色调

**01** 打开"素材\Part 2\Media\21\童话城堡.jpg"照片文件。参照"唯美童话城堡"图像文件，使用"可选颜色"调整图层调整其色调。按快捷键Ctrl+Shift+Alt+E盖印可见图层，生成"图层1"，然后进入"通道"面板，按住Ctrl键单击"绿"通道，将其载入选区，并按快捷键Ctrl+C复制该选区。

**02** 选择"蓝"通道，并按快捷键Ctrl+V粘贴该选区。单击RGB通道以显示全图像，并按快捷键Ctrl+D取消选区。

**03** 单击"创建新的填充或调整图层"按钮，应用"可选颜色"命令，并在"属性"面板中依次设置"黄色"、"绿色"、"青色"和"中性色"选项的参数，使画面呈现黄绿色调。然后选择其蒙版，使用黑色至透明色的径向渐变工具，在建筑、湖面和树木上多次拖动鼠标，以恢复该区域的色调，使画面色调更加自然。

# 04
单击"创建新的填充或调整图层"按钮 ◎，应用"渐变"命令，并在"属性"面板中设置相应的渐变样式和其他各项属性，然后设置该图层的混合模式为"强光"，"不透明度"为47%，使其与画面色调相融合。

# 05
选择"渐变填充1"图层的蒙版，使用较透明的黑色画笔，在画面中多次涂抹，以恢复局部色调，增强画面色彩。使用相同的方法应用"照片滤镜"命令，在"属性"面板中设置"滤镜"为黄，"浓度"为10%，并勾选"保留明度"复选框，以增强画面的清新色调。

# 06
再次单击"创建新的填充或调整图层"按钮 ◎，在弹出的菜单中应用"色彩平衡"命令，并在"属性"面板中依次设置"中间调"、"阴影"和"高光"选项的参数，进一步调整画面色调。

# 07
单击椭圆工具 ◎，在属性栏中单击填充右侧色块，在弹出的面板中单击"渐变"按钮，并设置渐变颜色和各选项参数，并单击"合并形状"按钮 ◎，在画面中绘制多个大小不一的正圆形状。

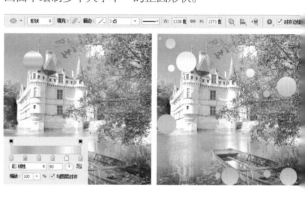

# 08
设置"椭圆1"图层的混合模式为"叠加"，"不透明度"为50%，以增强画面的斑斓色调效果。

# 09
单击"创建新的填充或调整图层"按钮 ◎，应用"渐变"命令，在"属性"面板中设置相应的渐变样式和其他各项属性，并相应调整其混合属性后，选择其蒙版，并使用较透明的黑色画笔在画面中心多次涂抹，以恢复该区域的色调。

**TIPS** 设置叠加混合模式

"叠加"混合模式主要是根据基色对颜色进行正片叠底或过滤，使用该模式不替换基色，与混合色相融合以反映原色的亮度或暗度，能够使画面达到色调融合的效果。

10 按快捷键Ctrl+Shift+Alt+E盖印可见图层，生成"图层2"，然后设置该图层的混合模式为"柔光"，"不透明度"为30%，稍微柔化画面色调，使其呈现更加清新斑斓的颜色效果，至此，本实例制作完成。

**技术拓展 使用椭圆选框工具和渐变工具绘制椭圆图形**

椭圆选框工具主要用于创建椭圆选区，结合渐变工具即可制作出具有渐变颜色的椭圆图像，与使用椭圆工具绘制形状差不多。使用椭圆选框工具需要新建图层，并在属性栏中单击"添加到选区"按钮在画面中创建多个选区，并使用渐变工具为选区填充颜色。本例中除使用椭圆工具绘制形状外，同样可以结合椭圆选框工具和渐变工具，达到同样的效果。

▲新建图层，并创建多个椭圆选区。　▲使用渐变工具为选区填充渐变颜色。　▲设置该图层的混合模式为"柔光"，"不透明度"为50%。

## 》转换金秋季节

01 执行"文件>打开"命令，打开"素材\Part 2\Media\21\童话城堡.jpg"照片文件。单击"创建新的填充或调整图层"按钮，应用"可选颜色"命令，并在"属性"面板中分别设置"黄色"和"绿色"选项的参数，以调整画面色调。

02 选择"选取颜色1"调整图层的蒙版，使用较透明的黑色画笔在建筑图像上多次涂抹，以恢复该区域的色调。复制该图层生成"选取颜色1 副本"图层。然后设置其"不透明度"为80%，以增强树木和湖面的黄色调。

03 单击"创建新的填充或调整图层"按钮，应用"可选颜色"命令，并在"属性"面板中依次设置"青色"、"蓝色"和"中性色"选项的参数。使用相同的方法，创建一个"照片滤镜"调整图层，并在"属性"面板中设置其参数，进一步调整画面整体色调。

04 设置"照片滤镜1"调整图层的混合属性，然后选择其蒙版，并使用较透明的黑色画笔在画面中多次涂抹以恢复局部色调。然后按快捷键Ctrl+Shift+Alt+E盖印可见图层，生成"图层1"，并相应调整其混合属性，至此，本实例制作完成。

## » 转换寒冬雪夜

**01** 打开"素材\Part 2\Media\21\童话城堡.jpg"照片文件。单击"创建新的填充或调整图层"按钮 ● ，应用"渐变"命令，并在"属性"面板中设置相应的渐变样式和其他各项属性，然后设置该图层的混合模式为"柔光"，"不透明度"为64%，使其与画面色调呈现融合效果。

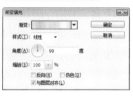

**02** 选择"渐变填充1"图层的蒙版，使用黑色画笔在画面中多次涂抹，以恢复该区域的色调。按快捷键Ctrl+J复制"渐变填充1"图层得到"渐变填充1副本"，并相应地调整其混合属性。

**03** 单击"创建新的填充或调整图层"按钮 ● ，再次应用"渐变"命令，并在"属性"面板中设置相应的渐变样式和其他各项属性，然后设置该图层的混合模式为"叠加"，使其与画面色调呈现融合效果，选择其蒙版，使用较透明的黑色画笔在湖面和建筑上多次涂抹，以恢复该区域的色调效果。按住Ctrl键单击"渐变填充2"图层的蒙版缩览图将其载入选区，再次应用"渐变"命令，在"属性"面板中设置其参数并调整图层混合属性和蒙版效果，进一步调整画面色调。

**04** 再次单击"创建新的填充或调整图层"按钮 ● ，应用"渐变"命令，并在"属性"面板中设置相应的渐变样式和其他各项属性，然后设置该图层的混合模式为"色相"，"不透明度"为45%，然后选择其蒙版，使用较透明的黑色画笔在画面中多次涂抹，以恢复局部区域的色调效果。按快捷键Ctrl+Shift+Alt+E盖印可见图层，生成"图层1"，并设置其混合模式为"正片叠底"，以加深画面色调。结合图层蒙版和画笔工具 ✏ 隐藏局部色调。

**05** 再次应用"渐变"命令，并在"属性"面板中设置相应的渐变样式和其他各项属性，并相应调整图层混合属性，以增强画面的对比度。然后执行"选择>色彩范围"命令，设置其参数，并使用吸管工具 ✏ 在画面中取样较亮树叶的颜色。

**06** 取样完成后单击"确定"按钮，以创建选区，然后单击"创建新图层"按钮 □ 新建"图层2"，并设置前景色为白色，按快捷键Alt+Delete为选区填充白色，设置该图层的"不透明度"为40%，以降低其透明度。然后应用"高斯模糊"命令对其进行一定的模糊处理，从而调亮画面中树叶的色调。

**07** 在"图层2"下方新建"图层3"，设置前景色为黑色，单击画笔工具 ✎ ，并在属性栏中设置其参数，在画面中多次涂抹颜色，以加深画面局部色调。再次新建图层，设置前景色为深黄色（R255，G235，B9），使用较小的画笔在建筑的窗户上多次涂抹颜色，并相应调整其混合属性，使其呈现黄色的灯光效果。

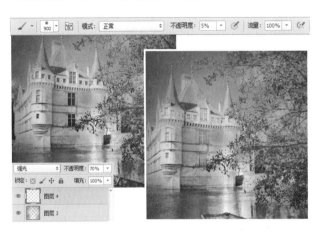

**08** 结合套索工具 ♱ 和魔棒工具 ✦ 为建筑图像创建选区，单击"创建新的填充或调整图层"按钮 ◑ ，应用"色阶"命令，并在"属性"面板中设置各选项参数，以加深建筑色调。

**09** 新建"图层5"并填充为黑色，执行"滤镜>像素化>点状化"命令，在弹出的对话框中设置"单元格大小"为20，完成后单击"确定"按钮。然后单击"创建新的填充或调整图层"按钮 ◑ ，应用"阈值"命令，并在"属性"面板中设置"阈值色阶"为55，使画面呈现黑白效果。

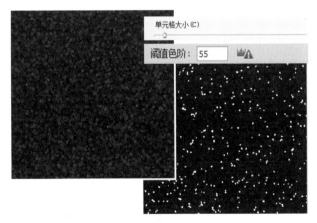

**10** 再次盖印可见图层，生成"图层6"，并隐藏"图层5"和"阈值1"调整图层，然后设置该图层的混合模式为"滤色"，并应用"动感模糊"和"高斯模糊"滤镜，然后结合图层蒙版和渐变工具隐藏局部色调。至此，本实例制作完成。

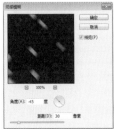

# 22 | 船儿弯弯

i 相机型号: Canon EOS 5D Mark II    曝光时间: 1.6秒    光圈值: f/13

▌**摄影技巧**：照片采用一定的仰视视角进行拍摄，突出了左前方的木船，并拉大了沙滩和湖面的面积，延伸至远处色彩鲜明的天空，给人以想象空间。

▌**后期润色**：本案例通过调色的方式分别实现照片的沧桑情怀风格、忧郁情怀风格、暗夜天空风格和浪漫沙滩风格，分别体现出画面的不同光影色调氛围，呈现出多种丰富的画面特质。

▌**光盘路径**：素材\Part 2\Media\22船儿弯弯.jpg

---

沧桑情怀

| 魔法指数 | ★★★◼☆ |
|---|---|
| 风格解析 | 古朴的色调、简约的构图、停靠岸边的木船，构造出独特而富有艺术感的画面氛围，如同诗人奔波在旅途中的沧桑情怀。 |
| 光盘路径 | 素材\Part 2\Complete\22沧桑情怀.psd |

忧郁情怀

| 魔法指数 | ★★★☆☆ |
|---|---|
| 风格解析 | 画面以阴郁的蓝色调为主，将天空的亮色处理为较暖的颜色，一定程度上拉伸了画面的层次感，传递出作者忧郁、伤感的情怀。 |
| 光盘路径 | 素材\Part 2\Complete\22忧郁情怀.psd |

暗夜天空

| 魔法指数 | ★★★☆☆ |
|---|---|
| 风格解析 | 饱和度较高的黄色调搭配饱和度较低的灰蓝色调，使画面层次和颜色更加丰富，木船左侧隐隐透出的黄色光线，给人以温暖、舒心的感受。 |
| 光盘路径 | 素材\Part 2\Complete\22暗夜天空.psd |

浪漫沙滩

| 魔法指数 | ★★★◼☆ |
|---|---|
| 风格解析 | 较高的画面饱和度给人以极致而强烈的视觉感受，整体的黄色调中搭配少量的紫色、橙色和蓝色等彩色，如同甜蜜的生活般浪漫多姿。 |
| 光盘路径 | 素材\Part 2\Complete\22浪漫沙滩.psd |

## » 沧桑情怀

**01** 执行"文件>打开"命令，打开"素材\Part 2\Media\22\船儿弯弯.jpg"照片文件。复制"背景"图层生成"背景 副本"图层。然后设置其混合模式为"滤色"，"不透明度"为80%，以提亮画面色调。

**02** 为"背景副本"添加图层蒙版，并使用黑色画笔在除木船以外的画面中多次涂抹，以恢复该区域的色调效果。然后按快捷键Ctrl+Shift+Alt+E盖印图层，生成"图层 1"，并执行"图像>调整>色调均化"命令，以均化图像色调。

**03** 单击"添加图层蒙版"按钮，为"图层1"添加图层蒙版，使用黑色的画笔在木船较暗的区域多次涂抹，以恢复其细节效果。

**04** 单击"创建新的填充或调整图层"按钮，应用"渐变"命令，在"属性"面板中设置相应的渐变样式和其他各项属性，并设置该图层的混合模式为"颜色"，"不透明度"为40%，使其与画面色调相融合。

**05** 单击"创建新的填充或调整图层"按钮，应用"纯色"命令，设置颜色紫红色为（R151，G8，B175），并设置其混合模式为"颜色"，"不透明度"为23%，然后选择其蒙版，使用较透明的黑色画笔在画面中多次涂抹，以恢复局部色调。

**06** 再次创建一个"渐变"填充图层，在"属性"面板中设置相应的渐变样式和其他各项属性，并设置该图层的混合模式为"柔光"，"不透明度"为63%，使其与画面色调相融合。然后选择其蒙版，使用较透明的黑色画笔在天空和木船上多次涂抹，以恢复其色调。

**07** 单击"创建新的填充或调整图层"按钮 ○.，应用"纯色"命令，在弹出的对话框中设置颜色为枯绿色（R109，G143，B80），然后设置其混合模式为"柔光"，并使用较透明的黑色画笔在天空上多次涂抹，稍微恢复该区域色调。

**08** 单击"创建新的填充或调整图层"按钮 ○.，应用"照片滤镜"命令，并在"属性"面板中设置"滤镜"为加温滤镜（85），"浓度"为48%，然后设置该图层的混合模式为"柔光"，使其与画面色调相融合。选择其蒙版，并使用黑色画笔在画面中多次涂抹以恢复局部色调。

**09** 单击"创建新的填充或调整图层"按钮 ○.，应用"色相/饱和度"命令，在"属性"面板中勾选"着色"复选框，并设置其他参数，然后设置该图层的"不透明度"为50%，使画面呈现较为沧桑的色调，至此，本实例制作完成。

## » 忧郁情怀

**01** 执行"文件>打开"命令，打开"素材\Part 2\Media\22\船儿弯弯.jpg"照片文件。参照"沧桑情怀"图像文件，结合图层混合属性、图层蒙版、画笔工具 ☑ 和"色调均化"命令调整画面色调。

**02** 按快捷键Ctrl+Shift+Alt+E盖印可见图层，生成"图层2"，进入"通道"面板，按住Ctrl键单击"绿"通道，将其载入选区，并按快捷键Ctrl+C复制该选区，然后选择"蓝"通道，按快捷键Ctrl+V粘贴该选区。

**03** 单击"通道"面板上方RGB通道以显示图像色调，然后按快捷键Ctrl+D取消选区，图像呈现出一定的青色调效果。

**04** 单击"创建新的填充或调整图层"按钮，应用"色彩平衡"命令，并在"属性"面板中设置"中间调"选项的参数。应用"照片滤镜"命令，并调整其蒙版效果，进而调整画面色调。

**05** 单击"创建新的填充或调整图层"按钮，应用"曲线"命令，并在"属性"面板中设置"蓝"通道的参数，以调整画面绿色调。再次盖印可见图层，生成"图层3"，并设置其混合模式为"柔光"，"不透明度"为30%，以柔化画面效果，至此，本实例制作完成。

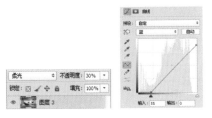

## » 暗夜天空

**01** 执行"文件>打开"命令，打开"素材\Part 2\Media\22\船儿弯弯.jpg"照片文件。参照"沧桑青怀"图像文件，结合图层混合属性、图层蒙版、画笔工具和"色调均化"命令调整画面色调。

**02** 按快捷键Ctrl+Shift+Alt+E盖印可见图层，生成"图层2"，设置其混合模式为"正片叠底"，"不透明度"为80%，然后结合图层蒙版和画笔工具恢复画面较暗区域的细节。

**03** 单击"创建新的填充或调整图层"按钮 ◻.，应用"纯色"命令，在弹出的对话框中设置颜色为橘红色（R248，G152，B1），然后设置其混合模式为"正片叠底"，"不透明度"为58%，并使用较透明的黑色画笔在橙色天空上多次涂抹稍微恢复该区域色调。

**04** 单击"创建新的填充或调整图层"按钮 ◻.，应用"可选颜色"命令，并在"属性"面板中设置"黄色"选项的参数，进一步加强画面的黄色调。

**05** 单击"创建新的填充或调整图层"按钮 ◻.，应用"通道混合器"命令，并在"属性"面板中依次设置"红"、"绿"和"蓝"通道的参数，进一步增强画面的色调效果，至此，本实例制作完成。

## » 浪漫沙滩

**01** 执行"文件>打开"命令，打开"素材\Part 2\Media\22\船儿弯弯.jpg"照片文件。参照"沧桑情怀"图像文件，结合图层混合属性、图层蒙版、画笔工具 ◢ 和"色调均化"命令调整画面色调。

**02** 按快捷键Ctrl+Shift+Alt+E盖印可见图层，生成"图层2"，执行"滤镜>模糊>高斯模糊"命令，在弹出的"高斯模糊"对话框中设置"半径"为20像素，完成后单击"确定"按钮，将该图像进行模糊处理。

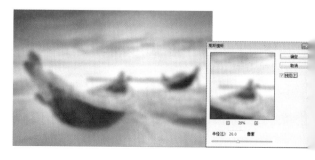

03 设置"图层2"的混合模式为"柔光","不透明度"为60%，使其与下层图像呈现色调融合效果。

04 单击"创建新的填充或调整图层"按钮，应用"可选颜色"命令，在"属性"面板中设置"蓝色"选项的参数，然后为其蒙版填充黑色，并使用白色至透明色的径向渐变工具在画面右侧多次拖动鼠标，稍微恢复该区域的天空色调。

05 单击"创建新的填充或调整图层"按钮，应用"色彩平衡"命令，并在"属性"面板中设置"中间调"选项的参数，以调整画面绿色调。选择其蒙版，并使用黑色至透明色的径向渐变工具在画面中多次拖动鼠标，以恢复局部区域的色调。

06 再次单击"创建新的填充或调整图层"按钮，应用"渐变映射"命令，在"属性"面板中单击"渐变颜色条"右侧下拉按钮，在弹出的"渐变"拾色器中选择"蓝、红、黄渐变"，然后设置该图层的混合模式为"饱和度"，"不透明度"为18%，以增强画面色彩。

07 按快捷键Ctrl+J 复制"渐变映射1"得到"渐变映射1副本"，设置其混合模式为"颜色"，"不透明度"为50%后选择其蒙版，使用较透明的黑色画笔在画面中多次涂抹，以恢复局部色调。再次复制该图层，并分别调整其混合属性和蒙版效果，进一步增强画面的色彩层次。

08 单击"创建新的填充或调整图层"按钮，应用"照片滤镜"命令，并在"属性"面板中设置"滤镜"为青，"浓度"为65%，然后选择其蒙版，并使用黑色画笔在画面中多次涂抹以恢复局部色调。

**09** 单击"创建新的填充或调整图层"按钮 ◎．，应用"渐变"命令，在"属性"面板中设置相应的渐变样式和其他各项属性，并设置该图层的混合模式为"柔光"，"不透明度"为45%，然后选择其蒙版，使用较透明的黑色画笔在画面左下角有右下角多次涂抹，以恢复其色调。

**10** 再次应用"渐变"命令，在"属性"面板中设置相应的渐变样式和其他各项属性，并设置该图层的混合模式为"柔光"，"不透明度"为40%，然后选择其蒙版，使用较透明的黑色画笔在画面中多次涂抹，以恢复局部色调。

**11** 单击椭圆工具 ◎，在属性栏中设置其参数，并单击合并形状按钮 ▣，在画面中绘制多个大小不一的正圆形状。在"属性"面板中设置"羽化"为20像素，并设置该图层的"不透明度"为40%，使其呈现朦胧的图像效果。

**12** 按快捷键Ctrl+J复制"椭圆1"形状图层，生成"椭圆1副本"图层，选择椭圆工具 ◎ 在属性栏中设置形状填充颜色为黄色（R255，G244，B92）。然后使用路径选择工具 ▸ 调整其位置，并设置该图层的"不透明度"为37%，以增强画面的浪漫氛围。至此，本实例制作完成。

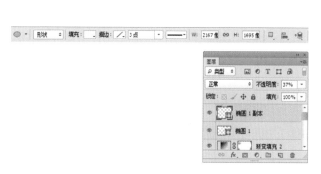

# 23 衰草连天

相机型号：NIKON D70　曝光时间：1/30秒　光圈值：f/22

**摄影技巧：**照片采用较为普遍的视角进行拍摄，突出了画面前方的古老汽车，其质感与草地的质感形成较为强烈的对比，给人以朴实无华的感觉。

**后期润色：**本案例通过调色的方式分别实现照片的魔幻光影风格、阴郁氛围风格、雪地质感风格和个性壁画风格，分别体现出画面的不同光影色调氛围，呈现出多种丰富的画面特质。

**光盘路径：**素材\Part 2\Media\23\衰草连天.jpg

魔幻光影

| 魔法指数 | ★★★☆☆ |
| --- | --- |
| 风格解析 | 画面整体以深橙色调为主，却有着较为丰富的深浅变化，层次丰富，不同颜色的朦胧光斑更加增强了画面的魔幻光影效果。 |
| 光盘路径 | 素材\Part 2\Complete\23\魔幻光影.psd |

阴郁氛围

| 魔法指数 | ★★★☆☆ |
| --- | --- |
| 风格解析 | 画面整体呈现阴郁的冷蓝色调，同时也保持了草地原有的黄橙色和汽车的咖啡色，天空的灰蓝色调与画面整体形成一定的对比，渲染出阴郁而冷漠的氛围。 |
| 光盘路径 | 素材\Part 2\Complete\23\阴郁氛围.psd |

雪地质感

| 魔法指数 | ★★★☆☆ |
| --- | --- |
| 风格解析 | 如同一夜飘雪后的冬季晴空，白雪皑皑的堆积在枯黄的草丛之上，远处灰蓝色的天空打破了整体的黄色调，给人以质感十足的雪地效果。 |
| 光盘路径 | 素材\Part 2\Complete\23\雪地质感.psd |

个性壁画

| 魔法指数 | ★★★★☆ |
| --- | --- |
| 风格解析 | 饱和度较低的画面能够给人以较为稳定和沉稳的视觉感受，添加绘画笔触效果呈现出别样的绘画风格。 |
| 光盘路径 | 素材\Part 2\Complete\23\个性壁画.psd |

## » 魔幻光影

**01** 打开"素材\Part 2\Media\23\衰草连天.jpg"照片文件，单击"创建新的填充或调整图层"按钮 ◎.，应用"照片滤镜"命令，并在"属性"面板中设置"滤镜"为加温滤镜（85），"浓度"为72%，以调整画面暖色调，选择其蒙版，并使用较透明的黑色画笔在画面中多次涂抹，以恢复局部色调。

**02** 按住Ctrl键单击"照片滤镜1"调整图层的蒙版，将其载入选区，再次应用"照片滤镜"命令，在"属性"面板中设置其参数，并相应调整其蒙版效果，以增强画面的光斑效果。

**03** 单击"创建新的填充或调整图层"按钮 ◎.，应用"纯色"命令，并设置颜色为淡黄色（R255，G238，B170），然后相应调整其混合模式和蒙版效果。将该图层的蒙版载入选区并应用"照片滤镜"命令，设置其参数并调整图层混合属性，使画面呈现出多种颜色的光斑效果。

**04** 按快捷键Ctrl+Shift+Alt+E盖印可见图层，生成"图层1"，相应调整其混合属性，以柔化画面色调。新建图层，使用较透明的黑色画笔在画面中涂抹颜色并调整其混合模式，从而加暗画面四周色调。

**05** 再次应用"照片滤镜"命令，并在"属性"面板中设置其参数，以调整画面色调。然后新建图层并填充黑色，结合"镜头光晕"命令和图层混合模式为画面添加光晕效果。至此，本实例制作完成。

# » 阴郁氛围

**01** 执行"文件>打开"命令，打开"素材\Part 2\Media\23\衰草连天.jpg"照片文件，单击"创建新的填充或调整图层"按钮 ◑.，应用"通道混合器"命令，并在"属性"面板中依次设置"红"和"绿"通道的参数，以调整画面绿色调。

**02** 单击"创建新的填充或调整图层"按钮 ◑.，应用"纯色"命令，在弹出的对话框中设置颜色为深蓝色（R14，G34，B91），然后设置其混合模式为"颜色"，"不透明度"为18%，并使用较透明的黑色画笔在画面较亮处多次涂抹以恢复该区域色调，使画面呈现一定的冷色调。

**03** 单击"创建新的填充或调整图层"按钮 ◑.，应用"照片滤镜"命令，并在"属性"面板中设置"滤镜"为加温滤镜（85），"浓度"为57%，以调整画面色调，然后选择其蒙版，并使用较透明的黑色画笔在画面中心位置多次涂抹，以恢复该区域的色调。

**04** 按快捷键Ctrl+Shift+Alt+E盖印可见图层，生成"图层1"，执行"滤镜>滤镜库"命令，在弹出的对话框中选择"纹理"选项组中的"颗粒"滤镜，并在对话框右侧设置"强度"和"对比度"分别为21和11，"颗粒类型"为垂直，完成后单击"确定"按钮，以应用该滤镜效果。

**05** 单击"添加图层蒙版"按钮 ◻.，为"图层1"添加图层蒙版，并使用黑色至透明色的径向渐变工具 ◼.在汽车周围多次拖动鼠标，以恢复该区域的色调，从而改善颗粒纹理的效果。

**TIPS 应用颗粒滤镜**

"颗粒"滤镜是通过在图像中加入随机生成的不规则颗粒形成纹理效果，使用"垂直"颗粒类型能够使画面形成线性的颗粒纹理效果，增强画面的质感。

**06** 设置"图层1"的"不透明度"为30%，从而使颗粒纹理更加自然。然后按快捷键Ctrl+J复制"图层1"得到"图层1副本"，并设置其混合模式为"柔光"，"不透明度"为30%，以稍微增强画面的色调效果。

**07** 单击"创建新的填充或调整图层"按钮 ◑.，应用"色彩平衡"命令，并在"属性"面板中设置"中间调"选项的参数，以调整画面的色调，使其更加充满阴郁气氛。至此，本实例制作完成。

## ▶技术拓展 | 使用"纤维"滤镜制作纹理质感效果

"纤维"滤镜可以使用前景色和背景色混合填充图像，使图像中呈现出类似纤维质感的效果，使用该滤镜需要先新建一个图层并填充颜色，然后执行"滤镜>渲染>纤维"命令，在弹出的对话框中设置参数即可，通常可以结合图层混合模式来为画面添加纹理质感效果，而"颗粒"滤镜则可以直接在图像上应用。本例中除使用"颗粒"滤镜制作画面纹理质感外，同样可以采用"纤维"滤镜来为画面添加纹理质感，达到同样的效果。

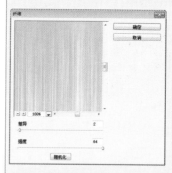

◀ 新建图层并填充浅灰色（R120，G120，B120），然后应用"纤维"滤镜。

◀ 在"图层"面板中生成普通的"图层1"。

▲ 设置该图层的混合模式为"正片叠底"，使其与画面色调相融合。

## ▶▶ 雪地质感

**01** 执行"文件>打开"命令，打开"素材\Part 2\Media\23\衰草连天.jpg"照片文件。复制"背景"图层生成"背景 副本"图层，然后执行"图像>调整>色调均化"命令，以均化图像色调。

**02** 执行"选择>色彩范围>"命令，在弹出的"色彩范围"对话框中设置"颜色容差"为20，并 使用吸管工具 在画面较亮的区域单击以取样颜色，继续使用添加到取样工具 在画面中多次取样颜色，完成后单击"确定"按钮，以创建选区。

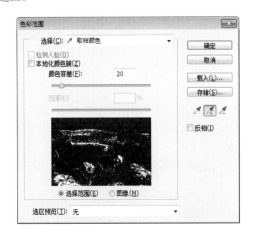

**03** 新建"图层1"，设置前景色为白色，按快捷键Alt+Delete为选区填充前景色，然后按快捷键Ctrl+D取消选区，并设置该图层的"不透明度"为80%，以降低其透明度，形成雪地效果。

**04** 按快捷键Ctrl+J复制"图层1"得到"图层1副本"，并设置"不透明度"为100%，然后执行"滤镜>模糊>高斯模糊"命令，在弹出的对话框中设置"半径"为5像素，完成后单击"确定"按钮，将该图像进行模糊处理，使雪地效果更加自然和逼真。至此，本实例制作完成。

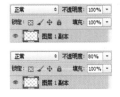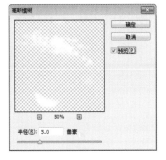

## » 个性壁画

**01** 打开"素材\Part 2\Media\23\衰草连天.jpg"照片文件，单击"创建新的填充或调整图层"按钮 ⊘.，应用"色彩平衡"命令，并在"属性"面板中设置"中间调"选项的参数，以调整画面色调，然后选择其蒙版，使用较透明的黑色画笔在汽车上多次涂抹以恢复局部色调。

**02** 再次单击"创建新的填充或调整图层"按钮 ⊘.，应用"亮度/对比度"命令，并在"属性"面板中设置"亮度"和"对比度"的参数值分别为3和12，稍微提亮画面色调。

**03** 按快捷键Ctrl+Shift+Alt+E盖印可见图层，生成"图层2"，执行"滤镜>滤镜库"命令，在弹出的对话框中选择"干画笔"滤镜，并设置参数值，调整画面绘画效果。

**04** 单击"图层"面板下方的单击 "创建新的填充或调整图层"按钮 ⊘.，应用"阈值"命令，并在"属性"面板中设置"阈值色阶"为32，完成后设置调整图层混合模式与"不透明度"，以调整画面黑白效果。按住Shift+Ctrl+Alt+2在"图层2"的图层缩览图上单击鼠标创建高光效果，然后选择"阈值1"调整图层蒙版，填充选区颜色为黑色。至此，本实例制作完成。

# 24 | 浪漫铁道

相机型号: Canon Power Shot A610　曝光时间: 1/250秒　光圈值: f/4

▌**摄影技巧**：拍摄正在前进的火车时，最好提前预计好需要拍摄的画面结构和可能出现的瞬间，然后使相机处于运行状态，一旦预期的画面出现，便立刻拍摄。

▌**后期润色**：本案例通过调色的方式分别实现照片的淡而忧伤风格、反转负冲风格、怀旧梦幻美风格和温馨唯美风格，分别体现出画面的不同光影色调氛围以及照片的视觉感。

▌**光盘路径**：素材\Part 2\Media\24\浪漫铁道.jpg

| 魔法指数 | ★★★☆☆ |
|---|---|
| 风格解析 | 画面色彩并不丰富，使用较冷的色调，从而突出画面忧伤的意境氛围。 |
| 光盘路径 | 素材\Part\Complete\24\淡而忧伤.psd |

| 魔法指数 | ★★★★☆ |
|---|---|
| 风格解析 | 将原照片的普通色调通过色彩调整，以明暗分明的方式体现出阴郁的画面质感。 |
| 光盘路径 | 素材\Part\Complete\24\反转负冲.psd |

| 魔法指数 | ★★★☆☆ |
|---|---|
| 风格解析 | 对画面进行怀旧色调处理后，在画面中绘制不同大小颜色的椭圆，并降低其不透明度羽化边缘，制作出朦胧梦幻的细节质感。 |
| 光盘路径 | 素材\Part\Complete\24\怀旧梦幻.psd |

| 魔法指数 | ★★★★☆ |
|---|---|
| 风格解析 | 通过应用选区颜色调整命令和模糊处理来增强画面温暖色调，温暖的颜色和阳光结合，从而体现画面温馨唯美的氛围。 |
| 光盘路径 | 素材\Part\Complete\24\温馨唯美.psd |

## » 淡而忧伤

**01** 执行"文件>打开"命令，打开"素材\Part 2\Media\24\浪漫铁道.jpg"照片文件。复制"背景"图层生成"背景 副本"图层。执行"图层>调整>色调均化"命令，调整图像均化色调。

**02** 单击"添加图层蒙版"按钮，为其添加图层蒙版。单击画笔工具在属性栏中设置画笔参数，然后在画面中涂抹，恢复局部色调。并设置其"不透明度"为80%。

**03** 按快捷键Ctrl+Shift+Alt+E盖印图层，生成"图层1"。并切换至"通道"面板，按住Ctrl键单击"绿"通道以载入其选区。然后按快捷键Ctrl+C复制选区，并选择"蓝"通道按快捷键Ctrl+V粘贴选区，以调整图像颜色。

**04** 单击"创建新的填充或调整图层"按钮，在弹出的快捷菜单中选择"色彩平衡"选项，并在"属性"面板中依次设置"红色"、"洋红"和"黄"，以调整画面颜色。

**05** 复制"背景 副本"生成"背景 副本2"图层。设置该图层混合模式为"柔光"，"不透明度"为80%。再选择图层蒙版缩览图，单击画笔工具在属性栏中设置画笔参数，然后在画面中涂抹，以调整画面颜色。

**06** 单击"创建新的填充或调整图层"按钮，在弹出的快捷菜单中选择"色阶"选项，然后在"属性"面板中设置阴影、中间调和高光的参数值分别为12、1.26和218，以提亮图像的色调。

**07** 选择"色阶"调整图层，单击"添加图层蒙版"按钮，为其添加图层蒙版。选择画笔工具，在属性栏中设置画笔参数，然后在画面中涂抹，以调整画面色调。

**08** 单击"创建新的填充或调整图层"按钮，在弹出的快捷菜单中选择"照片滤镜"选项。然后在属性面板中设置"浓度"为30%。选择"添加图层蒙版"结合使用画笔工具，在画面中涂抹，以强化画面的色调效果。至此，本实例制作完成。

**技术拓展 颜色填充**

照片滤镜命令主要是通过调整颜色的冷暖色调来调整图像，使用颜色填充工具也可产生相同效果。本例中除使用照片滤镜调整图像外，同样可以采用颜色填充，达到相同效果。

▲ 新建"图层1"单击填充工具，为该图层填充绿色。调整其混合为"柔光"，"不透明度"为20%，以调整色调。

▲结合使用图层蒙版和画笔工具在画面中涂抹，恢复局部色调。

## » 反转负冲

**01** 执行"文件>打开"命令。打开"素材\Part 2\Media\24\浪漫铁道.jpg"照片文件。复制"背景"图层生成"背景 副本"，将该图层转换为智能对象。应用"扩散亮光"滤镜，在对话框中设置其参数，使该图像呈现扩散亮光效果。

**02** 单击"添加图层蒙版"按钮，为其添加图层蒙版，然后单击画笔工具，在属性栏中设置画笔参数，然后在画面中涂抹，以调整画面的色调。并设置该图层混合模式为"叠加"，"不透明度"为80%，以调整图像色调。

**03** 按快捷键Ctrl+Shift+Alt+E盖印图层生成"图层1"。并切换至"通道"面板，选择"蓝"通道，执行"图像>应用图像"命令，在弹出的对话框设置其参数，完成后单击"确定"按钮，以应用该图像效果。按照同样的方法，继续完成"绿"通道和"红"通道图像效果。按快捷键Ctrl+J复制"图层1"生成"图层1 副本"设置该填充图层的混合模式为"柔光"，"不透明度"为29%，以增强画面效果。

**04** 单击"创建新的填充或调整图层"按钮 ◐. ，在弹出的快捷菜单中选择"纯色"选项，然后在弹出的对话框中设置其参数，并设置该填充图层的混合模式为"饱和度"，"不透明度"为30%，以调整画面色调。至此，本实例制作完成。

## » 怀旧梦幻

**01** 执行"文件>打开"命令，打开"素材\Part 2\Media\ 24\浪漫铁道.jpg"照片文件。复制"背景"图层生成"背景 副本"。将该图层转换为智能对象。执行"滤镜>模糊>高斯模糊"命令，在弹出的对话框中设置"半径"为60像素。并设置该填充图层的混合模式为"滤色"，"不透明度"为50%，以调整画面色调。

**02** 单击"创建新的填充或调整图层"按钮 ◐. ，在弹出的快捷菜单中选择"选取颜色"命令，并在"属性"面板中设置"中性色"选项各项参数，以强化画面的色调效果

**03** 单击"创建新的填充或调整图层"按钮 ◐. ，在弹出的快捷菜单中选择"渐变填充"命令，在对话框中设置相应参数，完成后单击"确定"按钮。结合图层蒙版和画笔工具 ✎ 在画面中涂抹。并设置该填充图层的混合模式为"叠加"，"不透明度"为30%，以恢复画面的色调。

04 单击“创建新的填充或调整图层”按钮，应用“照片滤镜”命令，在弹出的“属性”面板中设置“浓度”为29%。

05 单击“创建新的填充或调整图层”按钮，应用“纯色”命令，打开“拾色器（前景色）”对话框，在其中设置颜色为淡黄色（R254，G243，B201），完成后单击“确定”按钮。并结合图层蒙版和画笔工具以恢复局部色调。并设置该填充图层的混合模式为“柔光”，使其与下层图像色调相融合。

06 单击椭圆工具，在属性栏中设置完参数后，按住Shift键单击并拖动鼠标在画面中绘制出正圆形。在“图层”面板中生成“椭圆1”图层，并设置该填充图层的混合模式为“叠加”，“不透明度”为50%，以调整椭圆图像色调效果。

07 复制“椭圆”图层生成“椭圆 副本1”图层，单击路径选择工具调整各椭圆位置。按快捷键Ctrl+Shift+Alt+E盖印图层，生成“图层 1”。然后设置其混合模式为“柔光”，“不透明度”为80%。选择其蒙版，并使用画笔工具在画面中多次涂抹，以增强画面的艺术效果。

08 按快捷键Ctrl+Shift+Alt+E盖印图层，生成“图层2”，转换为智能对象。执行“滤镜>模糊>高斯模糊”命令，在弹出的对话框中设置“半径”为20像素，完成后单击“确定”按钮，以应用该滤镜效果。并设置该填充图层的混合模式为“滤色”，“不透明度”为80%，以强化画面的色调效果。至此，本实例制作完成。

## ≫ 温馨唯美

**01** 执行"文件>打开"命令，打开"素材\Part 2\Media\ 24\浪漫铁道.jpg"照片文件。复制"背景"图层生成"背景 副本"。结合图层蒙版和画笔工具 在画面中涂抹，并设置该填充图层的混合模式为"滤色"，"不透明度"为50%，以调整色调效果。

**02** 按快捷键Ctrl+Shift+Alt+E盖印图层，生成"图层 1"，并切换至"通道"面板，按住Ctrl键单击"绿"通道以载入其选区，然后按快捷键Ctrl+C复制选区，并选择"蓝"通道按快捷键Ctrl+V粘贴选区，执行"图像>调整>色调均化"命令，以调整图像颜色。

**03** 单击"创建新的填充或调整图层"按钮 ，应用"纯色"命令，打开"拾色器（前景色）"对话框，在其中设置颜色为绿色(R6，G150，B125)，完成后单击"确定"按钮。设置该填充图层的混合模式为"柔光"，"不透明度"为30%，使其与下层图像色调相融合。

**04** 单击"创建新的填充或调整图层"按钮 ，应用"色相/饱和度"命令，在属性面板中设置其参数，以强化画面色调效果。继续单击"创建新的填充或调整图层"按钮 ，在弹出的快捷菜单中选择"选取颜色"命令，并在"属性"面板中设置"中性色"选项各项参数，以强化画面的色调效果。结合图层蒙版和画笔工具 在画面中涂抹，以恢复画面的色调。

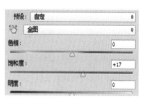

05 按快捷键Ctrl+Shift+Alt+E盖印图层，生成"图层 2"，转换为智能对象。执行"滤镜>模糊>高斯模糊"命令，在弹出的对话框中设置"半径"为60像素，完成后单击"确定"按钮，以应用该滤镜效果，结合图层蒙版和画笔工具在画面中涂抹，以恢复画面的色调，并设置该填充图层的混合模式为"滤色"，"不透明度"为50%，使其与下层图像色调相融合。

06 单击"创建新的填充或调整图层"按钮，应用"照片滤镜"命令，在弹出的"属性"面板中设置"浓度"为25%，并设置图层的混合模式为"柔光"，"不透明度"为30%，以调整画面色调效果。

07 单击"创建新的填充或调整图层"按钮，在弹出的快捷菜单中选择"选取颜色"命令，并在"属性"面板中设置"中性色"选项各项参数，以强化画面的色调效果。

08 单击"创建新的填充或调整图层"按钮，应用"照片滤镜"命令，在弹出的"属性"面板中设置"浓度"为40%，选择其蒙版，并使用画笔工具在画面中多次涂抹，以增强画面的温馨色调效果。按快捷键Ctrl+Shift+Alt+E盖印图层，生成"图层 3"，设置该图层的混合模式为"柔光"，"不透明度"为80%，以丰富画面色调效果。至此，本实例制作完成。

## 25 | 异国梦

相机型号: NIKON D300　曝光时间: 1/2500秒　光圈值: f/5.6

▌**摄影技巧**：拍摄地平线类风光作品时，应该避免地平线处于画面中间而造成的画面呆板，拍摄者可考虑将地平线放在画面三分之一以下处，主体放在画面右侧或左侧，这样视觉冲击会更加强烈。

▌**后期润色**：本案例通过调色的方式分别实现照片的大风车、清新明媚风、忧伤怀旧风和美景如画，使照片具有一种鲜明的主体感，从视觉上带给人一种享受。

▌**光盘路径**：素材\Part 2\Media\25\异国梦.jpg

大风车

| 魔法指数 | ★★★☆☆ |
| --- | --- |
| 风格解析 | 照片的色调表现是增强画面视觉和突出主题的重要因素，因此可以通过调整图像整体亮度、对比度和颜色色调来凸显主体物视觉效果。 |
| 光盘路径 | 素材\Part 2\Complete\25\大风车.psd |

清新明媚风

| 魔法指数 | ★★★★☆ |
| --- | --- |
| 风格解析 | 增添明媚的阳光是重要的表现方式，调整天空色调，再绘制可爱泡泡来渲染画面的艺术感染力，以增强照片视觉吸引力。 |
| 光盘路径 | 素材\Part 2\Complete\25\清新明媚风.psd |

忧伤怀旧风

| 魔法指数 | ★★★☆☆ |
| --- | --- |
| 风格解析 | 以蓝灰色作为主色调，并降低整体亮度以表现画面的怀旧效果。冷色调也体现画面阴郁的光影影调，从而渲染忧伤的氛围。 |
| 光盘路径 | 素材\Part 2\Complete\25\忧伤怀旧风.psd |

美景如画

| 魔法指数 | ★★★☆☆ |
| --- | --- |
| 风格解析 | 调整整个画面的色调为深蓝色，体现如画般的景色，天空和云彩的层次感，展现如梦幻般的完美画面，增加神秘感。 |
| 光盘路径 | 素材\Part 2\Complete\25\美景如画.psd |

# 大风车

**01** 执行"文件>打开"命令，打开"素材\Part 2\Media\25\异国梦.jpg"照片文件。复制"背景"图层生成"背景 副本"图层。单击仿制图章工具，在属性栏中设置其参数，完成后按住Alt键在人物旁吸取云朵颜色，松开Alt键后在人物处进行涂抹，反复操作可将人物去除。

**02** 创建"图层1"，结合使用仿制图章工具去除多余部分，按快捷键Ctrl+Shift+Alt+E，生成"图层1"，执行"图像>调整>色调均化"命令，并添加其图层蒙版，结合使用画笔在画面中涂抹，调整画面色调。同样的方法创建"图层2"效果。

**03** 单击"创建新的填充或调整图层"按钮，应用"纯色"命令，设置颜色为淡黄色(R 255，G 245，B 174)，结合图层蒙版和画笔工具以恢复局部色调。并设置该填充图层的混合模式为"划分"，"不透明度"为40%，使其与下层图像色调相融合。

**04** 单击"创建新的填充或调整图层"按钮，在弹出的菜单中选择"色阶"命令，并在"属性"面板中设置参数，以调整画面的颜色和亮度。选择其蒙版，并使用画笔工具在画面中多次涂抹，以增强画面色调效果。继续"创建新的填充或调整图层"，在弹出的菜单中选择"选取颜色"命令，设置完相应参数后再继续"创建新的填充或调整图层"，在弹出的菜单中选择"色彩平衡"命令，并设置相应参数，以调整画面色调。至此，本实例制作完成。

## » 清新明媚风

**01** 执行"文件>打开"命令,打开"素材\Part 2\Media\25\异国梦.jpg"照片文件。参考前面"大风车"的方法去除多余部分与调整色调。单击"创建新的填充或调整图层"按钮 ❍.,在弹出的菜单中选择"色阶"命令,在弹出的"属性"面板中设置参数,以调整画面的颜色和亮度。并结合图层蒙版和画笔工具 ✐ 以恢复局部色调。

**02** 单击"创建新的填充或调整图层"按钮 ❍.,在弹出的菜单中选择"色阶"命令,在"属性"面板中设置其参数,结合图层蒙版和较透明的画笔工具 ✐ 以恢复局部色调。

**03** 单击"创建新的填充或调整图层"按钮 ❍.,在弹出的菜单中选择"色彩平衡"命令,在"属性"面板中分别设置"中间调"和"阴影",以调整画面色调,并结合图层蒙版和较透明的画笔工具 ✐ 以恢复局部色调。

**04** 单击"创建新的填充或调整图层"按钮 ❍.,在弹出的快捷菜单中选择"渐变填充"命令,在对话框中设置相应参数后单击"确定"按钮。结合图层蒙版和较透明的画笔工具 ✐ 在画面中多次涂抹,并设置其混合模式为"柔光",以增强画面色调。按快捷键Ctrl+J复制"渐变填充1"图层,生成"渐变填充1 副本"图层,双击该图层缩览图,弹出对话框调整其角度,并设置该图层混合模式为"柔光",使其与下层图像色调相融合。

**05** 单击"创建新的填充或调整图层"按钮 ❍.,在弹出的快捷菜单中选择"曲线"命令,在"属性"面板中依次设置"RGB"和"蓝"选项的参数,并结合图层蒙版和较透明的画笔工具 ✐ 在画面中多次涂抹,以恢复局部色调效果。

06 单击椭圆工具 ，并在属性栏中设置其参数后，按住Shift键单击并拖动鼠标在画面中绘制出正圆形。在"图层"面板中生成"椭圆1"图层，设置图层混合模式为"柔光"。单击"添加图层样式"按钮 ，应用"外发光"命令，并在弹出的对话框中设置参数，完成后单击"确定"按钮，以应用该外发光效果。多次复制"椭圆1"图层，结合自由变换命令分别调整其大小和位置，丰富画面效果。

07 按快捷键Ctrl+Shift+Alt+E盖印图层，生成"图层3"， 并设置该填充图层的混合模式为"正片叠底"，"不透明度"为50%，以调整色调效果。继续盖印可见图层，设置相应的混合模式。

08 按快捷键Ctrl+Shift+Alt+E盖印图层， 并设置该填充图层的混合模式为"正片叠底"，"不透明度"为50%，以调整色调效果。然后结合图层蒙版和画笔工具 在画面中涂抹，以恢复其细节。最后创建"色彩平衡"调整图层，调整画面色调。至此，本实例制作完成。

## » 忧伤怀旧风

01 执行"文件>打开"命令，打开"素材\Part 2\Media\25\异国梦.jpg"照片文件。参考前面"大风车"的方法去除多余部分与调整色调。单击"创建新的填充或调整图层"按钮 ，在弹出的菜单中选择"色相/饱和度"命令，在弹出的"属性"面板中设置参数，以加强画面的色调饱和度。

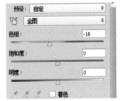

**02** 单击"创建新的填充或调整图层"按钮 ◎ ，应用"纯色"命令，打开"拾色器（前景色）"对话框，在其中设置颜色为土黄色(R175，G108，B3)，完成后单击"确定"按钮。结合图层蒙版和画笔工具 ✎ 在画面中涂抹，并设置该填充图层的混合模式为"划分"，"不透明度"为52%，使下层色调相融合。

**03** 单击"创建新的填充或调整图层"按钮 ◎ ，在弹出的快捷菜单中选择"渐变填充"命令，在对话框中设置相应参数后单击"确定"按钮。结合图层蒙版和较透明的画笔工具 ✎ 在画面中多次涂抹，设置其混合模式为"差值"，"不透明度"为70%，以恢复局部色调效果。

**04** 单击"创建新的填充或调整图层"按钮 ◎ ，在弹出的快捷菜单中选择"渐变填充"命令，在对话框中设置相应参数后单击"确定"按钮。结合图层蒙版和较透明的画笔工具 ✎ 在画面中多次涂抹，设置其混合模式为"减去"，"不透明度"为15%，使画面呈现色调融合效果。

**05** 单击"创建新的填充或调整图层"按钮 ◎ ，在弹出的快捷菜单中选择"照片滤镜"选项。在"属性"面板中设置"浓度"为40%，选择"添加图层蒙版"，结合使用画笔工具 ✎ 在画面中涂抹，以强化画面的色调效果。

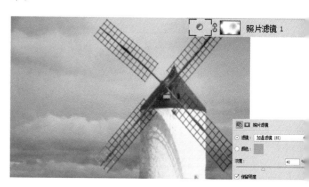

**06** 单击"创建新的填充或调整图层"按钮 ◎ ，在弹出的菜单中选择"色阶"命令，在"属性"面板中设置其参数，结合图层蒙版和较透明的画笔工具 ✎ 以恢复局部色调。

**07** 单击"创建新的填充或调整图层"按钮 ◎ ，在弹出的菜单中选择"色相/饱和度"命令，在弹出的"属性"面板中设置参数后继续单击"创建新的填充或调整图层"按钮 ◎ ，选择"色彩平衡"命令，并设置其参数，以调整画面色调效果。

**08** 单击"创建新的填充或调整图层"按钮 ，在弹出的快捷菜单中选择"曲线"命令，在"属性"面板中依次设置"RGB"和"蓝"选项的参数。并结合图层蒙版和较透明的画笔工具 在画面中多次涂抹，以恢复局部色调效果。

**09** 单击"创建新的填充或调整图层"按钮 ，在弹出的快捷菜单中选择"渐变填充"命令，在对话框中设置相应参数后单击"确定"按钮。结合图层蒙版和较透明的画笔工具 在画面中多次涂抹，设置其混合模式为"正片叠底"，"不透明度"为70%，以强化画面的色调效果。至此，本实例制作完成。

## » 美景如画

**01** 执行"文件>打开"命令，打开"素材\Part 2\Media\25\异国梦.jpg"照片文件。参考前面"大风车"的方法去除多余部分与调整色调。单击"创建新的填充或调整图层"按钮 ，在弹出的快捷菜单中选择"色相/饱和度"命令。以调整画面色调效果。

**02** 新建"图层2"，按快捷键Ctrl+Shift+Alt+2创建高光选区。填充选区颜色为黄绿色（R194，G190，B122），完成后取消选区。设置图层混合模式为"颜色"，并结合图层蒙版和柔角画笔工具对图像进行涂抹，隐藏图像下侧黄色效果。

**03** 单击"创建新的填充或调整图层"按钮 ，在弹出的快捷菜单中选择"选取颜色"命令，然后在弹出的"属性"面板中依次设置"红色"和"黄色"选项相应参数，加强天空色调感。

**04** 继续执行"通道混合器"调整图层命令，在弹出的"属性"面板中设置"输出通道"为"灰色"，并设置各项参数。设置该图层混合模式为"叠加"，"不透明度"为77%，选择图层蒙版结合画笔工具 ，并适当调整其"不透明度"，在风车图像上涂抹，并以提亮画面色调效果。

**05** 按快捷键Ctrl+Shift+Alt+E盖印图层，生成"图层3"。执行"滤镜>模糊>表面模糊"命令，在弹出的对话框中设置"半径"为5像素，"阈值"为15色阶，以模糊画面效果。单击"添加图层蒙版"按钮 ▣，为其添加图层蒙版。单击画笔工具 ✐在画面中涂抹，并设置其混合模式为"正片叠底"，"不透明度"为80%，使画面呈现色调融合效果。

**06** 按快捷键Ctrl+Shift+Alt+E盖印图层，生成"图层4"，执行"滤镜>查找边缘"命令。单击"添加图层蒙版"按钮 ▣，为其添加图层蒙版，结合魔棒工具创建白色图像选区，并填充选区颜色为黑色，隐藏背景图像，并设置该图层混合模式为"正片叠底"，以恢复局部色调效果。

## 技术拓展　降低图像饱和度

通道混合器是通过饱和度调整图像色调。同样的效果也可以直接使用降低图像饱和度的方法来调整。

▲ 在印背景图层，执行"图像>调整>色相/饱和度"命令，结合使用减淡工具 ✐，调整画面色调效果

**07** 单击"创建新的填充或调整图层"按钮 ◑，在弹出的快捷菜单中选择"色彩平衡"命令，并在"属性"面板中依次设置"中间调"、"高光"和"阴影"各项相应参数，以调整画面颜色。

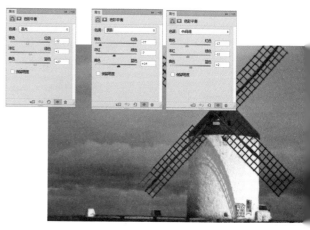

**08** 新建"图层5"单击渐变工具 ▣，在属性栏选择渐变色条，打开"渐变编辑器"对话框，应用粉色到透明径向渐变后单击"确定"按钮。按住Shift键在画面中拉出径向渐变填充。并设置该图层混合模式为"颜色减淡"，"不透明度"为38%，使画面呈现色调融合效果。至此，本实例制作完成。

# 26 越夜越美丽

相机型号：NIKON D80　　曝光时间：1/400 秒　　光圈值：f/4.5

**摄影技巧：** 拍摄夜景时一般需要长时间曝光，因此相机要保持稳定才能采可以拍出清晰的照片。为避免因震动而破坏照片效果，最好使用三脚架降低晃动。并且长时间曝光会令暗部的噪点特别明显，所以如果环境许可，应使用三脚架和较低的ISO值已获得最佳拍摄效果。

**后期润色：** 在这张照片体现了在夜色的笼罩下，各种彩灯的照射，让这个夜色充满了魅力。对这般夜色风格可以有很多不同的想法，如魅力的、绚丽霓虹的、高动态的、甚至是魔力幻影的，也分别的体现了在不同氛围中的夜色有着不一样的美丽。

**光盘路径：** 素材\Part 2\Media\26\越夜越美丽.jpg

| 魔法指数 | ★★★★☆ |
| --- | --- |
| 风格解析 | 紫色是种有魅力的颜色，在魅力夜色篇也加了紫色进去，显得这个夜色充满了魅力。 |
| 光盘路径 | 素材\Part 2\Complete\26\魅力夜色.psd |

| 魔法指数 | ★★★★☆ |
| --- | --- |
| 风格解析 | 充分运用了画笔工具，画出了充满了魔幻色彩的光束，从而渲染夜色的魔幻色彩的风格。 |
| 光盘路径 | 素材\Part 2\Complete\02\魔力幻影.psd |

| 魔法指数 | ★★★☆☆ |
| --- | --- |
| 风格解析 | 在高动态HDR夜色篇中，运用了调整HDR色调的方法，以体现这篇夜色的主题。 |
| 光盘路径 | 素材\Part 2\Complete\26\高动态HDR夜色.psd |

| 魔法指数 | ★★★★★ |
| --- | --- |
| 风格解析 | 灿烂绚丽的色彩是主要的表现方式，以黄色为主要色调，各种各样的霓虹灯使夜色更加绚丽。 |
| 光盘路径 | 素材\Part 2\Complete\26\绚丽霓虹.psd |

## ➤ 魅力夜色

**01** 执行"文件>打开"命令，打开"素材\Part2\ Media\25\越夜越美丽.psd"照片文件。复制"背景"图层生成"背景 副本"图层。执行"图层>调整>色调均化"命令，调整图像均化色调。

**02** 按快捷键Ctrl+Shift+Alt+E盖印图层，生成"图层1"，执行"滤镜>锐化>USM锐化"命令，在弹出的对话框中设置完相应参数后继续应用"减少杂色"滤镜，在对话框中设置其参数，以强化画面的色调效果。再次按快捷键Ctrl+Shift+Alt+E盖印图层，生成"图层2"应用"高反差保留"滤镜，在对话框中设置其参数，设置其混合模式为"正片叠底"，"不透明度"为80%，以调整画面色调效果。

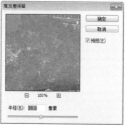

**03** 单击"创建新的填充或调整图层"按钮 ◉.，应用"色相/饱和度"命令，并在"属性"面板中设置完参数后继续"创建新的填充或调整图层"应用"选取颜色"和"亮度/对比度"命令，依次在属性栏设置相应参数，以丰富画面色调效果。

**04** 单击"创建新的填充或调整图层"按钮 ◉.，应用"渐变填充"命令，在对话框中设置相应参数后结合图层蒙版和画笔工具在画面中涂抹，设置混合模式为"正片叠底"，"不透明度"为80%，以恢复局部色调效果。

**05** 按快捷键Ctrl+Shift+Alt+E盖印图层，生成"图层3"，设置其"不透明度"为40%，以完善画面效果。至此，本实例制作完成。

## » 魔力幻影

**01** 执行"文件>打开"命令，打开"素材\Part 2\ Media\ 25\越夜越美丽.psd"照片文件。复制"背景"图层生成"背景 副本"图层。执行"图层>调整>色调均化"命令，调整图像均化色调。结合图层蒙版和画笔工具✐在画面中涂抹，并设置"不透明度"为75%，以恢复局部色调。

**02** 按快捷键Ctrl+Shift+Alt+E盖印图层，生成"图层1"结合图层蒙版和画笔工具✐在画面中涂抹，并设置混合模式为"叠加"，"不透明度"为60%，以强化画面色调效果。

**03** 单击"创建新的填充或调整图层"按钮，在弹出的快捷菜单中选择"选取颜色"命令，并在"属性"面板中设置"中性色"选项各项参数，以调整画面色调效果。

**04** 单击"创建新的填充或调整图层"按钮，在弹出的快捷菜单中选择"照片滤镜"命令，在"属性"面板中设置"浓度"为25%。结合图层蒙版和画笔工具✐在画面中多次涂抹，并设置该填充图层的混合模式为"柔光"，"不透明度"为60%，使其与下层图像色调相融合。

**05** 单击"创建新的填充或调整图层"按钮，应用"渐变填充"命令，在对话框中设置相应参数，完成后单击"确定"按钮。结合图层蒙版和画笔工具✐在画面中涂抹。并设置该图层混合模式为"划分"，使画面呈现色调融合效果。

**06** 单击"创建新图层"按钮，创建"图层2"。设置前景色为淡黄色（R251，G235，B2），完成后单击"确定"按钮。单击画笔工具✐，在属性栏中设置画笔参数，然后在画面中涂抹，以增添画面光影质感效果。再将该图层转换为智能对象。

**07** 执行"滤镜>模糊>动感模糊"命令，在弹出的对话框中设置"角度"为"90度"，"距离"为"190像素"，并设置该图层混合模式为"柔光"，使其与画面整体色调相统一。

**08** 选择"创建新图层"按钮，创建"图层3"。单击画笔工具，单击属性栏下拉按钮，在弹出的"画笔预设"面板中单击扩展按钮，选择"载入笔刷"选项，载入"光影画笔.abr"笔刷文件。并在"画笔"面板中设置"画笔笔尖形状"选项的参数。设置前景色为白色，在画面中多次单击以绘制图像。

**09** 单击"创建新的填充或调整图层"按钮，应用"渐变填充"命令，在对话框中设置相应参数，完成后单击"确定"按钮。选择其蒙版，并结合使用画笔工具，在画面中多次涂抹，以恢复局部画面效果。设置该图层混合模式为"柔光"，使画面呈现色调融合效果。至此，本实例制作完成。

## 》 高动态HDR夜景

**01** 执行"文件>打开"命令，打开"素材\Part 2\Media\ 26\越夜越美丽.jpg"照片文件。并复制图层"背景"，生成新图层"背景 副本"。再次执行"图像>调整>HDR色调"，在弹出的调整面板中设置各项参数，使画面色调整体提亮。

**02** 并在图层"背景 副本"中单击"添加图层蒙版"按钮，并使用画笔工具，前景色设置为黑色，在画面中的光束部分稍做涂抹，显现该区域的细节，提亮该区域色调。再次调整图层"不透明度"为80%。并将图层"背景 副本"重命名为"背景 副本 HDR"，以使明确操作步骤。

**03** 按快捷键Ctrl+Shift+Alt+E盖印，生成"图层1"，执行"滤镜>锐化>USM锐化"命令，在弹出的调整面板中设置各项参数，以达到锐化画面细节效果。

**TIPS USM锐化**

USM锐化可以在图像边缘的两侧分别制作一条明线或暗线来调整边缘细节的对比度，使图像边缘轮廓锐化。调节参数有数量、半径、阈值。

**04** 单击"创建新的填充或调整图层"按钮，应用"可选颜色"命令，在弹出的调整面板中，"颜色"选择为"黄色"，调整其他参数，生成新图层"可选颜色1"，以增强画面中的黄色色调。

**05** 按快捷键Ctrl+Shift+Alt+E盖印，生成"图层2"，并设置其图层混合模式为"滤镜"，"不透明度"为30%。再单击"创建新的填充或调整图层"按钮，应用"渐变填充"命令，在弹出的调整面板中设置参数，设置其渐变颜色为黑色到透明色，单击"确定"按钮，生成图层"渐变填充1"，并且单击"添加图层蒙版"按钮，并使用画笔工具，前景色为黑色，使用柔角画笔在画面中心处稍做涂抹，显现该区域的细节，四周颜色偏深。再次调整图层混合模式为"正片叠底"。

**06** 按快捷键Ctrl+Shift+Alt+E盖印图层，生成"图层3"，并且设置其混合模式为"柔光"，"不透明度"为60%。使画面更柔和，画面效果更好。再次按快捷键盖印，生成"图层4"执行"滤镜>杂色>减少杂质"命令，在弹出的调整面板中设置各项参数，减少画面杂质，去掉不必要的颜色，使画面更协调。

**07** 再次用相同的方式盖印，生成"图层5"，并执行"滤镜>其他>高反差保留"，在弹出的调整面板中设置各项参数。并调整图层混合模式为"叠加"，"不透明度"为80%。使画面效果的反差增大，更符合高动态的夜景，至此，本实例制作完成。

## ≫ 绚丽霓虹

**01** 打开本书配套光盘中"素材\Part 2\ Media\ 26\越夜越美丽.jpg"文件，生成"背景"图层。并复制"背景"图层，生成"背景副本"图层，设置前景色为黄色，并执行"滤镜>滤镜库>霓虹灯光"命令，在弹出的调整面板中设置各项参数，并调整图层混合模式为"柔光"。使画面色调偏亮，颜色更丰富。

**02** 单击"创建新的填充或调整图层"按钮 ◯.，应用"选取颜色"命令，在弹出的调整面板中"颜色"设定为黄色，再设置其他各项参数，生成"选取颜色 1"，以达到提亮画面黄色的效果。再次复制"背景"图层，生成"背景副本 2"图层，并且执行"图像>调整>色调均化"命令，再调整其"不透明度"为80%，均化画面中的色彩。

**03** 用相同的方式创建图层"可选颜色 2"，在弹出的调整面板中的"颜色"选择中性色，并调整其他参数，使画面色调偏向黄色。再次用相同的方法创建图层"色彩平衡 1"，在"属性"面板中选择"色调"为阴影，然后调整其他参数，使画面色彩达到平衡。

**04** 盖印图层，生成"图层 1"，执行"滤镜>其他>高反差保留"，在弹出的调整面板中设置各项参数。并调整图层混合模式为"叠加"，"不透明度"为80%。

05 继续单击"创建新的填充或调整图层"按钮 ⊙.，应用"渐变填充"命令，在弹出的调整面板中设置渐变颜色为橙色到黄色，单击"确定"按钮，生成图层"渐变填充 1"。并且调整图层混合模式为"柔光"，"不透明度"为35%，使画面的颜色具有渐变效果。

06 按快捷键Ctrl+Shift+Alt+E盖印，生成"图层2"，并使用画笔工具 ✐.，前景色为黑色，使用柔角画笔在画面中心处稍做涂抹，显现该区域的细节，四周颜色偏深，将视线聚拢在画面中心。再次调整图层混合模式为"正片叠底"，"不透明度"为73%。

07 再次单击"创建新的填充或调整图层"按钮 ⊙.，应用"选取颜色 3"命令，在弹出的调整面板中设置各项参数，增加画面黄色调，使画面更有种霓虹绚丽的感觉。

08 继续单击"创建新的填充或调整图层"按钮 ⊙.，应用"渐变填充"命令，在弹出的调整面板中设置渐变颜色为黑色到透明色，单击"确定"按钮，生成图层"渐变填充 2"。并使用画笔工具 ✐.，前景色为黑色，使用柔角画笔在画面中心处稍做涂抹，显现该区域的细节，再次调整图层混合模式为"柔光"，"不透明度"为60%，四周颜色偏深，将视线聚拢在画面中心，至此，本实例制作完成 。

# 27 湖畔独步

▌**摄影技巧**：拍摄阴暗天气时，由于光线较暗，在拍摄时候最好使用较大光圈、低快门速度。选择合适的前景衬托拍摄，增强照片空间感。

▌**后期润色**：在处理时根据照片实现的意向来实现冬日湖畔风格、梦幻唯美的高调风格以及将照片制作为纯净风格的艺术效果，以体现照片的多样化魅力。

▌**光盘路径**：素材\Part 2\Media\27\湖畔独步jpg

ℹ 相机型号：NIKON D300　曝光时间：1/320秒　光圈值：f/8

冬日湖畔

| 魔法指数 | ★★★☆☆ |
|---|---|
| 风格解析 | 将原先照片浓重的色彩减淡了，调整曝光度和色阶，做成了冬日的感觉。 |
| 光盘路径 | 素材\Part 2\Complete\27\冬日湖畔.psd |

梦幻唯美风

| 魔法指数 | ★★★☆☆ |
|---|---|
| 风格解析 | 调整色彩平衡使照片呈现淡淡的青绿色调，添加渐变令照片中出现淡淡的彩云，唯梦唯幻。 |
| 光盘路径 | 素材\Part 2\Complete\27\梦幻唯美风.psd |

纯净

| 魔法指数 | ★★★☆☆ |
|---|---|
| 风格解析 | 纯净的画面是干净的，明亮的，没有浓重的色调，天上一层淡淡的蓝色光泽。 |
| 光盘路径 | 素材\Part 2\Complete\27\纯净.psd |

## » 冬日湖畔

**01** 执行"文件>打开"命令,打开"素材\Part 2\Media\27\湖畔独步.jpg"照片文件。单击"创建新的填充或调整图层"按钮,应用"曝光度"命令,调整面板参数,增加照片曝光度。选择其剪贴蒙版,用较透明的柔角画笔在蒙版中涂抹,还原其局部颜色。

**02** 按快捷键Ctrl+Shift+Alt+E盖印可见图层,生成"图层1",执行"图像>调整>色调均化"命令,将画面色调均化,设置其混合模式为"正片叠底","不透明度"为70%。单击"添加图层蒙版"按钮,为其添加一个图层蒙版,然后选择其蒙版,并使用黑色画笔在照片暗部进行多次涂抹,以恢复其色调。

**03** 单击"创建新的填充或调整图层"按钮,应用"色阶"命令,输入参数值,将画面调亮一点。然后选择其蒙版,并使用黑色画笔在照片暗部进行多次涂抹,以恢复其色调。

**04** 复制"图层1"生成"图层1副本",执行"图像>调整>阴影/高光"命令,在弹出的对话框中设置各项参数,完成后单击"确定"按钮,以继续调亮画面的暗部细节。至此,本实例制作完成。

## » 梦幻唯美风

**01** 执行"文件>打开"命令,打开"素材\Part 2\Media\ 27\湖畔独步.jpg"照片文件。单击"创建新的填充或调整图层"按钮,应用"曝光度"命令,调整面板参数,增加照片曝光度。

**02** 按快捷键Ctrl+Shift+Alt+E盖印可见图层,生成"图层1",并执行"图像>调整>色调均化"命令。然后复制该图层,应用"滤镜>其它>高反差保留"命令,并设置参数值,完成后单击"确定"按钮即可。

**03** 设置"图层1副本"图层的混合模式为"叠加"，并按快捷键Ctrl+J复制该图层，设置"图层1副本2"图层，设置其"不透明度"为50%，以增强画面图像轮廓细节。

**04** 盖印可见图层，生成"图层2"，执行"滤镜>扭曲>扩散亮光"命令，在弹出的对话框中设置参数值，完成后单击"确定"按钮，并结合图层蒙版和画笔在天空较亮区域涂抹，以恢复其细节。

**TIPS** 色彩平衡中间调

色彩平衡调节用于白平衡不合适，使得画面整体色调出现变化的情况。PS色彩平衡中，阴影、中间调等，表示调整色偏的主体范围，如果勾选阴影，调色将以暗部为主，中间调和亮部将次之变化。一般根据图像来判断，高调图，趋白的亮度略多，色彩饱和度低，色彩表现差，将重点调色彩饱和略高，一般就调节中间调或暗调。反之遇到低调图，将重点调中间调或者高调区域。

**05** 单击"创建新的填充或调整图层"按钮，在弹出的快捷菜单中选择"色阶"命令，在"属性"面板中设置参数值，并使用画笔工具在较亮区域涂抹，以恢复其细节。

**06** 按快捷键Ctrl+Shift+Alt+E盖印可见图层，生成"图层3"，设置该图层的混合模式为"正片叠底"、"不透明度"为60%，为该图层添加图层蒙版，选择图层蒙版并使用柔角画笔工具在画面边缘涂抹，以恢复其细节。

**07** 单击"创建新的填充或调整图层"按钮，应用"渐变"命令并设置其属性，完成后设置图层混合模式为"划分"，"不透明度"为60%，以调亮画面。然后结合使用从黑色到透明的径向渐变工具调整蒙版，添加画面天空的较淡光晕效果。

**08** 分别创建"色彩平衡1"和"照片滤镜1"调整图层，分别设置参数值和滤镜颜色，以调整画面整体色调。然后使用画笔工具在"照片滤镜1"蒙版中涂抹，以恢复个别区域色调。

**09** 新建图层，使用渐变工具 ▦ 在画面中至内向外作黑色到透明的径向渐变，设置混合模式为"正片叠底"，为画面四周添加阴影效果。然后盖印可见图层，并设置相应的混合模式，结合图层蒙版和画笔工具恢复其细节。

## » 纯净

**01** 执行"文件>打开"命令，打开"素材\Part 2\Media\27\湖畔独步.jpg"照片文件。复制"背景"图层，生成"背景 副本"。执行"图像>调整>阴影/高光"命令，在弹出的调整面板中设置参数，完成以后单击"确定"按钮。

**02** 按快捷键Ctrl+Shift+Alt+E盖印可见图层，生成"图层1"，执行"图像>调整>色调均化"命令，将画面色调均化。将"图层1"复制一份，执行"滤镜>其它>高反差保留"命令，设置"半径"为30像素，完成以后设置混合模式为"叠加"。

**03** 单击"创建新的填充或调整图层"按钮 ◐.，应用"纯色"命令，在弹出的拾色器菜单中设置颜色为紫色（R113，G24，B126），设置混合模式为"排除"，"不透明度"为30%。

**04** 继续单击"创建新的填充或调整图层"按钮 ◐.，应用"色阶"命令，在弹出的色调对话框输入参数将画面调亮。选择其剪贴蒙版，并使用黑色画笔在蒙版中进行多次涂抹，以恢复局部色调。

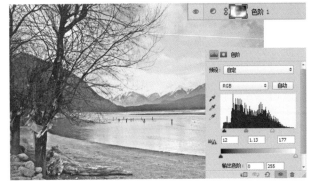

**05** 单击"创建新的填充或调整图层"按钮 ●|，应用"色相/饱和度"命令，在弹出的菜单中选择"青色"通道，拖动鼠标降低其饱和度并调得偏青一点。

**06** 继续单击"创建新的填充或调整图层"按钮 ●|，应用"可选颜色"命令，在弹出的原色彩色中选择"中性色"选择，调整参数。选择其剪贴蒙版，并使用黑色画笔在蒙版中进行多次涂抹，以恢复局部色调。

**07** 继续单击"创建新的填充或调整图层"按钮 ●|，应用"照片滤镜"命令，在弹出的对话框中选择"冷却滤镜（80）"选项，调整参数，完成以后设置混合模式为"柔光"，"不透明度"为60%，以杂化画面色调层次。

**08** 继续单击"创建新的填充或调整图层"按钮 ●|，在弹出的快捷菜单中选择"可选颜色"命令，在"属性"面板中的"中性色"主色选项中设置参数值，以调整画面中中间调颜色。至此，本实例制作完成。

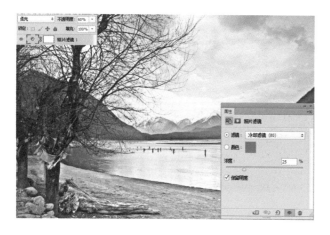

**TIPS**　"照片滤镜"释义

　　"照片滤镜"调整是通过模仿以下技术：在相机镜头前面加彩色滤镜，以便调整通过镜头传输的光的色彩平衡和色温；使胶片曝光。"照片滤镜"还允许您选取颜色预设，以便将色相调整应用到图像。如果您希望应用自定颜色调整，则"照片滤镜"调整允许您使用 Adobe 拾色器来指定颜色。

# 28 | 小树

相机型号：Canon EOS 5D　曝光时间：1/400秒　光圈值：f/4

▍摄影技巧：拍摄照片选择早晨或傍晚时分，放慢快门速度或者将光圈调小，以减少感光板的感光量，使照片呈现出比较暗的感觉。

▍后期润色：在处理时根据照片展现的意向来实现蓝天下风格、魔幻星空的奇幻风格以及将照片制作为风雪夜的艺术效果，以体现照片的多样化魅力。

▍光盘路径：素材\Part 2\Media\28\小树.jpg

蓝天下

| 魔法指数 | ★★★☆☆ |
|---|---|
| 风格解析 | 填充图层和混合模式的结合使画面呈现黄绿调的魔幻风，平衡使照片呈现淡淡的青绿色调，添加渐变令照片中出现淡淡的彩云，如梦如幻。 |
| 光盘路径 | 素材\Part 2\Complete\28\蓝天下.psd |

魔幻星空

| 魔法指数 | ★★★☆☆ |
|---|---|
| 风格解析 | 明媚的月光是重要的表现方式，同时添加顶部光影增添月光的照射感；除此之外就是画面的清新颜色富有婉约柔和的气质。 |
| 光盘路径 | 素材\Part 2\Complete\28\魔幻星空.psd |

风雪夜

| 魔法指数 | ★★★★☆ |
|---|---|
| 风格解析 | 纯净的画面是干净的，明亮的，没有浓重的色调，天上一层淡淡的蓝色光泽。 |
| 光盘路径 | 素材\Part 2\Complete\28\风雪夜.psd |

## ≫ 蓝天下

**01** 执行"文件>打开"命令，打开"素材\Part 2\Media\ 28\小树.jpg"照片文件。复制"背景"图层得到"背景 副本"图层。将其混合模式设置为"滤色"，单击"添加图层蒙版"按钮 ▢，为其添加一个图层蒙版，然后选择其蒙版，并使用黑色画笔在天空处进行多次涂抹，以恢复其颜色。再复制一份得到"背景 副本2"图层，设置"不透明度"为50%。

**02** 单击"创建新的填充或调整图层"按钮 ◐，应用"曝光度"命令，调整面板参数，稍稍增加照片的曝光度，弥补原照片曝光不足的缺点。继续应用"可选颜色"命令，在弹出的调整面板中设置"青色"选项的参数。

**03** 单击"创建新的填充或调整图层"按钮 ◐，应用"色阶"命令，输入参数，以调亮画面；然后选择其剪贴蒙版，并使用黑色画笔在蓝天部分进行多次涂抹，还原其颜色。

**04** 打开"白云.psd"文件，将"白云"图层拖进当前文件中，调整到合适位置，以丰富画面。至此，本实例制作完成。

## » 魔幻星空

01 执行"文件>打开"命令，打开"素材\Part 2\ Media\ 28\小树.jpg"照片文件。复制"背景"图层得到"背景 副本"图层。将其混合模式设置为"滤色"，单击"添加图层蒙版"按钮，为其添加一个图层蒙版，然后选择其蒙版，并使用黑色画笔在小树处进行多次涂抹，以恢复其颜色。

02 新建"组1"，在其中单击"创建新的填充或调整图层"按钮，重复步骤调整 "黄色"选项的参数。继续应用"可选颜色"命令，设置"黄色"选项的参数。然后选择其剪贴蒙版，使用黑色画笔在蒙版进行多次涂抹，以恢复其颜色。

03 继续应用"色阶"命令，设置参数，将照片整体调亮。然后使用黑色画笔在湖中天空暗部进行多次涂抹，以恢复其颜色。应用"纯色"命令，在弹出的拾色器菜单中设置颜色为深蓝色（R4，G6，B113），设置混合模式"减去"。

04 继续应用"渐变"命令并设置其属性，完成后设置图层混合模式为"叠加"，"不透明度"为70%，以调亮画面，继续应用"纯色"命令，在弹出的拾色器菜单中设置颜色为淡黄色（R255，G251，B192），用黑色画笔将其大幅度涂黑，保留淡淡的黄色光泽，然后设置图层混合模式为"滤色"，"不透明度"为24%。

05 复制"渐变填充1"将其混合模式设置为"划分"，"不透明度"为62%，选择其剪贴蒙版，用黑色画笔将其大幅度涂黑，保留树枝周围淡淡的光晕效果。

**06** 继续应用"渐变"命令并设置其属性,完成后设置图层混合模式为"正片叠底","不透明度"为40%,选择其剪贴蒙版,使用黑色画笔在画面中多次涂抹,以将过亮的部位隐藏。

**07** 继续复制"渐变填充1"调整图层,得到"渐变填充1副本2",将其混合模式修改为"叠加","不透明度"为60%,选择其剪贴蒙版,使用黑色画笔将其大幅度涂黑,保留天空周围淡淡的光晕效果。

**08** 新建"图层1",单击画笔工具 ✐,在属性栏中设置画笔大小,并在画面中绘制光圈,然后设置该图层的混合模式为"柔光",以增强画面的光照效果。

**09** 新建"图层2",属性栏中的"切换画笔面板"按钮 ▤,设置画笔属性,在画面中绘制星光的感觉。将"图层2"复制一份,加强星光的感觉。

**10** 设置"图层2"的混合模式为"叠加",以混合到画面图像中。然后复制该图层,生成"图层2 副本"以增强其星光效果。按快捷键Ctrl+Alt+Shift+E盖印可见图层,生成"图层3",并设置该图层的混合模式为"柔光","不透明度"为20%。至此,本实例制作完成。

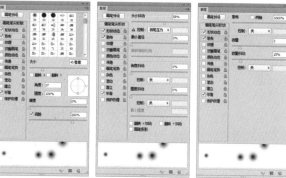

## » 风雪夜

**01** 执行"文件>打开"命令，打开"素材\Part 2\Media\28\小树.jpg"照片文件。复制"背景"图层得到"背景副本"图层。将其混合模式设置为"滤色"，单击"添加图层蒙版"按钮，为其添加一个图层蒙版，然后选择其蒙版，并使用黑色画笔在小树处进行多次涂抹，以恢复其颜色。

**02** 新建"组1"，再在其中单击"创建新的填充或调整图层"按钮，应用"可选颜色"命令，在弹出的调整面板中设置"黄色"选项的参数。然后选择其剪贴蒙版，并使用黑色画笔在湖中小岸进行多次涂抹，以恢复其颜色。

**03** 继续应用"可选颜色"命令，在弹出的调整面板中设置"黄色"选项的参数。然后选择其剪贴蒙版，并使用黑色画笔在小树旁的地面进行多次涂抹，以恢复其颜色。

**04** 单击"创建新的填充或调整图层"按钮，应用"色阶"命令，在弹出的调整面板中设置参数，将照片整体调亮。然后选择其剪贴蒙版，并使用黑色画笔在湖中天空暗部进行多次涂抹，以恢复其颜色。

**05** 单击"创建新的填充或调整图层"按钮，应用"渐变"命令并设置其属性，完成后设置图层混合模式为"划分"，"不透明度"为62%。然后使用黑色画笔将其剪贴蒙版大幅度涂黑，保留树枝周围淡淡的光晕效果。

**06** 复制"渐变填充1"调整图层，得到"渐变填充1副本"，将其混合模式设置为"正片叠底"，"不透明度"为80%，选择其剪贴蒙版，用黑色画笔将其大幅度涂黑，保留天空周围淡淡的光晕效果。

**07** 单击"创建新的填充或调整图层"按钮 ⊙.，应用"纯色"命令，设置颜色为深蓝色（R4，G6，B113），完成以后设置其混合模式为"颜色"。

**08** 按快捷键Ctrl+Shift+Alt+E盖印可见图层，生成"图层1"，执行"滤镜>其它>高反差保留"命令，设置"半径"为40像素，完成以后设置混合模式为"叠加"。

**09** 单击"创建新的填充或调整图层"按钮 ⊙.，应用"色相/饱和度"命令，在弹出的对话框设置参数，将其饱和度降低。继续应用"色彩平衡"命令，调整"中间调"参数，将照片调蓝。

**10** 单击"创建新的填充或调整图层"按钮 ⊙.，应用"渐变"命令并设置其属性，完成后设置图层混合模式为"正片叠底"，设置"不透明度"为88%。然后选择其剪贴蒙版，结合黑色柔角画笔在蒙版中进行多次涂抹，隐藏过亮的地方。

**11** 单击"创建新的填充或调整图层"按钮 ⊙.，应用"纯色"命令，设置颜色为淡蓝色（R238，G251，B254），设置其混合模式为"柔光""不透明度"为29%。至此，本实例制作完成。

# 29 | 迷雾森林

| i | 相机型号：Canon EOS 5D | 曝光时间：1/400秒 | 光圈值：f/4 |

▌摄影技巧：选择清晨的时间段进行拍摄，取景选择有阳光照射进来的比较通透的树林。增加照片曝光时间，并将相机光圈调小，使光线更多地进入感光板中而不会过于明亮，添加淡绿色的镜头滤镜使画面呈现淡淡的青绿色调。

▌后期润色：照片中的较暗森林兼之通透的光线不由得使人联想到雾气弥漫的画面，朦胧虚幻的迷失风格，天神降落的场景和希望之光的风格。

▌光盘路径：素材\Part 2\Media\29\迷雾森林.jpg

| 魔法指数 | ★★★☆☆ |
|---|---|
| 风格解析 | 绿色是主色调，制作雾气的效果使画面变得梦幻朦胧，并添加淡淡的彩色光晕效果呈现出阳光照射在雾气上折射的感觉。 |
| 光盘路径 | 素材\Part 2\Complete\29\雾气弥漫.psd |

| 魔法指数 | ★★★★☆ |
|---|---|
| 风格解析 | 淡淡的蓝紫色使主要色调，将画面局部虚化展现迷失的感觉。 |
| 光盘路径 | 素材\Part 2\Complete\29\迷失.psd |

| 魔法指数 | ★★★★☆ |
|---|---|
| 风格解析 | 绿色是画面的主要颜色，将四周调暗更好突出中间的亮光，有神圣的感觉。 |
| 光盘路径 | 素材\Part 2\Complete\29\神的旨意.psd |

| 魔法指数 | ★★★★☆ |
|---|---|
| 风格解析 | 以橙黄色作为主色调，并添加明媚的阳光效果，温暖的颜色和阳光结合，体现希望之光的感觉。 |
| 光盘路径 | 素材\Part 2\Complete\29\希望之光.psd |

## 》 雾气弥漫

**01** 执行"文件>打开"命令，打开"素材\Part 2\Media\29\迷雾森林.jpg"照片文件。单击"创建新的填充或调整图层"按钮 ●，应用"可选颜色"命令，在弹出的调整面板中设置"黄色"，"绿色"选项的参数。

**02** 按快捷键Ctrl+Shift+Alt+E盖印可见图层，生成"图层1"，默认背景色为白色，执行 "滤镜>滤镜库>扭曲> 扩散亮光"命令，在跳出的对话框设置参数将照片中的亮处放大。

TIPS 扩散亮光

　　滤镜里的扩散亮光滤镜能帮助我们实现很多意想不到的效果，默认的背景色是我们制作扩散的亮光颜色，能很好地帮助我们将照片中比较亮的部分根据我们的设置的颜色进行扩散处理。

**03** 新建"图层2"，在默认颜色是黑白的情况下，执行"滤镜>渲染 >云彩"命令，生成黑白交叠的云彩效果，然后将其混合模式设置为"滤色"，以隐藏黑色部分，绘制雾的感觉。单击"添加图层蒙版"按钮 ●，为其添加一个图层蒙版，然后选择其蒙版，并使用黑色画笔在照片中过亮部分进行多次涂抹，以恢复其色调。

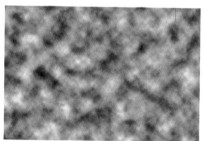

**04** 单击"创建新的填充或调整图层"按钮 ●，应用"渐变"填充命令并设置其属性，完成后设置图层混合模式为"颜色"。按快捷键Ctrl+Alt+G创建剪贴蒙版，选择其剪贴蒙版，结合黑色柔角画笔在蒙版中进行多次涂抹，隐藏过亮的地方，绘制出淡淡彩色光晕效果。

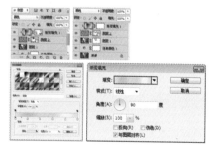

**05** 按快捷键Ctrl+Shift+Alt+E盖印可见图层，生成"图层3"，设置混合模式为"正片叠底"，"不透明度"为80%，以增强浓郁的雾气效果，从而突出雾气通过光照映射淡淡的光晕效果。

**06** 单击自定形状工具，在属性栏设置填充为"橙、黄、橙渐变"，在预设形状样式中选择"靶标2"形状选项，按下Shift键以绘制一个正圆形，并将其移动到画面中合适位置。然后在"属性"面板中设置"羽化"值为"30.0像素"，使添加的阳光照射效果更加自然、柔和。

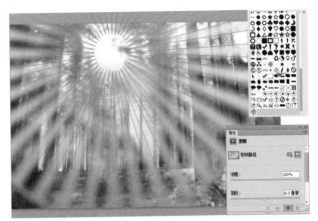

**07** 单击"添加图层蒙版"按钮，为其添加一个图层蒙版，然后选择其蒙版，并使用柔软的黑色画笔在蒙版中进行多次涂抹，将多余不问影藏以制作阳光照射的效果。至此，本实例制作完成。

## » 迷失

**01** 执行"文件>打开"命令，打开"素材\Part 2\Media\29\迷雾森林jpg"照片文件。单击"创建新的填充或调整图层"按钮，应用"可选颜色"命令，在弹出的调整面板中设置"黄色"，"中性色"选项的参数。

**02** 继续单击"创建新的填充或调整图层"按钮，应用"曲线"命令，在弹出的曲线面板中设置"绿"、"蓝"通道曲线，以对照片中各通道颜色进行调节。

**03** 按快捷键Ctrl+Alt+Shift+E盖印可见图层，生成"图层1"，执行"滤镜>模糊>高斯模糊"命令，在弹出的对话框设置参数，设置混合模式为"滤色"，单击"添加图层蒙版"按钮 ▣，为其添加一个图层蒙版，然后选择其蒙版，并使用黑色画笔在照片中过亮部分进行多次涂抹，以恢复其色调。

**04** 复制"图层1"，将其混合模式修改为"柔光"，为照片添加一层淡淡的光晕。

**05** 单击"创建新的填充或调整图层"按钮 ◑，应用"色彩平衡"命令，调成淡紫色，继续执行"色相/饱和度"命令，将照片的饱和度降低。至此，本实例制作完成。

## ▶ 神的旨意

**01** 执行"文件>打开"命令，打开"素材\Part 2\ Media\ 29\迷雾森林.jpg"照片文件。单击"创建新的填充或调整图层"按钮 ◑，应用"可选颜色"命令，设置各颜色参数，使用黑色画笔在剪贴蒙版上多次涂抹，还原其颜色。

**02** 继续单击"创建新的填充或调整图层"按钮 ◑，执行"色相/饱和度"命令，在"属性"面板中分别设置各项参数。选择其剪贴蒙版，使用黑色画笔在蒙版中进行多次涂抹，还原其颜色。

**03** 单击"创建新的填充或调整图层"按钮 ◎.，应用 "曲线"命令，并分别设置各通道曲线，以调整画面的颜色。然后选择剪贴蒙版，并使用黑色画笔在蒙版中进行多次涂抹，以恢复其颜色。

**04** 单击"创建新的填充或调整图层"按钮 ◎.，应用 "纯色"命令，在弹出的拾色器菜单中设置颜色为淡黄色（R250，G252，B196），设置混合模式为"柔光"，"不透明度"为49%。并使用黑色画笔蒙版进行多次涂抹，以制作阳光的感觉。

**05** 单击"创建新的填充或调整图层"按钮 ◎.，应用"渐变"命令并设置其属性，完成后设置图层混合模式为"正片叠底"，"不透明度"为84%，以调亮画面。然后选择其剪贴蒙版，结合黑色柔角画笔在蒙版中进行多次涂抹，隐藏过亮的地方。

**06** 单击"创建新的填充或调整图层"按钮 ◎.，应用 "亮度/对比度"命令，拖动鼠标将其"亮度"，"对比度"的参数调高，将画面提亮。

**07** 按快捷键Ctrl+Shift+Alt+E盖印可见图层，生成 "图层1"，单击"添加图层蒙版"按钮 ▣，为其添加一个图层蒙版，然后选择其蒙版，并使用黑色画笔在照片暗部进行多次涂抹，以恢复其色调。

**08** 继续单击"创建新的填充或调整图层"按钮 ◎.，应用"色阶"命令，在弹出的色阶菜单中输入数值将画面整体调暗一点。

**09** 单击自定形状工具，在属性栏设置填充颜色为白色，在预设形状样式中选择"靶标2"形状，按Shift键以绘制一个正形，并将其移动到合适位置。

**10** 单击"添加图层蒙版"按钮，为其添加一个图层蒙版，然后选择其蒙版，并使用黑色画笔在蒙版中进行多次涂抹，将多余不同影藏以制作阳光照射的效果。至此，本实例制作完成。

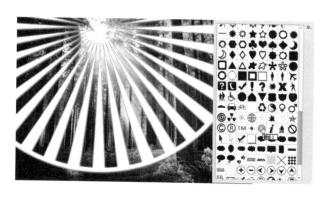

**TIPS** 自定形状工具

在图形的绘制中，我们经常会遇到一些特殊情况，合理使用自定形状能很快地帮助我们完成较为复杂的绘图过程，并较快地帮助我们完成修图，大大节约了作图时间。

## ≫ 希望之光

**01** 执行"文件>打开"命令，打开"素材\Part 2\Media\ 29\迷雾森林jpg"照片文件。单击"创建新的填充或调整图层"按钮，应用"可选颜色"命令，设置各颜色参数。

**02** 继续单击"创建新的填充或调整图层"按钮，应用"可选颜色"命令，在调整面板中设置"中性色"参数。选择其剪贴蒙版，使用黑色画笔在蒙版中进行多次涂抹，还原其颜色。

**03** 单击"创建新的填充或调整图层"按钮，应用"渐变"命令并设置其属性，完成后设置图层混合模式为"颜色"，"不透明度"为60%。然后结合使用从黑色到透明的径向渐变工具调整蒙版，添加画面阳光的较淡光晕效果。

04 单击"创建新的填充或调整图层"按钮 ❍.，应用"纯色"命令，在弹出的拾色器菜单中设置颜色为淡黄色（R250，G245，B193），设置混合模式为"柔光"，并使用黑色画笔蒙版进行大幅度涂抹，以制作阳光的感觉。

05 单击"创建新的填充或调整图层"按钮 ❍.，应用"渐变"命令并设置其属性，完成后设置图层混合模式为"颜色"，"不透明度"为46%。选择其剪贴蒙版，结合黑色柔角画笔在蒙版中进行多次涂抹，隐藏过亮的地方。

06 将"可选颜色1"调整图层复制一份，可得到"可选颜色1副本"。并修改其参数，完成以后设置混合模式为"划分"，"不透明度"为60%。选择其剪贴蒙版，结合黑色柔角画笔在蒙版中进行多次涂抹，隐藏过亮的地方。

07 单击"创建新的填充或调整图层"按钮 ❍.，应用"照片滤镜"命令并选择"加温滤镜（85）"，完成后设置图层混合模式为"正片叠底"，选择其图层蒙版，使用黑色画笔在蒙版上进行多次涂抹，以恢复其色调。

08 单击"创建新的填充或调整图层"按钮 ❍.，应用"渐变"命令并设置其属性，完成后设置图层混合模式为"正片叠底"。然后结合使用从黑色到透明的径向渐变工具 调整蒙版，添加画面阳光的较淡光晕效果。

09 单击"创建新的填充或调整图层"按钮 ❍.，在弹出的快捷菜单中选择"色彩平衡"选项，在"属性"面板中，分别设置"中间调"和"高光"选项的参数值，以调整画面暖色调，突出希望光晕效果。

**10** 新建"图层1"，设置前景色为白色，单击画笔工具 ✎ ，使用较柔软的笔刷在画面中涂抹较透明的线条，设置其混合模式为"柔光"，以制作通透的阳光效果，从而突出希望之光。至此，本实例制作完成。